環境・都市システム系 教科書シリーズ 3

土 質 工 学

工学博士 赤木知之
博士(工学) 吉村優治
博士(工学) 上　俊二　共著
博士(工学) 小堀慈久
博士(工学) 伊東　孝

コロナ社

環境・都市システム系 教科書シリーズ編集委員会		
編集委員長	澤　　孝平	（元明石工業高等専門学校・工学博士）
幹　　事	角田　　忍	（明石工業高等専門学校・工学博士）
編集委員 （五十音順）	荻野　　弘	（豊田工業高等専門学校・工学博士）
	奥村　充司	（福井工業高等専門学校）
	川合　　茂	（舞鶴工業高等専門学校・博士（工学））
	嵯峨　　晃	（元神戸市立工業高等専門学校）
	西澤　辰男	（石川工業高等専門学校・工学博士）

（2008年4月現在）

刊行のことば

　工業高等専門学校（高専）や大学の土木工学科が名称を変更しはじめたのは1980年代半ばです。高専では1990年ごろ，当時の福井高専校長　丹羽義次先生を中心とした「高専の土木・建築工学教育方法改善プロジェクト」が，名称変更を含めた高専土木工学教育のあり方を精力的に検討されました。その中で「環境都市工学科」という名称が第一候補となり，多くの高専土木工学科がこの名称に変更しました。その他の学科名として，都市工学科，建設工学科，都市システム工学科，建設システム工学科などを採用した高専もあります。

　名称変更に伴い，カリキュラムも大幅に改変されました。環境工学分野の充実，CADを中心としたコンピュータ教育の拡充，防災や景観あるいは計画分野の改編・導入が実施された反面，設計製図や実習の一部が削除されました。

　また，ほぼ時期を同じくして専攻科が設置されてきました。高専〜専攻科という7年連続教育のなかで，日本技術者教育認定制度（JABEE）への対応も含めて，専門教育のあり方が模索されています。

　土木工学教育のこのような変動に対応して教育方法や教育内容も確実に変化してきており，これらの変化に適応した新しい教科書シリーズを統一した思想のもとに編集するため，このたびの「環境・都市システム系教科書シリーズ」が誕生しました。このシリーズでは，以下の編集方針のもと，新しい土木系工学教育に適合した教科書をつくることに主眼を置いています。

（1）　図表や例題を多く使い基礎的事項を中心に解説するとともに，それらの応用分野も含めてわかりやすく記述する。すなわち，ごく初歩的事項から始め，高度な専門技術を体系的に理解させる。

（2）　シリーズを通じて内容の重複を避け，効率的な編集を行う。

（3）　高専の第一線の教育現場で活躍されている中堅の教官を執筆者とす

る。

　本シリーズは，高専学生はもとより多様な学生が在籍する大学・短大・専門学校にも有用と確信しており，土木系の専門教育を志す方々に広く活用していただければ幸いです。

　最後に執筆を快く引き受けていただきました執筆者各位と本シリーズの企画・編集・出版に献身的なお世話をいただいた編集委員各位ならびにコロナ社に衷心よりお礼申し上げます。

2001年1月

編集委員長　澤　　孝　平

まえがき

　人間は自分たちの生活環境を改善するという名目で，自然がつくった安定した大地に安易に手を加え，その報いとしてたびたび地盤災害に見舞われながらも，その都度知恵を絞って対策を考え，研究を重ねて土質工学に関する技術を向上させてきた。しかし，ときには一部の人間のエゴが先行し，自然環境を悪化させるという事態も発生させてしまった。

　したがって，われわれはつねに自然を知る努力を怠らず，自然との調和を考慮した生活環境の改善を目指さなければならない。そのためには，総合的な視点で物事を考え，バランス感覚を備えた知力を養う必要がある。土質工学に関する知力を磨くことは，まさしくそのような感覚を発達させ，これからの人間を幸福に導ける技術者になることにつながるであろう。

　本書は従来の教科書とは趣を若干異にし，理論的な解説は必要最小限にとどめ，環境に配慮した地盤構造物の正しい設計手法を理解するための基礎事項と，それを演習を通して理解するために，多くの例題を随所に挿入している。また，章末の演習問題も増やしてすべてに解答を付した。

　読者は，すべての問題を自力で解き，ときには結果を図化して考察し，手を動かすことによって頭脳を働かせ，右脳を鍛えて問題解決能力を高め，人類を悲惨な末路に導かないような高度な技術者に成長されることを期待する。

　本書は5名の著者が分担して執筆にあたった。各著者の分担箇所は以下のとおりである。赤木（*1章，5章*），吉村（*2章，3章，11章*），上（*4章，6章*），小堀（*7章，9章*），伊東（*8章，10章*）。

2001年1月

著　　者

目　　　次

1.　序　　　論

演　習　問　題 ··· *5*

2.　地盤の生成と調査・試験

2.1　岩石の風化と土の生成 ·· *6*
　2.1.1　岩　　　石 ·· *6*
　2.1.2　風化作用と土の生成 ·· *7*
2.2　地質時代と土層の生成 ·· *9*
　2.2.1　地　質　時　代 ·· *9*
　2.2.2　土　層　の　生　成 ··· *10*
2.3　日本の代表的な特殊土 ··· *12*
2.4　地　盤　調　査 ·· *13*
　2.4.1　サウンディング ·· *13*
　2.4.2　試　料　採　取 ·· *16*
　2.4.3　室内土質試験 ·· *16*
演　習　問　題 ·· *17*

3.　土の基本的な性質

3.1　土　の　構　成 ·· *18*
3.2　試験で直接測定できる物理量 ······································ *19*
　3.2.1　土粒子の密度・比重 ·· *19*
　3.2.2　湿　潤　密　度 ·· *20*
　3.2.3　含　水　比 ·· *20*
3.3　間接的に求まる物理量 ··· *22*
　3.3.1　乾　燥　密　度 ·· *22*

- 3.3.2 間隙比，間隙率 …………………………………… 22
- 3.3.3 飽和度，体積含水率 ………………………………… 23
- 3.4 各物理量相互の関係 ……………………………………… 24
- 3.5 単位体積重量 ……………………………………………… 27
- 3.6 粒径と粒度分布 …………………………………………… 28
  - 3.6.1 粒　径 ……………………………………………… 28
  - 3.6.2 粒度分布 …………………………………………… 29
- 3.7 土粒子の形と土の構造 …………………………………… 32
  - 3.7.1 粒　形 ……………………………………………… 32
  - 3.7.2 土の骨格構造 ……………………………………… 32
- 3.8 土のコンシステンシー …………………………………… 33
  - 3.8.1 粘性土の吸着水 …………………………………… 34
  - 3.8.2 コンシステンシー限界 …………………………… 34
  - 3.8.3 コンシステンシー限界の測定法 ………………… 36
- 3.9 土の工学的分類 …………………………………………… 38
- 演習問題 …………………………………………………………… 41

4. 地盤内の水の流れ

- 4.1 土中水の分類 ……………………………………………… 44
- 4.2 不飽和地盤の水の流れ …………………………………… 45
  - 4.2.1 土中の毛管現象とサクション …………………… 45
  - 4.2.2 土の凍上現象 ……………………………………… 48
- 4.3 飽和地盤内の水の流れ（地下水の流れ）……………… 49
  - 4.3.1 浸　透　流 ………………………………………… 49
  - 4.3.2 ダルシーの法則と透水係数 ……………………… 51
  - 4.3.3 透水係数に影響する要因 ………………………… 53
  - 4.3.4 透水係数の求め方 ………………………………… 55
- 4.4 流線網と浸潤線 …………………………………………… 62
  - 4.4.1 流線網の性質 ……………………………………… 62
  - 4.4.2 流線網の描き方と浸透水量の求め方 …………… 64
- 4.5 浸透流と浸透水圧 ………………………………………… 67

4.5.1　浸透水圧と有効応力 ………………………………………………67
　　4.5.2　クイックサンド，ボイリング，パイピングおよびヒービング …………70
演 習 問 題 ………………………………………………………………72

5.　地盤内の応力

5.1　地盤内応力の定義 ……………………………………………………75
5.2　地盤を構成する土の自重による応力 ………………………………76
　　5.2.1　鉛 直 応 力 …………………………………………………76
　　5.2.2　水 平 応 力 …………………………………………………79
5.3　上載荷重による地盤内応力 …………………………………………79
　　5.3.1　集中荷重が作用する場合 ………………………………80
　　5.3.2　線荷重が作用する場合 …………………………………82
　　5.3.3　帯状荷重が作用する場合 ………………………………83
　　5.3.4　長方形等分布荷重が作用する場合 ……………………88
　　5.3.5　円形等分布荷重が作用する場合 ………………………91
5.4　構造物基礎の接地圧 …………………………………………………93
5.5　主応力とモールの応力円 ……………………………………………94
　　5.5.1　主　応　力 …………………………………………………94
　　5.5.2　モールの応力円 ……………………………………………96
演 習 問 題 ………………………………………………………………100

6.　圧密と地盤沈下

6.1　圧 縮 と 圧 密 ………………………………………………………103
6.2　土の圧密現象 …………………………………………………………104
　　6.2.1　飽和粘土の圧密現象の概念 ……………………………104
　　6.2.2　土の圧縮特性 ………………………………………………107
6.3　圧密の時間的経過とその理論 ………………………………………109
　　6.3.1　テルツァギの一次元圧密理論 …………………………109
　　6.3.2　一次元圧密方程式の解 …………………………………112
　　6.3.3　圧　密　度 …………………………………………………112
6.4　圧密試験と整理法 ……………………………………………………114

viii 目次

  6.4.1 試験方法 …………………………………………………… 114
  6.4.2 試験結果の整理 …………………………………………… 115
 6.5 地盤の圧密沈下量および圧密沈下時間の算定 ………………… 120
  6.5.1 圧密沈下量の計算 ………………………………………… 121
  6.5.2 圧密沈下時間の算定 ……………………………………… 123
 演習問題 ……………………………………………………………… 125

7. 土のせん断強さ

 7.1 土の破壊と強さ …………………………………………………… 128
 7.2 土のせん断試験 …………………………………………………… 129
  7.2.1 直接せん断試験 …………………………………………… 129
  7.2.2 三軸圧縮試験 ……………………………………………… 131
  7.2.3 一軸圧縮試験 ……………………………………………… 134
  7.2.4 ベーン試験 ………………………………………………… 136
 7.3 粘性土のせん断特性 ……………………………………………… 137
  7.3.1 非圧密非排水せん断特性 ………………………………… 138
  7.3.2 圧密非排水せん断特性 …………………………………… 139
  7.3.3 圧密排水せん断特性 ……………………………………… 139
  7.3.4 圧密圧力と土のせん断強さ ……………………………… 139
 7.4 砂質土のせん断特性 ……………………………………………… 140
  7.4.1 砂のダイレイタンシー …………………………………… 140
  7.4.2 限界間隙比 ………………………………………………… 142
 7.5 土の動的特性 ……………………………………………………… 142
  7.5.1 土の動的荷重 ……………………………………………… 142
  7.5.2 地盤の動的解析法 ………………………………………… 143
  7.5.3 飽和砂の液状化現象 ……………………………………… 143
 演習問題 ……………………………………………………………… 145

8. 土 圧

 8.1 構造物に作用する土圧 …………………………………………… 147
 8.2 ランキン土圧 ……………………………………………………… 148

8.2.1　地表面が水平な砂質地盤の場合 ……………………148
　8.2.2　地表面が傾斜している場合 ……………………………152
　8.2.3　裏込め土が粘着性の土の場合 ………………………153
　8.2.4　裏込め土に上載荷重がある場合 ……………………156
　8.2.5　裏込め土が多層地盤の場合 …………………………157
8.3　クーロン土圧 ………………………………………………159
　8.3.1　主働土圧 …………………………………………………159
　8.3.2　受働土圧 …………………………………………………161
8.4　地震時の土圧 ………………………………………………163
8.5　静止土圧 ……………………………………………………164
8.6　土圧論の応用例 ……………………………………………164
　8.6.1　擁壁の安定計算 …………………………………………164
　8.6.2　矢板の安定計算 …………………………………………167
演習問題 ……………………………………………………………167

9.　基礎地盤の支持力

9.1　地盤の支持力 ………………………………………………171
9.2　基礎の形式 …………………………………………………172
9.3　浅い基礎の支持力 …………………………………………174
　9.3.1　テルツァギの支持力公式 ………………………………174
　9.3.2　一般化された支持力公式 ………………………………176
　9.3.3　支持力公式に対する補正 ………………………………179
9.4　深い基礎の支持力 …………………………………………181
　9.4.1　深い基礎の特性 …………………………………………181
　9.4.2　杭基礎の静力学的支持力公式 …………………………181
　9.4.3　群杭の支持力 ……………………………………………183
　9.4.4　杭の打設による動的支持力公式 ………………………184
　9.4.5　負の摩擦力 ………………………………………………184
　9.4.6　横方向力を受ける杭の水平支持力 ……………………185
演習問題 ……………………………………………………………187

10. 斜面の安定

- 10.1 斜面の破壊形態と安定性の評価方法 …………………… 190
- 10.2 半無限斜面の安定解析 …………………………………… 192
  - 10.2.1 粘着力のない土の場合 ……………………………… 192
  - 10.2.2 粘着力のある土の場合 ……………………………… 194
- 10.3 円弧すべり面による安定解析 …………………………… 196
  - 10.3.1 分 割 法 …………………………………………… 196
  - 10.3.2 簡易ビショップ法 …………………………………… 200
  - 10.3.3 安 定 係 数 法 ……………………………………… 201
- 10.4 自然斜面の崩壊 …………………………………………… 204
- 演 習 問 題 …………………………………………………… 205

11. 土の締固め

- 11.1 締固め試験と締固め特性 ………………………………… 207
  - 11.1.1 締 固 め 曲 線 ……………………………………… 207
  - 11.1.2 締 固 め 試 験 ……………………………………… 208
  - 11.1.3 締固め仕事量と締固め特性 ………………………… 209
  - 11.1.4 土の種類と締固め特性 ……………………………… 210
  - 11.1.5 ゼロ空気間隙曲線 …………………………………… 210
- 11.2 締固め土の工学的性質 …………………………………… 212
- 11.3 相 対 密 度 ……………………………………………… 212
- 11.4 締固めの管理 ……………………………………………… 213
- 演 習 問 題 …………………………………………………… 214

引用・参考文献 …………………………………………………… 215

演習問題解答 …………………………………………………… 217

索　　　引 ………………………………………………………… 221

1

序　　　　　論

　われわれ人類が日々生活を営んでいる大地は，土（soil）および岩石（rock）で構成されている。岩石は地球内部のマグマが固結して生成され，土は岩石が気象上の自然営力によって破壊されて生じ，風雨に運ばれて堆積し，安定した大地を形成する。古代人は，そのようにしてつくられた自然のままの安定した大地の上で穏やかに暮らしていたに違いない。

　やがて人口が増加し，1か所に集中して生活するようになると，山を削った土を土質材料として利用することを覚え，盛土して道路をつくったり，アースダムで川を堰き止め，飲料水や灌漑用水に利用する工夫を凝らしたりして，人間に都合のよい構造物を築造しながら大地を傷つけ，失敗を繰り返しながら土質工学（soil engineering）に関する技術を高めてきた。

　しかし岩石には，マグマの種類や冷却過程の違いによりさまざまな種類があり，その風化作用や運搬過程の違いにより，また土中水の含有程度により，土で構成されている地盤は千変万化となる。当然，同じ方法でダムや盛土などの地盤構造物を築造しても，ときには破壊して多くの人命を失ったに違いない。

　図 **1.1** は，雨水によって浸食されたリル（雨裂）浸食（rill erosion）が発達し，ガリ（地隙）浸食（gully erosion）の様相を呈している盛土斜面の例である。このような現象は，九州地方に産するしらす（shirasu）や中部，関西および中国地方に産するまさ土などの盛土斜面で顕著にみられる。図はまさ土の例である。したがって，浸食に弱い土質の盛土斜面を築造するときは，浸食防止のために張り芝はもちろんのこと，法肩排水工や小段排水工などさまざまな排水工を設置するという工夫が凝らされる。しかし，ときには斜面の浸食が

図 **1.1** 「まさ土」のガリ浸食

防止されたとしても,盛土斜面全体が破壊して崩落することもある.

このような現象は自然斜面でもつねに発生している.山岳地帯を流れる渓流は大規模なガリ浸食の結果であろう.しかし,自然界の摂理は,山を森林で覆い尽くし,急激な浸食を防ぐようなメカニズムを保持させている.ところが,人間は一部の人だけの生活環境改善に目を奪われ,森林を必要以上伐採したり,無理に山を削って道路を拡充するような暴挙を犯してしまった.

自然界のバランスを壊してしまった報いは大きい.山腹を削られて力の均衡を失った斜面は,地滑りとなって斜面下の民家を押しつぶしたり[1],限度を超える降雨はたちまち濁流となって谷を下り,下流の町を洪水に陥れてしまう.ときにはむき出しになった斜面を大きく崩壊させ,土石流となって人も民家も埋め尽くしてしまうという大災害[2]もたびたび経験している.図 **1.2** は伐採されてむき出しになった斜面の一部が崩落した例である.

また,地下に厚く堆積している凝灰岩が,建材として高く売れるというので,競って無秩序に乱掘した結果,その後知らずにその地上に住み着いてしまった住民を,陥没という恐怖にさらしている地域もある.図 **1.3** は大谷石の採掘跡の残柱が長時間経過後破壊し,人間の居住地域の路上が陥没した例である.

しかし,人間はそんなに愚かなだけではない.このような災害の体験を基礎

1. 序論　3

図 1.2　切土斜面の崩壊

図 1.3　地下空洞の崩壊による地面の陥没

として，土質工学に関する新しい知識を蓄積し，さらには自然環境に配慮した地盤構造物の設計思想を構築し，山間の道路はできるだけトンネルにしたり，巨大構造物は，石油の岩盤タンクや地下発電所のように地下に建設されるようになっている[3]。また，やむをえず掘削された斜面には，その安定性を確保するためにアースアンカーを敷設したり，最大限の緑化工[4]を施すなどの設計概念が定着している。

しかしそれでもなお，人間が自然の大地を随所で傷つけてしまった後遺症は大きく，巨大な岩盤斜面が崩落してトンネルを押しつぶしたり[5]~[7]，落石防止のための洞門すら破壊して通行中の車を直撃したり，また，山腹の巨石が落下して通過中の電車を脱線させてしまうという災害[8]も発生している。図 1.4[9]は岩盤斜面が崩落して道路を遮断してしまった例である。しかし，このような限界を超えた崩落を事前に予測して対策工を施すことは非常に難しく，現在で

図 1.4　道路斜面の岩盤崩壊
　　　　（落石注意）[9]

はむしろ，光ファイバーなどを利用した新しい監視システム[10]を考案し，つねに斜面の安定性を監視しながら，せめて人身事故を避けようとの努力がなされている．

人口が増えつづけ，人間の生活環境をあくまでも向上させようと考えるならば，さまざまなインフラストラクチャー（infrastructure）を整備しなければならず，結果として自然の大地を傷つけるという行為を避けることはできない．当然，技術者の英知を絞って自然を保護すべく，最小限の傷で収めようとの努力はなされる．しかし，必ずしも完璧な技術が完成されているわけではないので，完治させることができない傷も残る．それが，たまに表面化し災害となって人間を苦しめることになるであろうか．

われわれは最大限の努力をもって自然を知る努力を怠らず，自然との調和を考慮した生活環境の改善を目指さなければならない．そのためには，総合的な視点で物事を考え，バランス感覚を備えた知力を養う必要がある．土質工学に関する知力を磨くことは，正しくそのような感覚を発達させ，これからの人間を幸福に導ける技術者になることにつながるであろう．

図 1.5[11]は己の幸せだけを願い，土質工学の勉学をおろそかにして自然を見くびった人間の哀れな末路である．地盤の地質構造が「流れ目」になっていて，滑りやすい斜面であることを知らなかったのである．一方，図 1.6[11]は，自然状態すなわち地質構造を知ろうとする好奇心と探求心を備え，その安定性を評価して対策工を設計できる知力をもち，実際にそれを施工できる勇気

図 1.5　無理に地山を掘削した愚かな人[11]

図 1.6 万全の対策を施した利口な人[11]

と行動力を兼ね備えた技術者の幸福な家族の姿である。

　土質工学は，地球上に暮らす人間の幸せを根底で支えている重要な学問の一つであることを肝に銘じ，旺盛な探求心をもって次章以降に記述する基礎理論を真摯に学ばなければならない。

演 習 問 題

【1】 日本において最近発生した地盤災害事例を，新聞などで調べてその内容をまとめ，そのような災害を防ぐにはどうしたらよいか考えよ。

2

地盤の生成と調査・試験

　人間が宇宙へいくようになった今日でも，地球の半径約 6378 km に対して最深のボーリングは数 km 程度の深さしかなく，われわれは直接には地球のごく表層（たかだか 0.1％ 程度）についてしか知ってはいない。しかし，地球の内部構造は，地震波の伝わり方などから推定されており，表面から内部に向かって，地殻・マントル・核の 3 部分から構成されると考えられている。このうち地球表面付近の地盤を構成するのは，厚さ 30〜60 km の地殻の大部分を占める岩石と，表層のごく浅いところを覆う土層である。岩石は固結したものであり，土層を構成しているのが土である。土は岩石から生成され，地球表面のごく薄い層を構成する未固結ないし半固結の物質である。

　この章では 3 章以降で学ぶ土質工学の基礎として，土がどのようにつくられ，土層が生成されるのかを簡単に説明し，さらにわが国の代表的な特殊土についても紹介する。また，その土層や土が備えている性質を調べるための地盤調査法と，サンプリングした試料を用いた室内土質試験について解説する。

2.1　岩石の風化と土の生成

2.1.1　岩　　　石

　地球誕生後，岩石で覆われていた地球表面は長い年月の間に自然の作用によって細粒化されて土になり，この土もまた堆積を重ねて長い年月の間には**続成作用**と称される物理的化学的作用によりしだいに固結化して岩石になる。このように非常に長い年月でみれば岩石と土は循環している。したがって，岩石には地球内部のマグマが上昇して冷却されて固結した**火成岩**のほかに，地表に

ある岩石が**図 2.1** に示すように風化→侵食→運搬→堆積し，これが長い年月をかけて固結して生じた**堆積岩**，この堆積岩や火成岩が地殻の変動による高い圧力やマグマの貫入による高熱の作用により岩石組織が変化してできた**変成岩**がある。**表 2.1** は，岩石をこれら成因によって分類し，その代表的な岩石を示したものである。

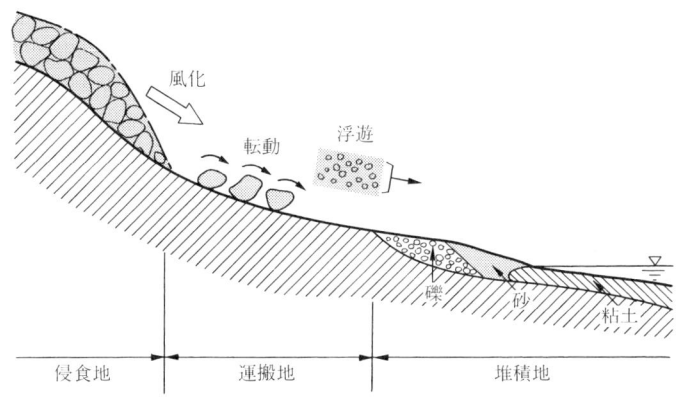

図 2.1　流水による土の分級作用

表 2.1　代表的な岩石

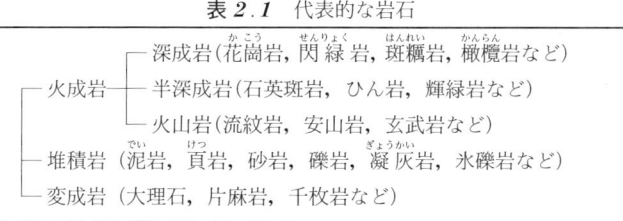

また，侵食作用は，その営力によって，わが国で最も一般的な河食作用や氷食作用，風食作用，海食作用，カルスト侵食に分けられる。

2.1.2　風化作用と土の生成

　岩石が破砕作用や分解作用を受けてしだいに細粒化し，土が生成される。この作用が風化作用であり，温度変化や岩石のすきまの水の凍結・融解の繰返しによる**物理的風化作用**，酸化・還元や加水分解作用，溶解作用などの**化学的風化作**

用および植物による分解過程など**生物的要因による風化作用**に大別される。

このように生成された土は，そのままの位置に堆積している**残積土**と種々の営力により運搬され堆積して生じた**運積土**（**堆積土**ともいう）に分けられる。

図2.2は花こう岩が風化した残積土の例である。風化は表面から内部に進行するので，一般に，土は表面近くでは細かく，内部にいくほど粗い。また，花こう岩は図の岩盤→漸移帯にみられるように，岩塊のすきまから風化が進み，タマネギ状に風化する特徴がある。

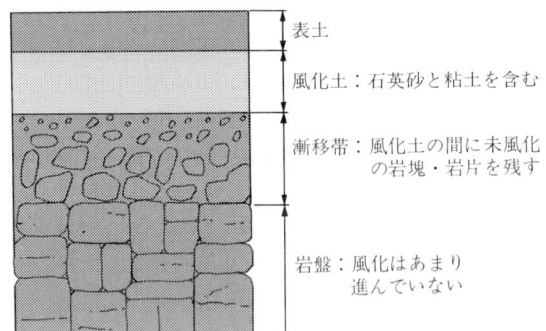

図2.2　花こう岩の風化

わが国の運積土の大半は河川の流れを営力とする河成土であり，これは河川が**図2.1**のように河床勾配が大きく運搬力の大きな山間部から，平野部に入ると運搬営力が衰え，大きな粒子から順に堆積し，扇状地をつくる。さらに海や湖に流れ込み運搬力がなくなると微細な粘土粒子が堆積する。このように土粒子が大きさごとに淘汰されていくことを**分級作用**と呼んでいる。ユルストーム[1]は，流水の作用の下における土の移動の開始と堆積の始まる限界の条件を，**図2.3**のように流速と粒径との関係で示している。

また，植物が枯死し堆積した土を**植積土**といい，植物組織がまだ残っているものを**泥炭**(peat)，植物組織が残っていないものを**黒泥**といい，これらとプランクトンなどの死骸が堆積してできた軟泥やけいそう土などを総称して**有機質土**という。これらを，地質的成因により分類すると**表2.2**のようになる。

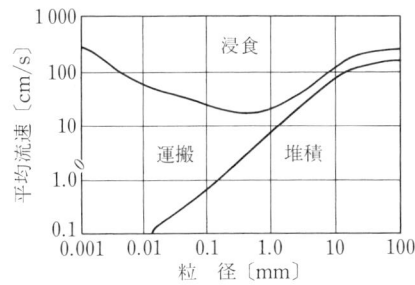

図 2.3 浸食・運搬・堆積の限界流速[1]

表 2.2 地質的成因による分類

区　分	成　因		成因による分類名(代表的な土)
風化土	物理的破砕 化学的分解 生物的分解		残積土（まさ土）
運積土 (堆積土)	運搬作用 ↓ 堆積作用	重力	崩積土（崖錐(がいすい), 地すべり崩土）
		流水	河成堆積土 湖成堆積土　｝通常は沖積土層を形成 海成堆積土
		風力	風積土（砂丘砂, レス）
		火山	火山性堆積土（火山砂礫, 軽石, ローム, しらす）
		氷河	氷積土（氷礫土）
植積土	植物腐朽作用		植積土（ピート, 黒泥）

2.2　地質時代と土層の生成

2.2.1　地　質　時　代

2.1節で述べたように，岩石が風化して土が生成され，これが侵食，運搬され，水中あるいは陸上に堆積してできたものを**地層**といい，地層の重なり方を**層序**という。また，**地層累重の法則**に従えば，一般に深いところにある地層ほど古く，地層の層序などを歴史的に区分した年代を地質年代と呼んでいる。

表 2.3 は，地球が誕生した46億年前からの地質時代の区分[2]を示したものである。この長い地質時代を通じて各種の岩石，地層が形成されており，ある時代に生成された地層は，それぞれの地質時代の区分，代－紀－世に対応して

表2.3 地質時代の区分

代(界)	紀(系)		世(統)	絶対年代(百万年)	備考
新生代	第四紀		完新世(沖積世)	0.01	最終氷期終了
			更新世(洪積世)	1.64	人類が現れる
	第三紀	新第三紀	鮮新世		
			中新世	23.3	
		古第三紀	漸新世		
			始新世		
			暁新世	65	
中生代	白亜紀				⎱恐竜時代
	ジュラ紀				⎰
	三畳紀			245	超大陸パンゲア
古生代	二畳紀				
	石炭紀				
	デボン紀				日本で最古の生物
	シルル紀				
	オルドビス紀				
	カンブリア紀			570	
(先カンブリア時代) 原生代 始生代				4600	地球の誕生

界-系-統と称される。例えば，古生代，第三紀，鮮新世につくられた地層は，古生界，第三系，鮮新統と呼ぶのが正式であるが，工学の分野では時代名に層を付けて古生層，第三紀層，鮮新層と呼ぶことのほうが一般的である。また，完新統，更新統のことは完新層，更新層というよりも**沖積層**，**洪積層**と呼ぶ場合が多く，沖積平野，洪積台地のような使われ方もする。

沖積層は平野の大部分，洪積層は台地，丘陵地の広い範囲の地盤を構成しており，土木構造物および建築物の多くはこれらの地域につくられることが多い。そして，これらの地盤は軟弱で破壊や沈下を生じやすく，土質工学における問題の対象となることが多い。

2.2.2 土層の生成

図2.4は，伊勢湾周辺地域における氷河性海面変動曲線[3]を示したものである。第四紀には氷河期と間氷期を何度も繰り返し，現在は最終氷期が終了し

2.2 地質時代と土層の生成   11

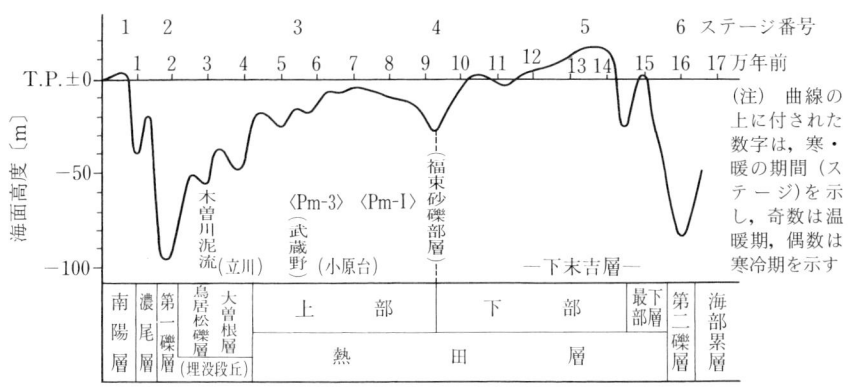

図 2.4 伊勢湾周辺地域における氷河性海面変動曲線[3]

てから約1万年経過している。第四紀のうち，この最終氷期以前が洪積世，それ以後から現在までが沖積世であり，この時代に堆積した土層がそれぞれ洪積層，沖積層である。

図 2.4 にもみられるように，氷河期には水が凍って海水面は下がり，一方，温暖な間氷期には海水面は上がるので，この海面の変動によって海岸線が沖合へ遠のく海退，逆に陸地側へ海が入り込んでくる海進が生じる。任意の一

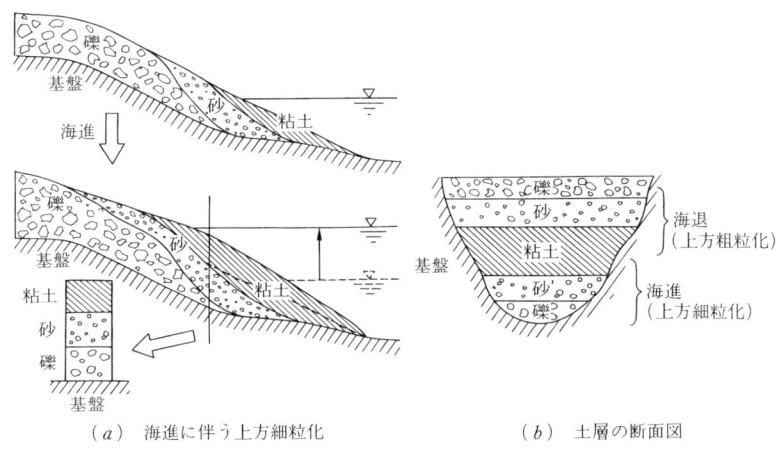

(a) 海進に伴う上方細粒化　　(b) 土層の断面図

図 2.5 海進・海退に伴う土層の生成

地点を考えると，海進では図2.5 (a) に示すように海岸線からの距離が長くなるので，水中を浮遊してその地点まで運ばれる土粒子はより微細なものになる。海退では，この逆にその地点に堆積する土粒子はより粗粒なものになる。

このようにある地点では，一般に海進に伴う上方細粒化と海退に伴う上方粗粒化が起こり，この繰返しでできた土層は図(b)のように，粘性土層と砂質土層の互層になる。このような地盤は，わが国の沖積平野で一般的にみられる。

2.3 日本の代表的な特殊土

人間の生活はその土地の風土に根差した習慣や風習を生み，その地域特有の文化を育ててきた。日本には，地域的に分布する特殊な土も多く，その土地の

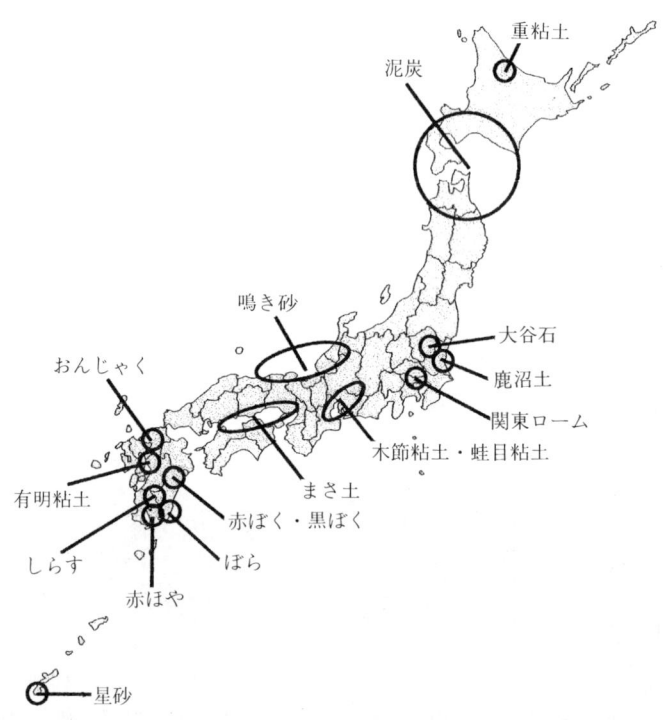

図2.6 日本の特殊土の分布

風土形成に大きくかかわっており，珍しい呼び名で呼ばれている土もある。特に，日本では，洪積世の時代に火山活動が盛んであったために，火山性の特殊土が多い。図 2.6 に，日本の代表的な特殊土とその分布を紹介している。

このように，地域的に特異な性状を示す特殊土が各地に分布している。したがって，構造物築造などの建設工事に先立って，以下に示すような地盤調査や土質試験を実施して，地盤を構成する土の性質を十分に把握しておくことが重要である。

2.4 地 盤 調 査

地盤上にあるいは地盤を掘削してさまざまな構造物を建設するとき，自然の地盤状態あるいは構造物の建設に伴う地盤の挙動を予測することが必要であり，そのために種々の地盤調査が行われる。具体的には，資料調査，踏査，ボーリング調査，原位置試験（サウンディング，透水試験など），サンプリング（試料採取），室内土質試験，物理検査・探査，現場計測・載荷試験などで，設計や施工計画に必要な情報収集のすべてを含んでいる。

これらの詳細な解説は他書[4],[5]に譲り，ここではサウンディング，試料採取そして室内土質試験の代表的なものについて簡単に解説する。

$2.4.1$ サウンディング

サウンディング（sounding）は原位置で地盤の強さを調べる試験である。ロッド先端に取り付けた抵抗体を地中に挿入して，貫入，回転，引抜きなどを行うときの抵抗値から原位置の土層の状態や土の強さなどを推定する。代表的なサウンディング試験を測定方法の種別（動的・静的）と形式ごとに分類したのが**表 2.4** である。以下に，わが国でよく用いられる標準貫入試験，オランダ式二重管コーン貫入試験，スウェーデン式サウンディング試験について簡単に説明する。

〔**1**〕 **標準貫入試験** この試験は，ボーリングと併用して実施され，深さ

表 2.4 サウンディング試験の分類

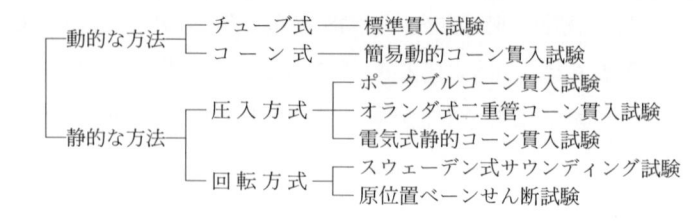

ごとの土層の相対的な強さとともに，その位置の乱した状態の試料が採取できることから，わが国では最も普及している。図 2.7 に示すように所定の深さまでボーリングした後，孔底に標準貫入試験用サンプラーを設置し，質量63.5 kg のハンマーを 75 cm 自由落下させて打撃し，サンプラーを 30 cm 打ち込むのに要する落下回数 N を測定する。この回数 N をその深さの N 値といい，この N 値は地上構造物の支持層の位置の確認や土の力学的性質の推定に利用される。図 2.8 は標準貫入試験から得られた土質柱状図の一例である。

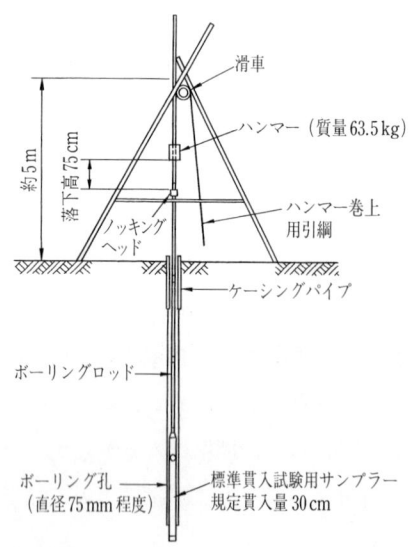

図 2.7 標準貫入試験装置の概略図

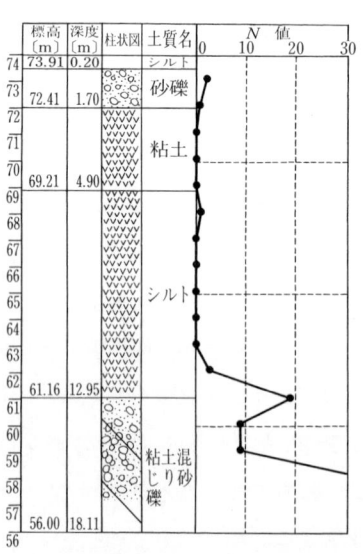

図 2.8 土質柱状図の一例

〔2〕 **オランダ式二重管コーン貫入試験**　ダッチコーンの略称で呼ばれ，静的なサウンディングの代表的なものである．単管式の貫入試験の場合は，ロッドと地盤の摩擦が大きな問題となるため，**図 2.9** に示すように二重管ロッドによって摩擦の影響を低減したもので，このマントルコーンを 1 cm/s の貫入速度で 5 cm 連続的に押し込んだときに，コーン底面に作用する貫入抵抗を測定する．この試験は軟弱な粘性土地盤の強度特性を深度方向に詳細に調査するのに適しており，適用深さは 15～30 m 程度である．

また，計測技術の進歩により，ひずみゲージなどを使って電気的に先端抵抗が測定できるようになり，さらに間隙水圧，周面摩擦力も同時に測定できるコーンが開発された．これは 3 成分コーンの名称で呼ばれたこともあったが，現在は**表 2.4** に示す電気式静的コーン貫入試験とされている．

〔3〕 **スウェーデン式サウンディング試験**　この試験は，まず全重量が 1 kN（荷重段階は 50 N，150 N，250 N，500 N，750 N，1000 N の 6 段階）までおもりを載荷して沈下測定を行い，続いておもりを 1 kN 載荷したまま**図 2.10** に示すように，スクリューが貫入する方向（右回り）に回転させて，貫

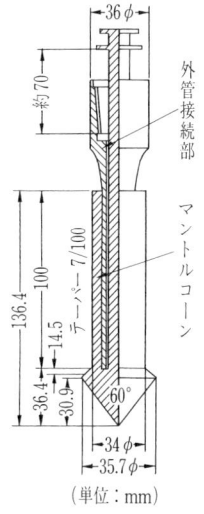

図 2.9　オランダ式二重管コーンの貫入先端部

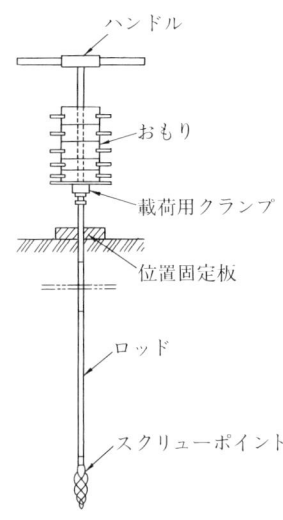

図 2.10　スウェーデン式サウンディング試験の概略図

入量に対する半回転数を測定する。この試験は軟～中位の粘性土，緩い～中密位の砂質土に適しており，適用深さは10～15m程度である。

2.4.2 試料採取

サンプリングは，設計や施工に必要な地盤情報を得る目的で，土の観察や室内土質試験用の試料を採取するために行う。土の種類や試験の目的により，不撹乱試料を採取する方法と撹乱試料を採取する方法に大別できる。重要な構造物の地盤調査においては不撹乱試料の採取がほとんどであり，この試料から力学的試験用の供試体を作成し，その削りくずを物理的試験に利用する。

不撹乱試料を採取する最も確実な方法はブロックサンプリングである。これは，手掘りにより塊状の土を地盤から切り出す方法であるため，対象とする地盤条件が限定される。また，軟らかい粘性土や緩い砂質土ではシンウォールサンプラーを，静的に地中に押し込んで採取するのが一般的である。

撹乱試料を採取する最も簡単な方法は，露頭や浅い地盤などからスコップなどで直接採取するものであるが，2.4.1項の〔1〕で説明した標準貫入試験用サンプラーからは，超軟弱土と粗礫を除くあらゆる土を採取できるので広く利用されている。

2.4.3 室内土質試験

室内土質試験は，物理的試験，化学的試験および力学的試験に大別できる。物理的試験はさらに，土の種類で決まるその土固有の性質と，水の量や締まりの程度によって変化する状態を知るための試験に区分できる。化学的試験は地球規模の環境問題が重要な課題になっていることから，従来から行われているpH試験や強熱減量試験のほかにも地盤環境の汚染にかかわる種々の試験が行われるようになってきている。力学的試験は構造物の種類や土の種類によって異なり，地盤の強さや変形特性を調べる試験，締固め特性を調べる試験，透水性・圧縮性を調べる試験に区分できる。これらをまとめたのが**表2.5**であり，表には本書の内容で関係の深い章を併記している。

表2.5 室内土質試験の分類

種別	目的	試験名	章
物理的試験	土固有の性質を知るための試験	土粒子の密度試験 粒度試験 細粒分含有率試験 液性限界・塑性限界試験 収縮限界試験 砂の最大・最小密度試験強 その他	3章
	状態を知るための試験	含水比試験 土の湿潤密度試験 その他	3章
化学的試験	土の化学的性質を調べるための試験	土懸濁液のpH試験 土懸濁液の電気伝導度試験 土の水溶性成分試験 強熱減量試験 土の有機炭素含有量試験 その他	
力学的試験	強さや変形を調べる試験	一軸圧縮試験 三軸圧縮試験 一面せん断試験 繰返し三軸試験 その他	7章
	締固め特性を調べる試験	締固め試験 CBR試験	11章
	透水性・圧縮性を調べる試験	透水試験	4章
		圧密試験	6章

演 習 問 題

【1】 近所の地盤を構成する土は，どんな土か。工事現場などで観察させてもらい，それらはどのようにして生成されたのか，**表2.2**を参考に推察せよ。

【2】 近隣の山の露頭や河原で，目についた岩石を採取し，**表2.1**に従って分類し，その岩石名を推定せよ。

【3】 **図2.6**に示した日本の代表的な特殊土の成因，工学的特徴などについて調べよ。また，近隣に該当する特殊土があれば，特に詳しく解説せよ。

3

土の基本的な性質

　土は，大小さまざまな寸法と形状をもった土粒子の集合体である。土粒子の鉱物組成が違ったり，有機物を含んでいたり，その生成過程やその後の風化の程度によって，いろいろな種類の土が生成される。また，同じ土粒子でできた土でも，水の含み具合や詰まりの程度が異なると，土粒子間のすきまにある水，空気などの量が変化するので，土の性質は変わる。

　この章では，このように性質や状態が異なる種々の土を定量的に表すための基本的な物理量と，この物理量に基づく土の分類方法について説明する。

3.1　土の構成

　土は，図 3.1 に示すように土粒子（固体），水（液体）および空気（気体）の3相から構成されており，このうち水と空気の部分を合わせて**間隙**という。この構成部分の体積や質量がわかると，土の性質や状態を数値化して表すことができる。図の構成図の記号は，地盤工学の分野では，特に断らずに一般的に使用されるので確実に記憶されたい。

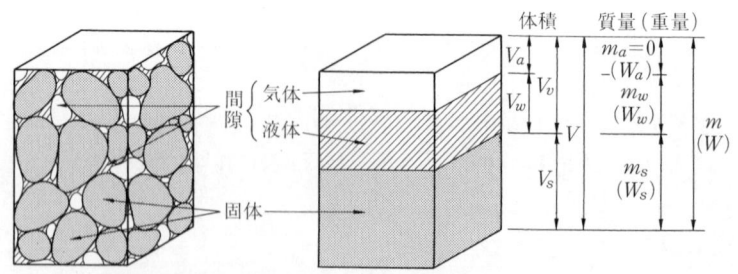

図 3.1　土の構成模式図

[体積 V（volume）]　　　　　[質量 m（mass），重量 W（weight）]
　V：土全体の体積　　　　　　m, W　：土全体の質量，重量
　V_a：空気の体積　　　　　　m_a, W_a：空気の質量，重量は0とする。
　V_w：水の体積　　　　　　　m_w, W_w：水の質量，重量
　V_s：土粒子部分の体積　　　m_s, W_s：土粒子部分の質量，重量
　V_v：間隙の体積（$= V_a + V_w$）

質量 m と重量 W には $W = mg$ の関係がある。ここに，g は重力の加速度（9.8 m/s²）であり，質量1 kgの重量は9.8 N（ニュートン）である。なお，添字の a は air（空気），w は water（水），s は solid（固体），v は void（間隙）を意味している。

3.2　試験で直接測定できる物理量

採取試料に対する室内試験によって直接測定できる物理量は，湿潤密度，含水比，土粒子の密度の三つであり，他の物理量はこれらの量を用いて計算によって間接的に求められる。

3.2.1　土粒子の密度・比重

土粒子の密度（density of soil particle）ρ_s は，土を構成する土粒子部分の単位体積当りの質量であり，式（3.1）で定義される。

$$\rho_s = \frac{m_s}{V_s} \tag{3.1}$$

土粒子の密度は，**図 3.2** に示すピクノメーターを用いて測定[1])でき，一般の土粒子では岩石の密度に近い2.6～2.7 g/cm³程度の値を示す。

なお，土粒子の密度と水の密度の比を**土粒子の比重**（specific gravity of soil particle）G_s という。

$$G_s = \frac{\rho_s}{\rho_w} \tag{3.2}$$

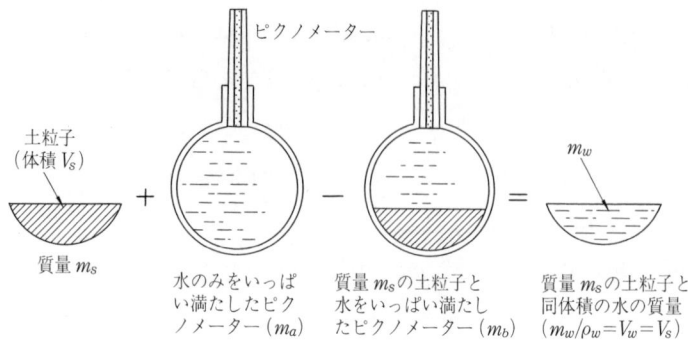

図 3.2 土粒子密度の測定

ここに，ρ_w は水の密度（m_w/V_w）であり，4℃で$1.00\,\mathrm{g/cm^3}$ である。

水の密度は水温によって変化するために，比重は厳密には温度によって値が異なるが，土質工学ではつねに $\rho_w = 1.00\,\mathrm{g/cm^3}$ として扱う。

3.2.2 湿 潤 密 度

間隙中の水分を含めた土の単位体積当りの質量を**湿潤密度**（wet density）ρ_t といい，通常密度といえばこれを指し，式（3.3）で定義される。

$$\rho_t = \frac{m}{V} \tag{3.3}$$

湿潤密度は，一般的には土を円柱状に成形して供試体を作成し，その寸法と質量 m を測定することで求まるが，ほかにも測定方法があるので，その試験方法については試験基準[2)]を参照されたい。

3.2.3 含 水 比

土の間隙に含まれる水の質量 m_w と土粒子の質量 m_s の比を百分率で表した量を**含水比**（moisture content）w といい，式（3.4）で定義される。

$$w = \frac{m_w}{m_s} \times 100\,[\%] \tag{3.4}$$

含水量 m_w は 110°C の恒温乾燥炉[3]を用いて蒸発させて求めた間隙の水の質量であり，土粒子の質量 m_s は土を十分乾燥させた後の土の質量である。

恒温乾燥炉を用いる方法では試料が一定質量になるまでに 18〜24 時間を要していたが，最近では短時間で測定可能な電子レンジを用いた含水比測定の方法が基準化[3]されている。

例題 3.1 図 3.2 に示すピクノメーターを用いて土粒子の密度試験を行った。その結果，ピクノメーターの質量 38.25 g，ピクノメーターに入れた土の乾燥質量 24.85 g，蒸留水を満たしたピクノメーターの質量 145.95 g，蒸留水と試料を満たしたピクノメーターの質量 161.85 g であり，蒸留水の温度はいずれも 20°C であった。このときの土粒子の密度を求めよ。

【**解答**】 図を参考にして
 m_a：温度 T 〔°C〕の蒸留水を満たしたピクノメーターの質量
 m_b：温度 T 〔°C〕の蒸留水と試料 (m_s) を満たしたピクノメーターの質量
 $\rho_w(T)$：T 〔°C〕における蒸留水の密度（**表 3.1**）

とすれば，$m_s = 24.85$ g，$m_a = 145.95$ g，$m_b = 161.85$ g，$\rho_w(20°C) = 0.9982$ g/cm³ である。したがって，式 (3.1) から

$$\rho_s = \frac{m_s}{V_s} = \frac{m_s}{m_s + (m_a - m_b)} \rho_w(T)$$

$$= \frac{24.85}{24.85 + (145.95 - 161.85)} \times 0.9982 = 2.772 \text{ g/cm}^3 \quad \diamond$$

表 3.1 蒸留水の密度[1]

温度〔°C〕	水の密度〔g/cm³〕	温度〔°C〕	水の密度〔g/cm³〕	温度〔°C〕	水の密度〔g/cm³〕	温度〔°C〕	水の密度〔g/cm³〕
4	1.0000	13	0.9994	22	0.9978	31	0.9953
5	1.0000	14	0.9992	23	0.9975	32	0.9950
6	0.9999	15	0.9991	24	0.9973	33	0.9947
7	0.9999	16	0.9989	25	0.9970	34	0.9944
8	0.9999	17	0.9988	26	0.9968	35	0.9940
9	0.9998	18	0.9986	27	0.9965	36	0.9937
10	0.9997	19	0.9984	28	0.9962	37	0.9933
11	0.9996	20	0.9982	29	0.9959	38	0.9930
12	0.9995	21	0.9980	30	0.9957	39	0.9926

例題 3.2 シンウォールサンプラーにより粘性土の不撹乱試料を採取した。その円筒供試体の寸法は直径 74.95 mm，高さ 150.02 mm，質量は 1193.25 g であった．また，この供試体を 110°C の恒温乾燥炉で質量が一定になるまで乾燥させたところ，質量は 1000.68 g に減少した．この供試体の湿潤密度と含水比を求めよ．

【解答】 供試体の体積 $V = 661.88\,\mathrm{cm}^3$，質量 $m = 1\,193.25\,\mathrm{g}$，土粒子部分の質量 $m_s = 1\,000.68\,\mathrm{g}$，水の質量 $m_w = m - m_s = 192.57\,\mathrm{g}$，したがって，湿潤密度は式 (3.3)，含水比は式 (3.4) から

$$\rho_t = \frac{m}{V} = \frac{1\,193.25}{661.88} = 1.803\,\mathrm{g/cm^3}$$

$$w = \frac{m_w}{m_s} \times 100 = \frac{192.57}{1\,000.68} \times 100 = 19.2\,\%$$

◇

3.3 間接的に求まる物理量

3.3.1 乾燥密度

湿潤密度 ρ_t は土の質量 m と体積 V を測定することにより求まる．しかし，間隙の部分の水が増えて湿潤密度 ρ_t が大きくなっても土が締まったとはいえず，締まりの程度は体積 V のなかに土粒子がどれほどの割合を占めているかで判断すべきである．土の単位体積当りの土粒子だけの質量は，間隙中の水の量にかかわらず一定であり，この状態を**乾燥密度**（dry density）ρ_d として，式 (3.5) で定義される．

$$\rho_d = \frac{m_s}{V} \tag{3.5}$$

3.3.2 間隙比，間隙率

土中の間隙の量を表すのに，**間隙比**（void ratio）e および**間隙率**（porosity）n が用いられ，式 (3.6)，(3.7) で定義される．

$$e = \frac{V_v}{V_s} \qquad (3.6)$$

$$n = \frac{V_v}{V} \times 100\,[\%] \qquad (3.7)$$

3.3.3 飽和度，体積含水率

地下水面より下にある土のように，間隙が水で満たされている土を**飽和土**といい，間隙中に水と空気が存在する土を**不飽和土**という。この間隙全体のなかで水の占める体積割合を表したのが**飽和度**（degree of saturation）S_r であり，式（3.8）のように定義される。

$$S_r = \frac{V_w}{V_v} \times 100\,[\%] \qquad (3.8)$$

したがって，飽和土は $S_r = 100\,\%$ であり，不飽和土では $S_r = 0 \sim 100\,\%$ である。

また，土の全体積に対して水の占める体積割合を表したのが式（3.9）の**体積含水率**（moisture content by volume）θ であり，不飽和土の研究分野ではよく用いられる。

$$\theta = \frac{V_w}{V} \times 100\,[\%] \qquad (3.9)$$

例題 3.3 図 3.1 において，土粒子の体積を $V_s = 1$ と仮定すると，土全体の体積 V は間隙比 e を用いて表すことができることを示せ。

【解答】 土粒子の体積 $V_s = 1$ とすると，式（3.6）から間隙部分の体積は $V_v = e$ と表されるので，土全体の体積 V は
$$V = V_s + V_v = 1 + e$$
と表される。なお，これを**体積比**（volume ratio または specific volume）f といい，土全体の体積の変化を表すものであり，この考え方を理解しておくと非常に便利である。すなわち，体積比 f は式（3.10）で定義される。

$$f = \frac{V}{V_s} = 1 + e \qquad (3.10)$$

◇

3.4 各物理量相互の関係

以上述べた物理量は相互に関連しており，各種の関係式が成立する。基本的な物理量相互の関係を知っておくことは，各諸量の性質を理解するうえでも重要である。

湿潤密度は，土粒子の比重 G_s，間隙比 e，飽和度 S_r および水の密度 ρ_w から，式 (3.11) で求められる。

$$\rho_t = \frac{G_s + S_r\, e/100}{1+e} \rho_w \tag{3.11}$$

これは，湿潤密度の定義式 (3.3) からつぎのように導かれる。

$$\rho_t = \frac{m}{V} = \frac{m_s + m_w}{V_s + V_v} = \frac{m_s/V_s + m_w/V_s}{1 + V_v/V_s} = \frac{\rho_s + m_w/V_s}{1+e}$$

$$= \frac{G_s \rho_w + V_w \rho_w/V_s}{1+e} = \frac{G_s + S_r V_v/(100\, V_s)}{1+e} \rho_w = \frac{G_s + S_r\, e/100}{1+e} \rho_w$$

また，湿潤密度は，土粒子の比重 G_s，間隙比 e，含水比 w および水の密度 ρ_w から，式 (3.12) で求められる。

$$\rho_t = \frac{G_s(1+w/100)}{1+e} \rho_w = \frac{\rho_s(1+w/100)}{1+e} \tag{3.12}$$

乾燥密度は，湿潤密度 ρ_t と含水比 w から，式 (3.13) で求められる。

$$\rho_d = \frac{\rho_t}{1+w/100} \tag{3.13}$$

間隙比 e は，乾燥密度 ρ_d と土粒子の密度 ρ_s または比重 G_s から式 (3.14) のように求まる。

$$e = \frac{\rho_s}{\rho_d} - 1 = \frac{\rho_w}{\rho_d} G_s - 1 \tag{3.14}$$

また，間隙率 n は間隙比 e により，式 (3.15) で与えられる。

$$n = \frac{e}{1+e} \times 100\,[\%] \tag{3.15}$$

飽和度は，含水比 w，土粒子の比重 G_s および間隙比 e から，式 (3.16)

で求められる.

$$S_r = \frac{w\,G_s}{e} \tag{3.16}$$

また,体積含水率は式(3.17)によって求められる.

$$\theta = \frac{n\,S_r}{100} = \frac{w\,\rho_d}{\rho_w} \tag{3.17}$$

ここで,式(3.11)において,土が完全に乾燥している場合には $S_r = 0$ であるので,乾燥密度 ρ_d は

$$\rho_d = \frac{G_s\,\rho_w}{1+e} = \frac{\rho_s}{1+e} \tag{3.18}$$

となる.なお,これを e について解いたのが式(3.14)である.また,土が飽和している場合には $S_r = 100\,\%$ であるので,**飽和密度** ρ_{sat} は

$$\rho_{sat} = \frac{G_s + e}{1+e}\,\rho_w \tag{3.19}$$

となる.

例題 3.4 体積 $60\,\mathrm{cm}^3$,質量 $100\,\mathrm{g}$ の土がある.この土を乾燥したら質量が $80\,\mathrm{g}$ になった.この土の乾燥前の間隙比と飽和度はいくらか.ただし,$G_s = 2.50$ である.

【解答】 問題より,$m = 100\,\mathrm{g}$,$m_s = 80\,\mathrm{g}$,$m_w = m - m_s = 100 - 80 = 20\,\mathrm{g}$,乾燥前の土の含水比と乾燥密度は式(3.4),(3.5)より

$$w = \frac{m_w}{m_s} \times 100 = \frac{20}{80} \times 100 = 25.0\,\%$$

$$\rho_d = \frac{m_s}{V} = \frac{80}{60} = 1.333\,\mathrm{g/cm^3}$$

間隙比は式(3.14)より

$$e = \frac{\rho_w}{\rho_d}\,G_s - 1 = \frac{1.0}{1.333} \times 2.50 - 1 = 0.875$$

したがって,飽和度は式(3.16)より

$$S_r = \frac{w\,G_s}{e} = \frac{25.0 \times 2.50}{0.875} = 71.4\,\% \qquad \diamondsuit$$

例題 3.5 土粒子の比重 $G_s = 2.70$, 間隙率 $n = 44.5\%$, 含水比 $w = 20\%$ の土の湿潤密度 ρ_t はいくらか。

【解答】 間隙比は式（3.15）を変形し

$$e = \frac{n}{100 - n} = \frac{44.5}{100 - 44.5} = 0.802$$

したがって、湿潤密度は式（3.12）より

$$\rho_t = \frac{G_s(1 + w/100)}{1 + e}\rho_w = \frac{2.70(1 + 20/100)}{1 + 0.802} \times 1.0\,\mathrm{g/cm^3} = 1.798\,\mathrm{g/cm^3}$$

◇

例題 3.6 $\rho_d = 1.50\,\mathrm{g/cm^3}$, $G_s = 2.70$ の土が吸水して飽和した。このときの含水比はいくらか。ただし、供試体の体積は変化しなかった。

【解答】 $\rho_d = 1.50\,\mathrm{g/cm^3}$, $G_s = 2.70$ であるので、間隙比は式（3.14）より

$$e = \frac{\rho_w}{\rho_d}G_s - 1 = \frac{1.0}{1.50} \times 2.70 - 1 = 0.80$$

したがって、含水比は式（3.16）より

$$w = \frac{S_r\,e}{G_s} = \frac{100 \times 0.80}{2.70} = 29.6\,\%$$

◇

例題 3.7 $w = 20\%$, $w = 50\%$ の含水比の異なる 2 種類の土がある。いま、それぞれの土を 60 g ずつとり、混合して突き固めて体積を 80 cm³ にした。このときの飽和度はいくらか。ただし、$G_s = 2.70$ である。

【解答】 式（3.4）より、$w = 20\%$ の土は

$$w = \frac{m_w}{m_s} \times 100 = 20\,\%$$

$$m_w = 0.2 m_s$$

$$m_w + m_s = 1.2 m_s = 60\,\mathrm{g}$$

したがって、$m_s = 50\,\mathrm{g}$, $m_w = 10\,\mathrm{g}$ である。

同様に $w = 50\%$ の土は、$m_s = 40\,\mathrm{g}$, $m_w = 20\,\mathrm{g}$ となる。

これらの土を混合して突き固めた土の含水比と乾燥密度は、式（3.4），（3.5）より

$$w = \frac{m_w}{m_s} \times 100 = \frac{10+20}{50+40} \times 100 = 33.33\,\%$$

$$\rho_d = \frac{m_s}{V} = \frac{50+40}{80} = 1.125\,\text{g/cm}^3$$

間隙比は式（3.14）より

$$e = \frac{\rho_w}{\rho_d} G_s - 1 = \frac{1.0}{1.125} \times 2.70 - 1 = 1.40$$

したがって，飽和度は式（3.16）より

$$S_r = \frac{w\,G_s}{e} = \frac{33.33 \times 2.70}{1.40} = 64.3\,\% \qquad \diamond$$

例題 3.8 例題 3.2 で示した供試体の乾燥密度はいくらか．

【解答】 $\rho_t = 1.803\,\text{g/cm}^3$, $w = 19.2\,\%$ であるので，乾燥密度は式（3.13）より

$$\rho_d = \frac{\rho_t}{1+w/100} = \frac{1.803}{1+19.2/100} = 1.513\,\text{g/cm}^3 \qquad \diamond$$

3.5 単位体積重量

盛土による荷重増加や土被り圧による鉛直応力（5章 5.2節で説明する）などの計算や施工においては土の重量を考えるため，密度ではなく**単位体積重量**（unit weight）が必要である．単位体積重量は，密度に重力加速度 g を乗じることで，つぎのように求まる．

湿潤単位体積重量　　$\gamma_t = \dfrac{mg}{V} = \dfrac{W}{V} = \rho_t\,g$ 　　　　　(3.20)

乾燥単位体積重量　　$\gamma_d = \dfrac{m_s\,g}{V} = \dfrac{W_s}{V} = \rho_d\,g$ 　　　　　(3.21)

また，飽和密度と同様に，式（3.20）において間隙が完全に水で満たされて飽和状態にある場合の単位体積重量を**飽和単位体積重量**（saturated unit weight）γ_{sat} という．また，地下水面より下に存在する土の単位体積重量は，**水中単位体積重量**（submerged unit weight）γ_{sub}（または γ'）と呼ばれる．この場合，土は飽和しているとともに土粒子部分が浮力を受けるので，式

(3.22) で表される。

$$\gamma_{sub}\ (\text{または}\ \gamma') = \gamma_{sat} - \gamma_w \tag{3.22}$$

なお，3.4節では物理量相互の関係式 (3.11)〜(3.13)，(3.18)，(3.19) は密度 ρ について示したが，単位体積重量 γ が必要な場合には ρ を γ に置き換えればよい。

例題 3.9 例題 3.2，3.8 で求めた供試体の湿潤単位体積重量，乾燥単位体積重量を求めよ。なお，1 kg の質量に 1 m/s² の加速度を生じさせる力が 1 N である。

【解答】 供試体は $\rho_t = 1.803\,\text{g/cm}^3 = 1.803\,\text{t/m}^3$，$\rho_d = 1.031\,\text{g/cm}^3 = 1.031\,\text{t/m}^3$，$g = 9.8\,\text{m/s}^2$ であるので，湿潤単位体積重量，乾燥単位体積重量は式 (3.20)，(3.21) から

$$\gamma_t = \rho_t\,g = 1.803\,\text{t/m}^3 \times 9.8\,\text{m/s}^2 = 17.67\,\text{kN/m}^3$$
$$\gamma_d = \rho_d\,g = 1.031\,\text{t/m}^3 \times 9.8\,\text{m/s}^2 = 10.10\,\text{kN/m}^3 \qquad \diamondsuit$$

3.6 粒径と粒度分布

3.6.1 粒径

土は，大小さまざまな土粒子が集合してできたものであり，その土粒子の大きさを**粒径**という。土質工学の分野では，土粒子を粒径によって**表 3.2** のように区分し，細かい粒子からそれぞれ**粘土**（5 μm 以下），**シルト**（5〜75 μm

表 3.2 粒径区分とその呼び名

粒径 [mm]										
0.005	0.075	0.25	0.425	0.85	2.0	4.75	19	75	300	
粘土	シルト	細砂	中砂	粗砂	細礫	中礫	粗礫	粗石（コブル）	巨石（ボルダー）	
		砂			礫			石		
細粒分		粗粒分						石分		
土質材料							石分混じり材料（石分<50%）			
							岩石質材（石分≧50%）			

以下），**砂**（75 μm～2 mm 以下），**礫**(れき)（2～75 mm 以下）の呼び名が付けられている。粒径が 75 mm までを土，それ以上は岩石として取り扱う。

また，実際の土は種々の粒径の土粒子が混合しているので，シルト以下の細粒分（75 μm 以下）の含有量が質量比で 50 ％以上の土を**細粒土**（あるいは**粘性土**）と呼び，砂や礫の粗粒分（75 μm～75 mm）の含有量が質量比で 50％を超える土を**粗粒土**と大きく 2 種類に分類している。また，粗粒土のうち砂が多い場合を**砂質土**，礫が多い場合を**礫質土**と呼んでいる。

なお，さまざまな大きさ，形状を有する土粒子の粒径は，物差しで測られるわけではなく，以下に述べる"ふるい分析"あるいは"沈降分析"によって決められる。

3.6.2 粒 度 分 布

いろいろな大きさの粒子がどのような割合で混合しているのかを示すのが**粒度**（grading）であり，粒度を調べる試験を粒度試験という。

粒度試験の最も簡単な方法はふるいを用いる方法であるが，粒径が 75 μm 以下の細粒分は，細かすぎてふるいで分析することができない。したがって，粒径 75 μm 以上の粗粒分についてはふるい分析を，細粒分については浮ひょう（秤）を用いた沈降分析を行う。

ふるい分析は，規格によって決められたいろいろな大きさの網目をもつ一組みのふるいを，**図 3.3** のように下から網目の小さい順に積んで，試料を上から投入して各ふるいにとどまる質量を測定し，土試料全体に対する質量百分率を計算する方法である。

沈降分析は，ある量の試料を一定量の水に混ぜ，土粒子が水中で浮遊している懸濁液をつくり，懸濁液の時間的な比重の変化を測定することによって粒度を推定する方法である。すなわち，**図 3.4** に示すように大きな土粒子ほど速く沈降するため，ストークス（Stokes）の法則に基づいて粒径を求めることができる。試験方法の詳細は，試験基準[4]を参照されたい。

土の粒度試験の結果は，**図 3.5** に示すような**粒径加積曲線**で整理される。

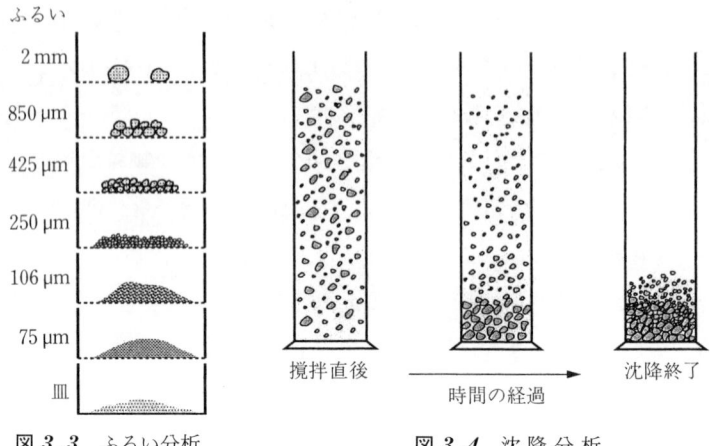

図 3.3　ふるい分析

図 3.4　沈降分析

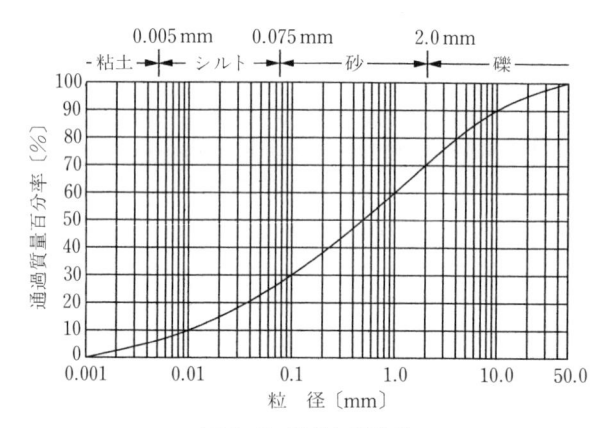

図 3.5　粒径加積曲線

　この図は，横軸に対数目盛で粒径を，縦軸にその粒径より小さな土粒子の含有率（土試料全体の質量に対する通過質量百分率）をとって，一つの曲線で表したものである。

　粒度の判断に役立てるため，粒径加積曲線から通過質量百分率が 10，30，60% のときの粒径 D_{10}，D_{30}，D_{60} を読み取り，つぎのように数量化した値が用いられる。

$$U_c = \frac{D_{60}}{D_{10}} \tag{3.23}$$

$$U_c' = \frac{(D_{30})^2}{D_{10}\,D_{60}} \tag{3.24}$$

U_c は**均等係数**と呼ばれ，曲線の傾きを示すもので，この値が大きいほど広範囲の粒径の粒子を含むことを意味し，小さいほど粒径がそろった均等な土である。パチンコ玉のように均一径の粒子の集合体では $U_c = 1$ となる。また，U_c' は**曲率係数**と呼ばれ，曲線のなだらかさを表す。

一般に，土の締固めの難易度に対応させて，U_c が 4～5 以下の土は「粒度分布が悪い」，10 以上の土は「粒度分布がよい」[5] とされている。また，U_c' が 1～3 の場合に「粒度分布がよい」[5] としている。したがって，「粒度分布がよい」土の条件は U_c と U_c' を同時に満足する必要があり，その両方または片方を満足しないときには，「粒度分布が悪い」土となる。

なお，10％粒径 D_{10} は**有効径**ともいい，土試料に含まれる細かい粒子の大きさがどの程度なのかを知る指標になるもので，古くから粗粒土の透水性（4章で説明する）の推定に用いられている。また，50％粒径 D_{50} は試料中の粒径の中ぐらいの大きさを示し，その試料の代表的な径で**平均粒径**ともいい，液状化特性（7章 7.5.3 項で説明する）を表す指標などとして用いられる。

例題 3.10 図 3.5 の土の均等係数，曲率係数を求め，「粒度分布がよい」土か，「粒度分布が悪い」土か，を判定せよ。また，有効径，平均粒径，細粒分含有率はいくらか。

【解答】 図 3.5 の粒径加積曲線より，$D_{10} = 0.01$ mm，$D_{30} = 0.1$ mm，$D_{60} = 1.0$ mm であるので，均等係数，曲率係数は，式 (3.23)，(3.24) より

$$U_c = \frac{D_{60}}{D_{10}} = \frac{1.0}{0.01} = 100$$

$$U_c' = \frac{(D_{30})^2}{D_{10}\,D_{60}} = \frac{0.1^2}{0.01 \times 1.0} = 1$$

したがって，この土は「粒度分布がよい」。
また，有効径は $D_{10} = 0.01$ mm，平均粒径は $D_{50} = 0.5$ mm，0.075 mm 以下の細

粒分含有率は約 27 % である。　　　　　　　　　　　　　　　　　　◇

3.7　土粒子の形と土の構造

3.7.1　粒　　　形

　土粒子の形は，粒状のものと薄片状のものに大別される。

　砂や礫のような粗粒土の粒子は粒状で，角張ったものと丸みを帯びたものがある。一般に，定積土の粒子の形は角張っており，運積土では土粒子が運搬の途中で摩耗して，表面がなだらかになり，粒子全体が丸みを帯びてくる。この摩耗の作用は，粒径が大きいほど，かつ運搬距離が大きいほど著しく，土を構成している鉱物組成に大きく関係している。角張った粒子からできている土は，丸みのある粒子からできている土に比べて，粒子相互の接近を妨げるので間隙は大きくなるが，破壊に対する抵抗は大きくなる。また，土粒子を微視的に観察すれば，表面の粗度にも差があることがわかる。

　薄片状の土粒子の代表的なものは雲母片であり，土のなかにこれを含むと粒子が間隙に落ち込むことを妨げるので，緩い構造となる。粘土粒子は，平らな鱗状の形をなすものが多い。

3.7.2　土の骨格構造

　礫や砂などのように，粗粒土の粒子は角張ったり丸みを帯びたりして粒状であるが，粘土粒子のように微細になると薄片状になってくる。また，これらの土粒子は自然状態では，混合して存在したり，さまざまな配列をなして骨組みのようなものを形成して堆積している。この骨組みを**土の構造**といい，どの方向からみても構造が同じ場合には**等方性**というが，一般には鉛直方向と水平方向では構造が異なり，方向によって変形や水の流れやすさが異なる場合が多く，これを構造**異方性**という。

　粗粒な土粒子は，粒子表面の電気的な働きよりも，重力の働きが卓越するの

で，図 3.6 のように粒子が角と角で接触する**単粒構造**を成している．一方，微細な粘土粒子は，薄片状で大変微細であるから粒子表面の電気的な働きが卓越し，図 3.7 に示すような単純化した四つのモデル（**ランダム構造，綿毛化構造，分散構造，配向構造**）で分類説明されている．

図 3.6 粗粒な土の単粒構造

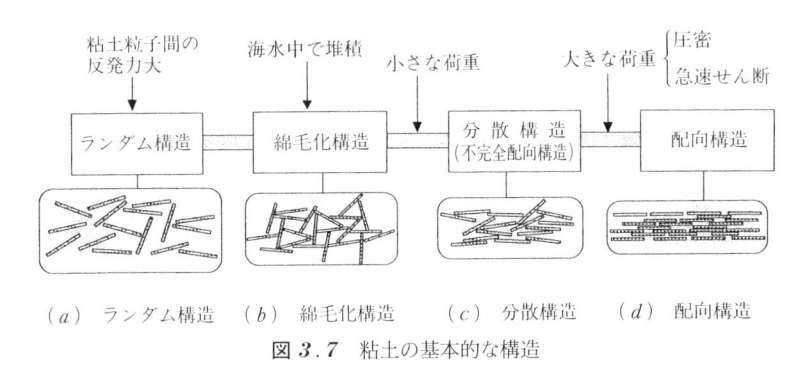

(a) ランダム構造　(b) 綿毛化構造　(c) 分散構造　(d) 配向構造
図 3.7 粘土の基本的な構造

しかし，自然の土は，堆積時・堆積後の環境が異なり，粒子の大きさや鉱物の種類が異なるものが混じっているので，このように単純な構造とはなっておらず，複雑に凝集し団粒化して堆積している．

3.8 土のコンシステンシー

厳密な土の工学的分類は後述の 3.9 節で記述するが，土質工学では感覚的に粘着性のある土を粘性土（cohesive soil），粘着性のない土を砂質土（sandy soil）と呼ぶことがある．本節で用いる粘性土，砂質土の用語はこの感覚的なものであり，3.9 節の**表 3.3** に示す工学的表の厳密な用語とは異なる．

3.8.1 粘性土の吸着水

粘土粒子などの微細な粒子の表面は負に帯電（O^{2-} や OH^-）しており，周りに水があると水分子を構成する陽イオン（H^+）と強く結合し，粒子表面に**吸着水**と呼ばれる水分子が薄く吸着して水膜を形成する。微細な粒子どうしはこの吸着水の水膜を介してたがいに接触し，電気的な力で結び付いているので，粘着性を示すのである。したがって，同じ鉱物からなる粒子でも，その粒の大きさが違えば**比表面積**（単位質量当りの表面積）も異なる。すなわち粒子が細かくなるほど比表面積は著しく大きくなるので，一般には細かい粘土ほど強い粘着性を示すことになる。また，吸着水の外にある水は**自由水**と呼ばれ，電気的な影響を受けずに自由に動くことができる。

なお，砂質土のように粗い粒子の集合体の場合には，同じように吸着水があっても，薄い膜は壊されて，粒子どうしが接触してしまうので粘着性は発揮されない。砂山をつくるとき砂を湿らすと粘着性が出ることは，だれもが経験的に知っていることであるが，これは自由水による**サクション**（4章4.2.1項で説明する）と呼ばれる粒子間の表面張力によるものであり，粘性土の粘着性とはそのメカニズムがまったく異なる。

3.8.2 コンシステンシー限界

コンシステンシーとは，物体の硬さ，軟らかさ，脆さ，流動性などの総称である。

細粒分を多く含む粘性土に水を十分に加えてよく練ると，どろどろと液状（食べ物に例えるならコーンスープ状）になる。これは，間隙中の水分が多く，土粒子が吸着水を介して接触できず，水に浮かんだ状態になるためである。この土を徐々に乾燥すると，蒸発した水の分だけ体積が減少していき，やがて，ねとねとした状態になって粘土細工ができる塑性状（硬～軟のバター状）になる。塑性というのは，力を加えて生じた変形がもとに戻らない性質で，土粒子相互が吸着水を介してたがいに接触していると考えられる。さらに乾燥させると，ぼろぼろした状態になって自由な形に変形できない半固体状（チーズ状）

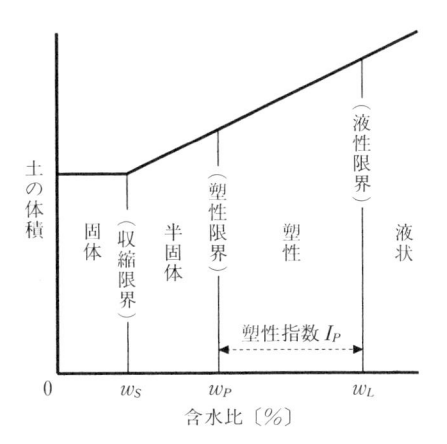

図 3.8 土の状態変化とコンシステンシー限界

になる.さらに乾燥を進めると,こちこちの固体状(クッキー状)となる.このような含水比の変化に伴う状態の変化の概念図を図 3.8 に示す.

液状→塑性状→半固体状→固体状のそれぞれ状態の境界にあたる含水比を**液性限界**(liquid limit:L.L.と略記)w_L,**塑性限界**(plastic limit:P.L.と略記)w_P,**収縮限界**(shrinkage limit:S.L.と略記)w_S といい,練り返した土について求めたこれらの変移点の含水比を総称して**コンシステンシー限界**(consistency limit)という.また,現在もこれらのコンシステンシー限界は,アッターベルグ(Atterberg)によって提唱された方法に準じて求められるので,**アッターベルグ限界**ともいわれる.

コンシステンシー限界から導かれる諸指数は,後述の 3.9 節の工学的分類や力学的性質の推定などに利用される粘性土の重要な指標となる.例えば,土が塑性を保つ含水比の範囲を**塑性指数**(plasticity index)I_P といい,式(3.25)で表し,無次元で用いる.

$$I_P = w_L - w_P \qquad (3.25)$$

I_P は粘土分の多い土ほど大きくなることが知られている.また,I_P は粘土分を同じ割合で含む土でもその粘土鉱物によって異なることから,式(3.26)のように**活性度**(activity)A という指標が定義されている.

$$A = \frac{I_P}{P_{2\,\mu m}} \tag{3.26}$$

ここに，$P_{2\,\mu m}$ は 2 μm 以下の粘土分含有量〔%〕である。

また，乱さない自然状態の粘性土が，どのような状態にあるのかを示すために，式（3.27）で定義する液性指数（liquidity index）I_L が用いられる。

$$I_L = \frac{w_n - w_P}{w_L - w_P} = \frac{w_n - w_P}{I_P} \tag{3.27}$$

ここに，w_n：その土の自然含水比である。この指数は，自然状態の粘性土を乱した場合の液体状態へのなりやすさを示すもので，相対含水比ともいう。自然状態の土は，I_L の値が 0 に近いほど硬く，1 に近づくほど軟らかい。

上式と同様に，粘性土の自然含水状態における硬軟を表す目安に，**コンシステンシー指数**（consistency index）I_c（$= 1 -$ 液性指数 I_L）がある。

$$I_c = 1 - I_L = \frac{w_L - w_n}{w_L - w_P} = \frac{w_L - w_n}{I_p} \tag{3.28}$$

このコンシステンシー指数は，砂や礫のような粒状土の締まり具合の目安とされている相対密度（11 章 11.3 節で説明する）の式と同形である。

3.8.3 コンシステンシー限界の測定法

コンシステンシー限界は，国際的に統一された以下の試験方法[6],[7]により求められる。

〔1〕**液性限界**　図 3.9 に示すように，よく練り返した軟らかい試料を黄銅皿に厚さ 10 mm になるように入れ，規格の溝切りで幅 2 mm の溝を切る。皿を 10 mm の高さから 1 秒間に 2 回の速さでゴム台の上に自由落下さ

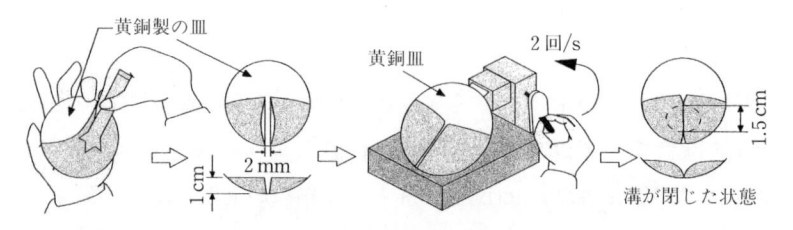

図 3.9 液性限界の測定

せ，切った溝の底部が 15 mm にわたって合流したときの落下回数を測定し，そのときの含水比を測定する。試料に少しずつ蒸留水を加えながら同様の測定を繰り返し，測定結果を図 **3.10** に示すように縦軸に含水比を，横軸に落下回数を対数目盛でプロットすると両者には直線関係が認められる。これを**流動曲線**といい，落下回数が 25 回に対応する含水比を液性限界 w_L とする。なお，流動曲線の傾きを**流動指数**（flow index）という。

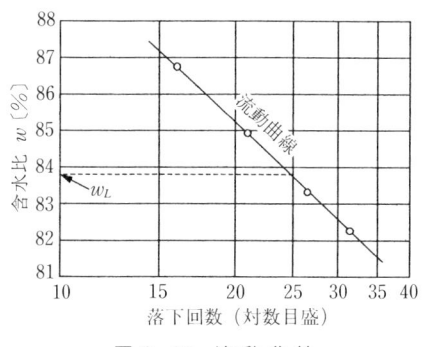

図 **3.10** 流 動 曲 線

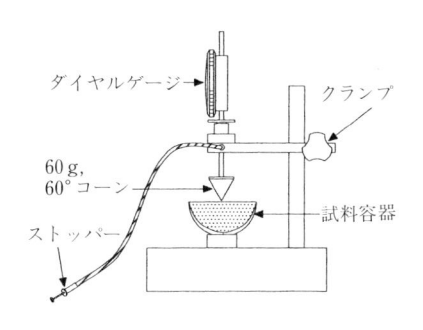

図 **3.11** フォールコーン試験装置

また，液性限界の測定には，スウェーデンなどでは古くから，図 **3.11** に示すようにコーンを容器内の試料に自由落下によって貫入させ，その貫入量と含水比の関係から液性限界を求めるフォールコーンを用いた方法が使われている。わが国においても，先端が 60°，質量 60 g のコーンが 11.5 mm 貫入したときの含水比を液性限界とする基準[6] が制定されている。

〔2〕 **塑性限界** 塑性状の試料を丸めて，図 **3.12** に示すようにすりガラスの板上を手のひらで転がし，ひもをつくる。ひもの太さが 3 mm になったら再び塊にしてこの作業を繰り返し，ちょうど 3 mm の太さでひもが切れ切れになったときの含水比を塑性限界 w_P とする。

〔3〕 **収縮限界** 湿潤試料の乾燥脱水に伴う長さや体積の減少量を求める必要があるので，軟らかく練り返した試料を気泡を追い出しながら収縮皿に詰め，これを乾燥収縮させて，前後の体積変化を測定し，収縮定数(収縮限界と収縮比) を計算により求める。水銀を用いた液体置換法は簡便であり地盤工学会

38   3. 土の基本的な性質

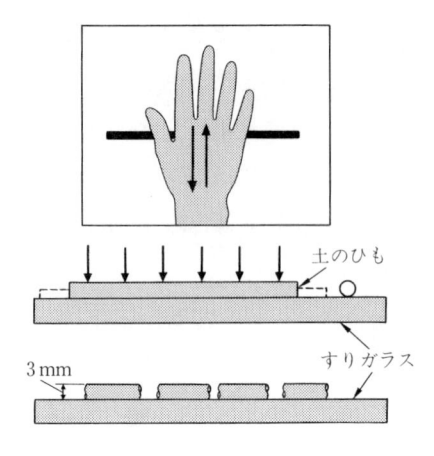

図 3.12 塑性限界の測定

基準[8]に採用されていたが，水銀の管理や付着した測定済みの試料の廃棄の問題なども多く，最近ではパラフィンを用いる方法が基準化[7]され，ノギスなどを用いた直読法やボイルの法則を用いた圧力法などの代替法も行われている。

3.9 土の工学的分類

堤防など土を材料として用いる場合の適否や透水性，変形，強度などの工学的性質を推定するには，土を固有の性質により分類し，だれもが共通の認識をもてるようにする必要がある。また，同じ土を手順どおりに分類すれば，だれが分類しても同じ名称になることも重要である。これを土の工学的分類といい，おもに粒度とコンシステンシー限界を用いて分類する種々の方法が提案されている。ここでは，わが国の土に適用できるように定められた**日本統一分類法**を紹介する。

この分類法は，粒径が 75 mm 以下の土質材料を対象とし，**表 3.3**[9]の手順に従って実施する。まず，**表 3.2** に示した粗粒分，細粒分，有機物の含有割合により大分類を行う。粗粒分の含有量が 50％を超える粗粒土は，粒度試験結果によって中分類・小分類される。細粒土 F の粘性土は，**図 3.13**[9]に示す**塑性図**によって分類され，図上のプロット位置によってその土の塑性，強

3.9 土の工学的分類

表 3.3 地盤材料の工学的分類（日本統一分類法）[9]
(a) 粗粒土の工学的分類体系

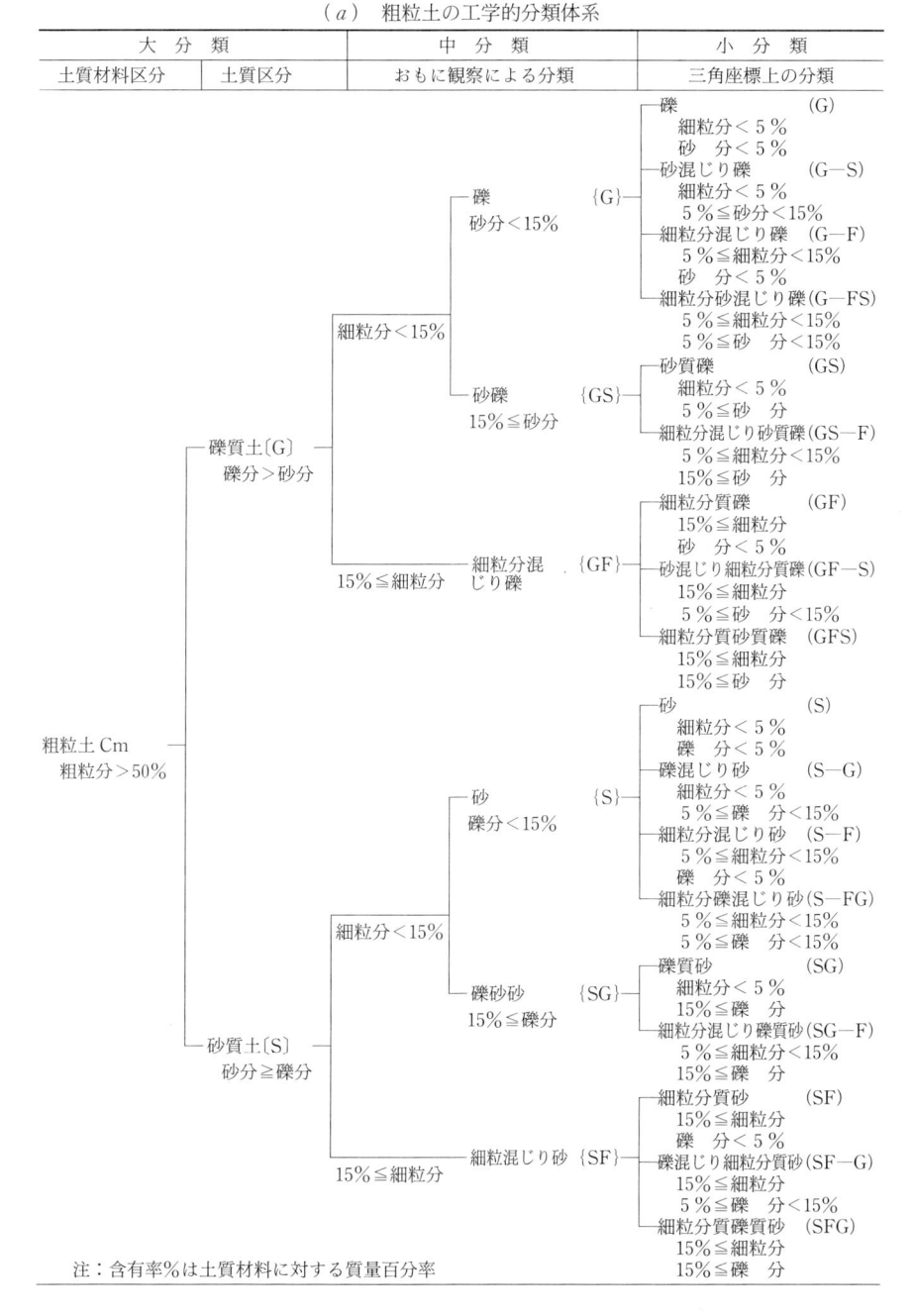

大 分 類		中 分 類	小 分 類
土質材料区分	土質区分	おもに観察による分類	三角座標上の分類

- 粗粒土 Cm　粗粒分 > 50%
  - 礫質土 〔G〕　礫分 > 砂分
    - 細粒分 < 15%
      - 礫　砂分 < 15%　{G}
        - 礫　(G)　細粒分 < 5%　砂 分 < 5%
        - 砂混じり礫　(G—S)　細粒分 < 5%　5% ≦ 砂分 < 15%
        - 細粒分混じり礫　(G—F)　5% ≦ 細粒分 < 15%　砂 分 < 5%
        - 細粒分砂混じり礫 (G—FS)　5% ≦ 細粒分 < 15%　5% ≦ 砂 分 < 15%
      - 砂礫　15% ≦ 砂分　{GS}
        - 砂質礫　(GS)　細粒分 < 5%　5% ≦ 砂 分
        - 細粒分混じり砂質礫 (GS—F)　5% ≦ 細粒分 < 15%　15% ≦ 砂 分
    - 15% ≦ 細粒分
      - 細粒分混じり礫　{GF}
        - 細粒分質礫　(GF)　15% ≦ 細粒分　砂 分 < 5%
        - 砂混じり細粒分質礫 (GF—S)　15% ≦ 細粒分　5% ≦ 砂 分 < 15%
        - 細粒分質砂質礫　(GFS)　15% ≦ 細粒分　15% ≦ 砂 分
  - 砂質土 〔S〕　砂分 ≧ 礫分
    - 細粒分 < 15%
      - 砂　礫分 < 15%　{S}
        - 砂　(S)　細粒分 < 5%　礫 分 < 5%
        - 礫混じり砂　(S—G)　細粒分 < 5%　5% ≦ 礫 分 < 15%
        - 細粒分混じり砂　(S—F)　5% ≦ 細粒分 < 15%　礫 分 < 5%
        - 細粒分礫混じり砂 (S—FG)　5% ≦ 細粒分 < 15%　5% ≦ 礫 分 < 15%
      - 礫砂砂　15% ≦ 礫分　{SG}
        - 礫質砂　(SG)　細粒分 < 5%　15% ≦ 礫 分
        - 細粒分混じり礫質砂 (SG—F)　5% ≦ 細粒分 < 15%　15% ≦ 礫 分
    - 15% ≦ 細粒分
      - 細粒混じり砂　{SF}
        - 細粒分質砂　(SF)　15% ≦ 細粒分　礫 分 < 5%
        - 礫混じり細粒分質砂 (SF—G)　15% ≦ 細粒分　5% ≦ 礫 分 < 15%
        - 細粒分質礫質砂　(SFG)　15% ≦ 細粒分　15% ≦ 礫 分

注：含有率 % は土質材料に対する質量百分率

表3.3 (b) 細粒土の工学的分類体系

大分類		中分類		小分類	
土質材料区分	土質区分	観察・塑性図上の分類		観察・液性限界等に基づく分類	

細粒土 Fm 細粒分≧50%
- 粘性土〔Cs〕
  - シルト 塑性図上で分類 {M}
    - $w_L<50\%$ ── シルト(低液性限界) (ML)
    - $w_L\geqq50\%$ ── シルト(高液性限界) (MH)
  - 粘土 塑性図上で分類 {C}
    - $w_L<50\%$ ── 粘土(低液性限界) (CL)
    - $w_L\geqq50\%$ ── 粘土(高液性限界) (CH)
- 有機質土〔O〕── 有機質土 有機質,暗色で有機臭あり {O}
  - $w_L<50\%$ ── 有機質粘土 (低液性限界) (OL)
  - $w_L\geqq50\%$ ── 有機質粘土 (高液性限界) (OH)
  - 有機質で,火山灰質──有機質火山灰土 (OV)
- 火山灰質粘性土〔V〕 地質的背景 ── 火山灰質粘性土 {V}
  - $w_L<50\%$ ── 火山灰質粘性土 (低液性限界) (VL)
  - $50\%\leqq w_L\geqq80\%$ ── 火山灰質粘性土 (Ⅰ型) (VH$_1$)
  - $w_L\geqq80\%$ ── 火山灰質粘性土 (Ⅱ型) (VH$_2$)

高有機質土 Pm ── 高有機質土〔Pt〕── 高有機質土 有機物を多く含むもの {Pt}
- 未分解で繊維質──泥炭 (Pt)
- 分解が進み黒色──黒泥 (Mk)

人工材料 Am ── 人工材料〔A〕
- 廃棄物 {Wa} ── 廃棄物 (Wa)
- 改良土 {Ⅰ} ── 改良土 (Ⅰ)

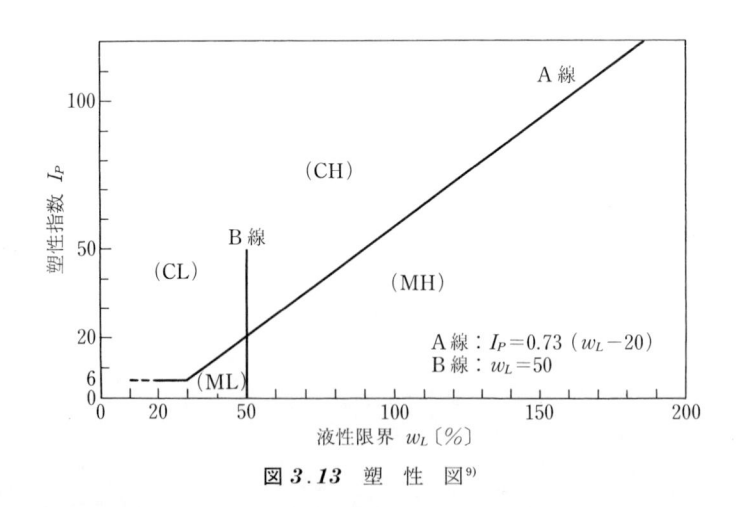

図3.13 塑性図[9]

A線: $I_P=0.73(w_L-20)$
B線: $w_L=50$

度,透水性,圧縮性などの性質の傾向を知ることができる。有機質土は観察によって容易に判別される。また,礫分,砂分および細粒分の割合は,**図3.14**[9]に示す中分類用**三角座標**を用いて表すことができる。

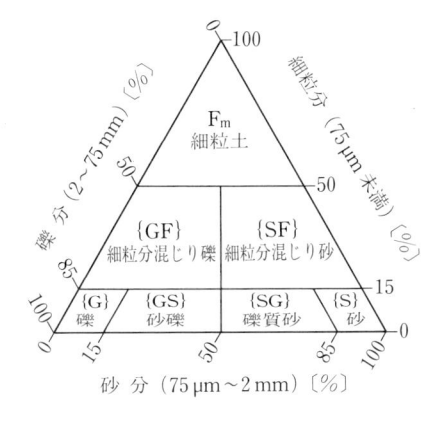

図 3.14 三角座標（中分類）による表示[9]

例題 3.11 図 3.5 に描かれた土の液性限界，塑性限界を測定したところ，$w_L = 25\%$，$w_P =$ NP (Non-Plastic, 3 mm になる前に切れ切れになりひもにできない）であった。この土を日本統一分類法によって分類せよ。

【解答】 細粒分 27 %，粗粒分は 73 % であり，さらにその内訳は図 3.5 の粒径加積曲線より，砂分 43 %，礫分 30 % である。

粗粒分 > 50 % なので表 3.3 (a) を用いる。表の左から順に粗粒分 > 50 %，砂分 ≧ 礫分，15 % ≦ 細粒分，15 % ≦ 礫分の条件が当てはまるので，表の最下段である「細粒分質礫質砂 (SFG)」と分類される。なお，液性限界，塑性限界の試験結果はこの土の分類には無関係である。

また，礫分 30 %，砂分 43 %，細粒分 27 % を図 3.14 にプロットすれば，「細粒分混じり砂 {SF}」と中分類までは分類できる。小分類はさらに詳細な三角座標（粗粒土の小分類および細粒土の細分類用三角座標）[9] を利用する。   ◇

演 習 問 題

【1】 間隙比 e と間隙率 n との間には，例題 3.5 で示したように，式 (3.15) のほかにつぎに示す関係もある。これを間隙比 e の定義式 (3.6) から誘導せよ。

$$e = \frac{n}{100 - n}$$

【2】 式 (3.12)～(3.17) を式 (3.11) と同様に定義式から誘導せよ。

【3】 計量法が改正されてからは，土質の分野でも国際単位系 (SI) が使用されて

いるが，従来は重力単位系が使用されていた（例えば，水の単位体積重量 γ_w = 1.0 tf/m³）。つぎの問いに答えよ。
(1) 水の単位体積重量 γ_w = 1.0 tf/m³ を SI 単位〔kN/m³〕で表せ。
(2) SI 単位では圧力を表すのにパスカル〔Pa〕を用いるが，1 MPa を N/mm² および重力単位〔kgf/cm²〕で表せ。

【4】乱さない土の自然状態における質量は 2000 g，体積は 1000 cm³ であり，乾燥させた後における質量は 1800 g であった。湿潤密度，含水比，乾燥密度，間隙比を求めよ。ただし，土粒子の密度は 2.68 g/cm³ とする。

【5】体積 1000 cm³，質量 1800 g の土がある。この土を乾燥したら質量が 1500 g になった。この土の乾燥前の密度，間隙比，飽和度はいくらか。ただし，G_s = 2.70 である。

【6】湿潤密度が 2.0 g/cm³ の供試体の含水比を測定したら，60％であった。この供試体の乾燥密度はいくらか。

【7】ρ_d = 1.6 g/cm³，G_s = 2.60 の土が吸水して飽和したため，体積が 4％増加した。このときの含水比はいくらか。

【8】土粒子の比重 G_s = 2.60，間隙比 e = 0.78，含水比 w = 30％ の土の湿潤密度 ρ_t，飽和度 S_r はいくらか。

【9】乾燥土，w = 25％，w = 40％ の含水比の異なる 3 種類の土がある。いま，それぞれの土を 100 g ずつとり，混合して突き固めて体積を 150 cm³ にした。このときの密度と飽和度はいくらか。ただし，G_s = 2.50 である。

【10】ある試料土の湿潤密度は 1.82 t/m³，その含水比は 12％ である。この土の間

問表 3.1　試験結果

粒径	通過質量百分率〔％〕		
	試料 A	試料 B	試料 C
4 750 μm	100	100	100
2 000	100	85	90
850	100	5	80
425	100	—	71
250	100	—	63
106	100	—	49
75	60	—	38
50	10	—	30
40	—	—	22
10	—	—	10
液性限界〔％〕	75	NP	25
塑性限界〔％〕	45	NP	15

隙比は変化しないものとして，その含水比を20％にするには土1m³当りいくらの水を加えたらよいか。

【11】 間隙率35％，土粒子の比重2.65の土がある。この土の間隙比，乾燥密度はいくらか。また，この土の飽和度30％および飽和度100％のときの密度 ρ_{Sr30}，ρ_{sat} を求めよ。ただし，水の密度 $\rho_w = 1.0\,\text{g/cm}^3$ とする。

【12】 ある試料土の単位体積質量が $2.00\,\text{g/cm}^3$，比重が2.65，含水比が22％である。この試料の間隙比，間隙率，飽和度，乾燥密度を求めよ。また，間隙比が変わらないとして，完全に飽和された場合の飽和密度と水中における密度を求めよ。ただし，水の密度 $\rho_w = 1.0\,\text{g/cm}^3$ とする。

【13】 三つの試料の粒度試験・液性限界試験・塑性限界試験を行ったところ，**問表3.1** のような結果を得た。各試料の粒径加積曲線を描き，有効径，平均粒径，均等係数，曲率係数を求めよ。また，各試料は「粒度分布がよい」か，「粒度分布が悪い」か，を判定せよ。さらに，これらの試料を日本統一土質分類法に基づいて分類せよ。また，三角座標によって中分類せよ。

4

地盤内の水の流れ

　地盤はさまざまな大きさの土粒子と間隙で構成されているので，地盤内の水の流れ方は，地盤によって大きく異なる。水の流れやすさを土の透水性というが，本章では土の透水性を表す透水係数というパラメータの求め方について学ぶ。

4.1　土中水の分類

　図 **4.1** に示すように，降雨による水の一部は重力の作用により地中に浸透し，地下水面を形成する。地下水面以下の地盤の間隙は水で飽和されている。この部分を飽和水帯（地下水帯）と呼ぶ。地下水は，重力の作用により水位の高いところから低いところに流れる。また，地下水面上からある高さの範囲内の間隙は水分で飽和されている。この部分を毛管水帯（毛管飽和水帯）と呼ぶ。このように，地下水面以上の部分の間隙に水分が上昇するのは，水に重力

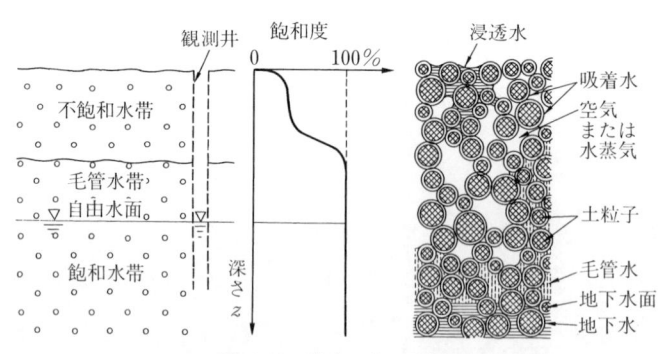

図 4.1　地中の水の分類

以外の力，水の表面張力などの影響（毛管作用）を受けるからである。また，毛管飽和水帯から地表面の部分の間隙は，地表面からの浸透水と空気や水蒸気が混在しており不飽和水帯（毛管不飽和水帯）と呼ばれる。

このように，土の間隙に含まれる水は，重力の作用による重力水（自由水），表面張力や重力の作用による毛管水，土粒子の表面に化学的作用により吸着する吸着水の三つに分類される。本章では特に重力水すなわち地下水の問題と，毛管水に関する問題について述べる。

地盤内での地下水の流れやすさを土の透水性という。図 4.2 に示すように，土の透水性は地盤の掘削工事に伴う排水や止水に関する問題，アースダムや堤防の漏水や安定性に関する問題，地下水のくみ上げ（揚水）に関する問題，降雨による斜面の浸透性や安定性の問題に関連している。また，毛管水の上昇は，道路の路床の安定に関する問題や寒冷地での地盤の凍結に関する問題に関係する。

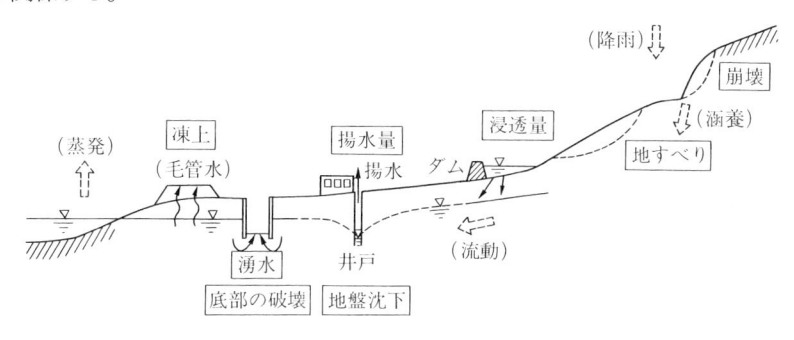

図 4.2　地中の水に関する問題

4.2　不飽和地盤の水の流れ

4.2.1　土中の毛管現象とサクション

土中の地下水面より上部にある土は不飽和（部分飽和）の状態で，間隙には水と空気の両方が存在している。間隙の水は地表面から浸透してくる場合もあるが，複雑にからみ合う無数の毛細管からなっていると考えられ，毛管作用に

より地下水面下の水が吸い上げられる場合が多いと考えられる。したがって，この部分は毛管水帯と呼ばれる。

この現象は，図 4.3 に示すように水槽のなかに立てた毛細管のなかの水の挙動と似ている。水槽のなかに内径 d [cm] のガラス管を立てると，水は管内を上昇して水槽の水面より h_c [cm] だけ高い位置で水面が静止する。この高さ h_c を毛管高さという。この現象は，水と管壁との間の付着力と表面張力の作用によるもので，この二つの力が管中の高さ h まで吸い上げられた水の重量と釣り合い静止する。この関係は式 (4.1) で示される。

$$\pi d T \cos \alpha = \left(\frac{\pi d^2}{4}\right) h \gamma_w$$

$$\therefore \quad h_c = \frac{4T \cos \alpha}{d \gamma_w} \tag{4.1}$$

ここに，T は水の表面張力であり，その値は温度により異なり，0°Cで $T = 77.1$ dyne/cm，20°Cでは $T = 74.2$ dyne/cm である。α はメニスカス（表面張力による曲面形状）と管壁との接触角であり，α は液体と管を形成する材料との親和性によって変化する。例えば，よく磨いたガラス管と純水では $\alpha = 0°$ であるが，ガラス管が汚れていると α は大きくなり，h_c が低くなる。γ_w は水の単位体積重量である。

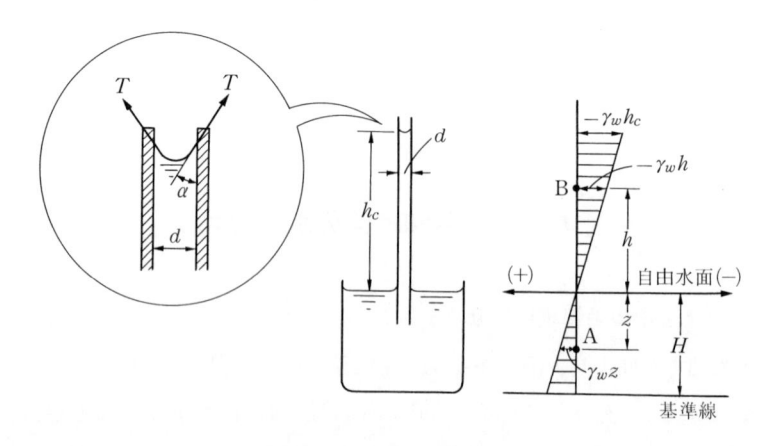

図 4.3 毛管現象と圧力分布

実際の土中の間隙は，ガラスの毛細管のように規則正しくなく，大小の毛細管が縦横に錯綜(そう)しているものと考えられる。したがって，管の内径 d に等価なパラメータとして土の間隙比 e と有効径 D_{10}〔cm〕を用いて実際の土中の毛管上昇高 h_c〔cm〕は近似的に式（4.2）で表される。

$$h_c = \frac{C}{e\,D_{10}} \tag{4.2}$$

ここに，C は粒子の形と粒子表面の化学的汚れに関する実験定数〔cm²〕であり，$C = 0.1 \sim 0.5\,\mathrm{cm}^2$ の値をとるものと考えられる。

図において，メニスカスの上側は空気に接しているから大気圧 $p_a = 98\,\mathrm{kN/m}^2$ が作用しており，下側に作用する間隙水圧を u_w とし，これらの力と表面張力 T の釣合いから，式（4.3）が得られる。

$$\left.\begin{array}{l} \dfrac{\pi d^2}{4} p_a = \dfrac{\pi d^2}{4} u_w + \pi d T \cos \alpha \\[2mm] \therefore\quad S = p_a - u_w = \dfrac{4\,T \cos \alpha}{d} = \gamma_w\, h_c \end{array}\right\} \tag{4.3}$$

式（4.3）で示されるように，大気圧 p_a と間隙水圧の差 S をサクションまたは毛管圧と呼ぶ。メニスカスにおけるサクションは，毛管上昇高さ h_c に相当する高さに等しいことがわかる。また，図に示すように不飽和土の間隙水圧は負であることを考え合わせると，毛管水帯にある土中の間隙水圧は負となり，その頂部で $(-\gamma_w h_c)$ の値をとり，直線的に増加して，地下水面以下の静水圧分布につながっている。

このサクションは，砂のような土粒子間に見掛けの粘着力（凝集力）を与える原因となる。例えば，乾燥した砂では固まり（土塊）をつくることができないが，砂に適度の水を加えると土塊を容易に掘ることができるのはこの理由による。しかし，水の量をさらに増やし飽和状態にするとサクションが失われ崩壊する。

なお，サクション S は式（4.3）で示されるが，式（4.4）で示す pF の単位によっても表示される。

$$\mathrm{pF} = \log_{10}\left(\frac{S}{\gamma_w}\right) = \log_{10} h_c \tag{4.4}$$

すなわち，毛管上昇高さ h_c [cm] を常用対数で表した値である。

例えば，サクション $S = 98\,\mathrm{kN/m^2}$ のとき，$S/\gamma_w = 10\,\mathrm{m} = 1\,000\,\mathrm{cm}$ であるので，$\mathrm{pF} = \log_{10} 1\,000 = 3$ である。サクションは，土が飽和している $\mathrm{pF} = 0$ から乾燥状態の $\mathrm{pF} = 7$ までの値をもつものとされている。

4.2.2 土の凍上現象

図 4.4 に示すように寒冷地においては，地中の温度が氷点下以下になると土中の間隙水が氷結することがある。土中の水が凍結を起こすと氷の結晶（アイスレンズ）ができる。それによって土の含水比が見掛け上低下してサクションが増大するので，下方から水を吸い上げて氷の結晶がさらに膨らんで地表面が隆起する。このような現象を凍上という。

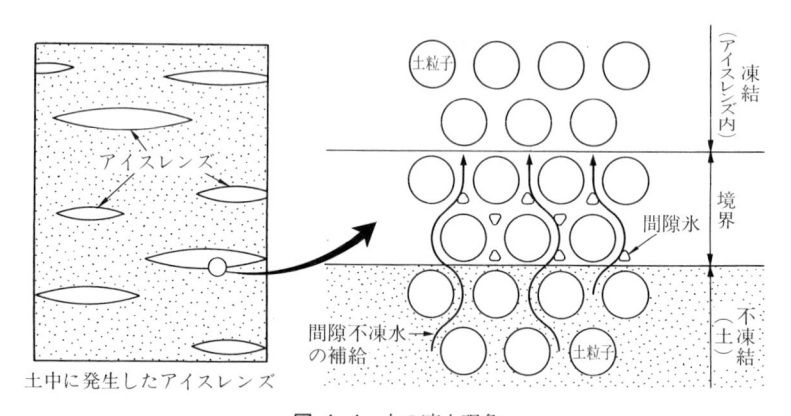

図 4.4 土の凍上現象

凍上による被害は寒冷地の道路や滑走路の舗装でよくみられる。この場合，路面下の地盤が凍上によって不均一に持ち上げられ，舗装面にひび割れが生じることがある。また，凍結の融解時には多量の水が路床，路盤に流れ地盤が軟弱化して支持力が低下し，舗装面が沈下することがある。

図 4.5 に示すように凍上現象は毛管上昇高が大きく，透水性も適当に大き

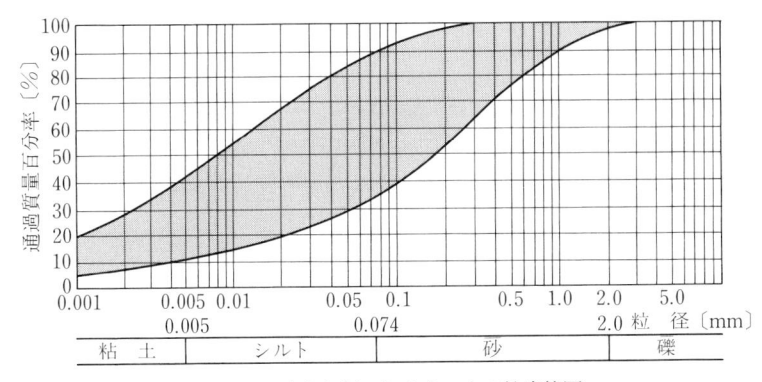

図 4.5 凍上を起こしやすい土の粒度範囲

いシルト質の土でよく起こることが知られている。砂や礫のように毛管上昇高の低い土や，粘土のように透水性の低い土ではあまり起こらない。一般的に，凍上の起こりやすい土の透水係数は $k = 10^{-3} \sim 10^{-6}\,\mathrm{cm/s}$ とされている。なお，凍上を防ぐ工法として以下の方法が用いられている。

① 地下水面からの水の供給を遮断する。
② 凍上性の土を掘削して，凍上の起こりにくい材料と置き換える。
③ 地下水面を低下させる。
④ 路盤の下に断熱の材料を設け，路床土の温度低下を防ぐ。

4.3 飽和地盤内の水の流れ（地下水の流れ）

4.3.1 浸　透　流

地下水位以下の地盤内の土は，間隙が飽和されており，水位差があれば水は間隙を縫って流れる。

図 **4.6** に示すように，一様な断面積をもつ管に長さ l の土試料を入れた場合を考えてみよう。図 (a) のように点 a と点 b の水位が等しく，水位差（水頭差）h がない場合 ($h = 0$) は水の流れが生じない。しかし，図 (b) のように点 a の水位を上昇させ，水位差 ($h = h_a - h_b$) を与えると水の流れが生じ

50　　4. 地盤内の水の流れ

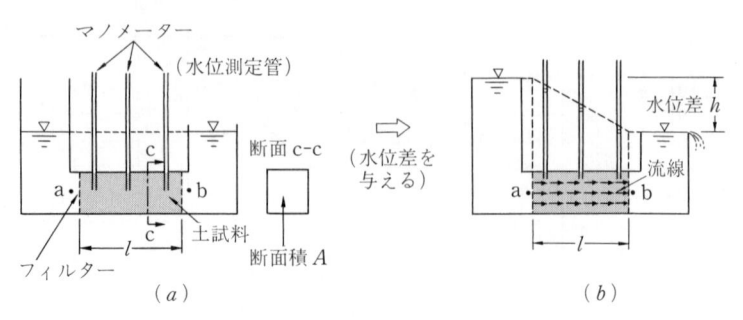

図 4.6 土中の水の流れ

る。この水の流れを浸透流という。

　点 a から点 b への矢印は一つの水の流れの経路を示しており，この経路を表す線を流線という。また，点 a の水圧は点 b の水圧より $\gamma_w h$ だけ大きくなっており，これを浸透水圧という。この浸透水圧が大きいほど水が流れようとするエネルギーが大きいことを示し，土試料（流線）の長さ l が長いほど水は流れにくくなる。浸透圧力 $\gamma_w h$ と試料の長さ l との比を圧力勾配 i_p といい，式 (4.5) で表す。

$$i_p = \frac{\gamma_w h}{l} \quad [\text{kN/m}^3] \tag{4.5}$$

　i_p が大きいほど水が流れようとする勢いが強いことを示している。また，実用上 $\gamma_w = 9.8\,\text{kN/m}^3$ であるので i_p を γ_w で割って無次元化した値を動水勾配 i とし，式 (4.6) で表す。

$$i = \frac{i_p}{\gamma_w} = \frac{h}{l} \tag{4.6}$$

　図 4.7 は管内を流れる浸透流の流速 v と動水勾配 i の関係である。図に示すように，動水勾配がそれほど大きくない段階においては，ある流速までは両者には直線（比例）関係がみられるが，動水勾配が大きくなり流速がある値以上になると直線関係が失われる。この直線性が失われる境の流速を限界流速 v_{crit} と呼び，それ以下の流れを**層流**，それ以上の流れを**乱流**と定義する。層流は，水の流れが渦を起こさず糸を引いたような状態で，流線は流れ方向と平

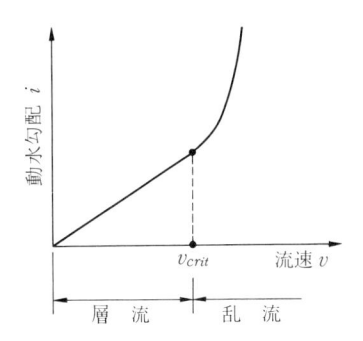

図 4.7 動水勾配と流速の関係

行に層状をなす．乱流は，流線が渦をなして流れる状況を示す．

4.3.2 ダルシーの法則と透水係数

1856年，ダルシー（Darcy）は，図 4.8 に示すように一定の断面積 A [cm²] をもつ飽和された砂地盤の中を流れる地下水（重力水）の流れについて，水の流速 v [cm/s] と動水勾配 i との間には，水の流れが層流であるかぎり，式 (4.7) の関係が成り立つことを実験的に見いだした．この法則をダルシーの法則という．

$$v = ki = k\frac{h}{l} \tag{4.7}$$

ここに，比例定数 k [cm/s] を透水係数といい，透水土層の透水性（水の流れやすさ）の大小を表している．また，単位時間当りの浸透水量 q は式

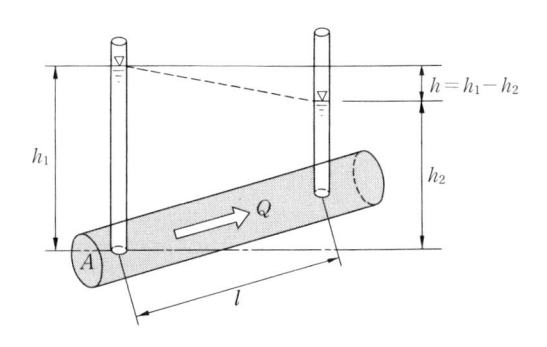

図 4.8 ダルシーの法則の概念図

(4.8) で求められる。

$$q = vA = kiA \quad [\text{cm}^3/\text{s}] \tag{4.8}$$

土中で実際に水が流れるのは，図 4.9 に示す間隙部分である。単位時間当りの浸透水量を q，全断面積 A に対する流速を，間隙断面積 A_v に対する流速を v_v とすると式 (4.9) が成り立つ。

$$q = vA = v_v A_v \tag{4.9}$$

ここに，間隙率は $n = (A_v/A) \times 100\,[\%]$ であるから v_v は式 (4.10) で表される。

$$v_v = \frac{A}{A_v} v = \frac{100}{n} v \tag{4.10}$$

したがって，間隙断面での流速 v_v は全断面での流速 v より速くなることがわかる。しかし，条件によって変化する間隙断面積 A_v を求めることはほとんど不可能であるから，実務上は全断面積 A が用いられている。

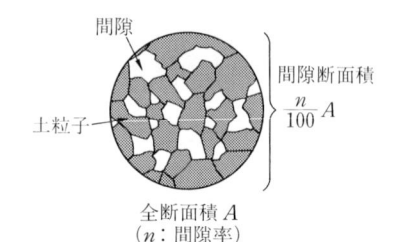

図 4.9 土の透水断面

例題 4.1 図 4.10 のような堤防の下に透水係数 $k = 2.0 \times 10^{-2}$ cm/s，厚さ $d = 2.0$ m の砂層があり，河川敷の洗掘地点から漏水地点までの距離

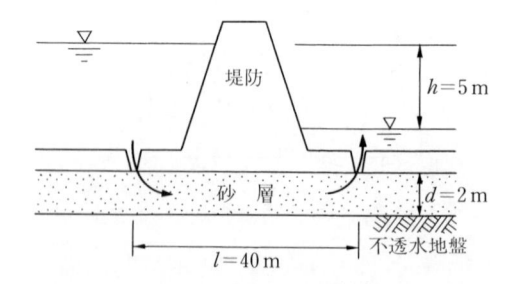

図 4.10 堤防の断面図

$l = 40$ m,水位差は $h = 5$ m である.堤防の長さ 1 m 当りについて 1 日いくらの漏水量〔m³/day〕になるか.

【解答】 漏水面積 A は,厚さ 2.0 m,長さ 1 m であるから
$$A = 2.0 \times 1.0 = 2.0 \text{ m}^2$$
動水勾配 i は,水位差 $h = 5$ m,$l = 40$ m であるから
$$i = \frac{h}{l} = \frac{5}{40} = 0.125$$
また,$k = 2.0 \times 10^{-2}$ cm/s $= 2.0 \times 10^{-2} \times \dfrac{60 \times 60 \times 24}{100}$ m/day $= 17.3$ m/day である.したがって,漏水量 q は式 (4.8) より
$$q = kiA = 17.3 \times 0.125 \times 2.0 = 4.3 \text{ m}^3/\text{day} \qquad \diamondsuit$$

4.3.3 透水係数に影響する要因

一定の断面積 A,長さ l の土が,等径(直径 D_s)の球体で構成されているとすると,透水係数 k は理論的に式 (4.11) で表される.

$$k = D_s{}^2 \frac{\gamma_w}{\eta} \frac{e^3}{1+e} C \tag{4.11}$$

式中の η は水の粘性係数,γ_w は水の単位体積重量,e は間隙比,C は定数である.実際の土は,このような等径球体の土粒子で構成されているわけではないが,土にも式 (4.11) が近似的に成り立つものと考えられ,以下のような関係が成り立つものとして利用されている.

〔**1**〕 **土の間隙比と透水係数の関係**　土の間隙比が大きいほど水が通りやすくなり,透水係数は間隙比の 2 乗に比例することが経験的に成り立つことが知られている.

$$k_1 : k_2 = \frac{e_1{}^3}{1+e_1} : \frac{e_2{}^3}{1+e_2} \tag{4.12}$$

ここに,k_1,k_2 はそれぞれ間隙比 e_1,e_2 のときの透水係数である.

〔**2**〕 **水の粘性(温度)と透水係数の関係**　水温が高いほど(粘性係数が低いほど)水が通りやすくなり,透水係数は理論上,水(液体)の粘性係数に反比例する.

$$k_1 : k_2 = \frac{1}{\eta_1} : \frac{1}{\eta_2} = \eta_2 : \eta_1 \tag{4.13}$$

ここに，k_1，k_2 はそれぞれ水温 T_1，T_2 のときの透水係数であり，η_1，η_2 は水温 T_1，T_2 時の粘性係数である。水の粘性係数は表 *4.1* に示すように水温によって変化する。したがって，通常の透水試験では T [℃] の透水係数 k_T を求めた後，15℃の透水係数 k_{15} に式（*4.14*）により換算する。

$$k_{15} = k_T \frac{\eta_T}{\eta_{15}} \tag{4.14}$$

表 *4.1* 水の粘性係数 (水の粘性係数 η [gf·s/m²])

温度 [℃]	4	6	8	10	12	14	15	16
粘性係数	0.159 8	0.150 2	0.141 2	0.133 3	0.125 9	0.119 1	0.116 0	0.113 1
温度 [℃]	18	20	22	24	26	28	30	
粘性係数	0.107 3	0.102 1	0.097 3	0.092 8	0.088 6	0.084 8	0.081 3	

〔**3**〕 **粒径と透水係数の関係** 土の粒径が大きいほど水が通りやすくなり，ヘーゼン（Hazen）はフィルター用の砂に関する実験より，透水係数 k [cm/s] を経験的につぎのような実験式（*4.15*）で示した。

$$k = C_1 D_{10}^2 \tag{4.15}$$

ここに，D_{10} [cm] は有効径，C_1 [(cm·s)$^{-1}$] は実験定数であり，$C_1 = 100$ として用いられる。すなわち，透水係数に影響を及ぼすのは，土のなかの小粒子であり，粗粒分の粒度特性に無関係に決まることを示している。

例題 *4.2* ある土の 20℃ における透水係数 k_{20} が 2.0×10^{-2} cm/s であった。この土の水温 10℃ と 30℃ における透水係数 k_{10}，k_{30} を求め，水温の変化に対する透水係数の変化を考察せよ。

【解答】 表 *4.1* および式（*4.14*）より水温 10℃ と 30℃ における透水係数 k_{10}，k_{30} は以下のとおりとなる。

$$k_{10} = k_{20} \frac{\eta_{20}}{\eta_{10}} = 2.0 \times 10^{-2} \times \frac{0.102\,1}{0.133\,3} = 1.5 \times 10^{-2} \text{ cm/s}$$

$$k_{30} = k_{20} \frac{\eta_{20}}{\eta_{30}} = 2.0 \times 10^{-2} \times \frac{0.102\,1}{0.081\,3} = 2.5 \times 10^{-2} \text{ cm/s}$$

すなわち，透水係数は粘性係数に反比例するので，水温が低くなると透水係数は小さくなり，水温が高くなると透水係数は大きくなる。 ◇

例題 4.3 ある土の透水係数 k が 2.0×10^{-2} cm/s，間隙比が $e = 0.6$ であった。この土の間隙比が $e = 0.8$ になった場合と $e = 0.4$ になった場合の透水係数 $k_{0.8}$，$k_{0.4}$ を求め，間隙比の変化に対する透水係数の変化を考察せよ。

【解答】 式 (4.12) より，間隙比が $e = 0.8$ になった場合と $e = 0.4$ になった場合の透水係数 $k_{0.8}$，$k_{0.4}$ は以下のとおりとなる。

$$k_{0.8} = k_{0.6} \frac{e_2^3/(1+e_2)}{e_1^3/(1+e_1)} = 2.0 \times 10^{-2} \times \frac{(0.8)^3/(1+0.8)}{(0.6)^3/(1+0.6)}$$
$$= 4.2 \times 10^{-2} \text{ cm/s}$$

$$k_{0.4} = k_{0.6} \frac{e_2^3/(1+e_2)}{e_1^3/(1+e_1)} = 2.0 \times 10^{-2} \times \frac{(0.4)^3/(1+0.4)}{(0.6)^3/(1+0.6)}$$
$$= 6.8 \times 10^{-3} \text{ cm/s}$$

したがって，間隙比が大きくなると透水係数は大きくなり，間隙比が小さくなると透水係数が小さくなる。 ◇

4.3.4 透水係数の求め方

土の透水係数を測定する試験を透水試験といい，現場から採取してきた土試料について室内で試験する方法（室内試験）と，現場において直接求める方法（現場試験）に分けられる。室内試験には，定水位透水試験，変水位透水試験および圧密試験による方法がある。現場試験では，おもに揚水試験がよく用いられる。

〔1〕 **定水位透水試験** この試験は，透水性の高い砂質土（透水係数 $k = 10^{-2} \sim 10^{-3}$ cm/s 程度）に適用される。図 4.11 に示すような一定の断面積 A [cm²] をもつ容器に長さ l [cm] の土試料を入れ，一定の水位差 h [cm] を保ちながら透水させる。試験は一定の時間 t [s] における流量 Q [cm³] を測定する。また，そのときの水温 T [℃] を測定する。

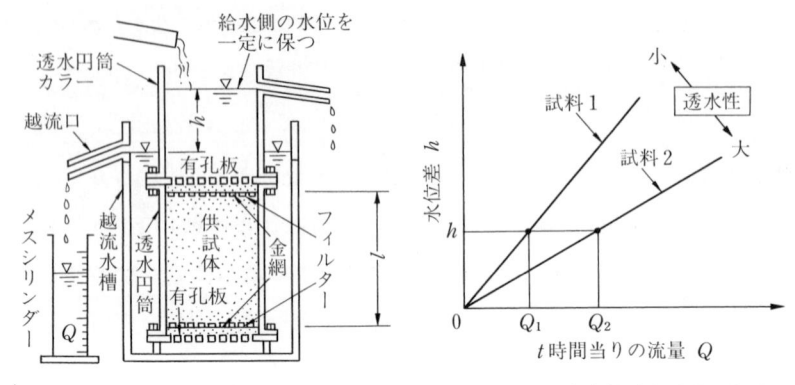

図4.11 定水位透水試験装置　　**図4.12** 定水位透水試験の結果

図 4.12 は定水位透水試験における水位差 h と t 時間当りの流量の関係である。水温 T [°C] における透水係数 k [cm/s] はダルシーの法則から以下のように導かれる。

$$Q = qt = kiAt = k\frac{h}{l}At \quad [\text{cm}^3]$$

$$\therefore \ k = \frac{Ql}{Aht} \quad [\text{cm/s}] \tag{4.16}$$

また，水温15°Cにおける透水係数 k_{15} は式 (4.14) から求められる。

例題 4.4 砂質土の定水位透水試験を行い，つぎの結果を得た。測定時の水温における透水係数 [cm/s] を求め，15°Cにおける透水係数に換算せよ。

透水量 $Q = 500\,\text{cm}^3$，透水時間 $t = 3\,\text{min}$，試料の直径 $D = 10.0\,\text{cm}$，試料の長さ $l = 12.0\,\text{cm}$，水位差 $h = 20.0\,\text{cm}$，測定時の水温 $T = 20°\text{C}$。

【解答】 式 (4.16) から

試料の断面積 $A = \dfrac{\pi D^2}{4} = \dfrac{3.14 \times 10^2}{4} = 78.54\,\text{cm}^2$

$k_{20} = \dfrac{Ql}{Aht} = \dfrac{500 \times 12.0}{78.54 \times 20.0 \times (3 \times 60)} = 2.1 \times 10^{-2}\,\text{cm/s}$

$k_{15} = k_{20}\dfrac{\eta_{20}}{\eta_{15}} = 2.12 \times 10^{-2} \times \dfrac{0.1021}{0.1160} = 1.9 \times 10^{-2}\,\text{cm/s}$ ◇

4.3 飽和地盤内の水の流れ（地下水の流れ）

〔2〕 **変水位透水試験**　この試験は，透水性の低い細砂やシルト質土（透水係数 $k = 10^{-3} \sim 10^{-6}$ cm/s 程度）に適用される．図 **4.13** に示すような一定の断面積 A [cm²] をもつ容器に長さ l [cm] の土試料を入れ，容器の上部に断面積 a [cm²] のスタンドパイプと貯水槽を設置する．まず，貯水槽から水を流すことにより土試料を飽和させる．つぎに，スタンドパイプに貯水槽から水を入れ，水位が h_1 から h_2 に変化するときの時刻 t_1 [s] および t_2 [s] を測定する．また，そのときの水温 T [℃] を測定する．図 **4.14** は変水位透水試験から得られた水位と時間の関係である．

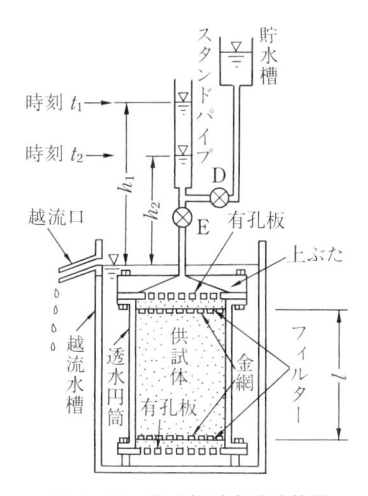

図 **4.13**　変水位透水試験装置　　図 **4.14**　変水位透水試験の結果

水温 T [℃] における透水係数 k_T [cm/s] は，以下のように導かれる．図 **4.13** に示すように t 時間後に水位が h だけ下がったとき，dt なる微小時間当り水位が dh だけ下がるので，そのときの透水量は $-adh$ で与えられる（マイナスの符号は h が減少する方向に透水が生じるため）．したがって，ダルシーの法則より式（4.17）が得られる．

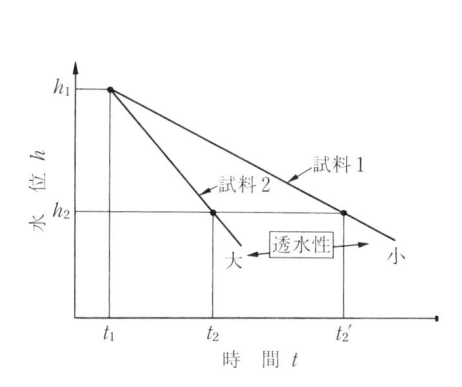

$$-adh = k \frac{h}{l} A dt \tag{4.17}$$

つぎに，式（4.17）を試験開始時（$t = t_1$, $h = h_1$）から試験終了時（t

$= t_2, h = h_2$) まで積分することにより，水温 T [℃] における透水係数 k [cm/s] が以下のように導かれる．

$$\left.\begin{array}{l} -a\displaystyle\int_{h_1}^{h_2}\dfrac{1}{h}dh = k\dfrac{A}{l}\displaystyle\int_{t_1}^{t_2}dt \\[2mm] -a\log_e\dfrac{h_2}{h_1} = k\dfrac{A}{l}(t_2-t_1) \\[2mm] \therefore\quad k = \dfrac{al}{A(t_2-t_1)}\log_e\dfrac{h_1}{h_2} = 2.3\times\dfrac{al}{A(t_2-t_1)}\log_{10}\dfrac{h_1}{h_2} \end{array}\right\} \quad (4.18)$$

また，水温15℃における透水係数 k_{15} は式 (4.14) から求められる．

例題 4.5 ある土の変水位透水試験を行い，つぎの結果を得た．測定時の水温における透水係数 [cm/s] を求め，15℃における透水係数に換算せよ．

スタンドパイプの直径 $d = 1.0$ cm，試料の直径 $D = 10.0$ cm，試料の長さ $l = 12.0$ cm，測定開始時の水位 $h_1 = 100$ cm，測定終了時の水位 $h_2 = 90$ cm，測定時間 $t = 10$ min，測定時の水温 $T = 10$℃

【解答】

スタンドパイプの断面積 $a = \dfrac{\pi d^2}{4} = \dfrac{3.14\times(1.0)^2}{4} = 0.785$ cm^2

試料の断面積 $A = \dfrac{\pi D^2}{4} = \dfrac{3.14\times(10.0)^2}{4} = 78.54$ cm^2

$k_{10} = 2.3\times\dfrac{al}{A(t_2-t_1)}\log_{10}\dfrac{h_1}{h_2} = 2.3\times\dfrac{0.785\times12.0}{78.54\times(10\times60)}\log_{10}\dfrac{100}{90}$

$\quad = 2.1\times10^{-5}$ cm/s

$k_{15} = k_{10}\dfrac{\eta_{10}}{\eta_{15}} = 2.1\times10^{-5}\times\dfrac{0.1333}{0.1160}$

$\quad = 2.4\times10^{-5}$ cm/s $\hfill\diamondsuit$

〔3〕 圧密透水試験 この試験は透水性の低い粘土（透水係数 $k = 10^{-6}$ cm/s 以下）に適用される．粘土の透水係数はきわめて低いので，変水位透水試験においてスタンドパイプの断面積を小さくして高い水位差を与えても，透水量が微量で正確に測定できない．したがって，粘土の透水係数は6章で述

4.3 飽和地盤内の水の流れ（地下水の流れ）　　59

べる圧密試験から間接的に求められる。

〔**4**〕**揚水による現場透水試験**　揚水井戸を通して滞水層から一定量 Q の地下水をある時間継続してくみ上げると，地下水位は集水方向に降下して定常状態になる。揚水による現場透水試験は，揚水井戸の揚水量 Q と周辺に設けた観測井での水位低下量を測定し，透水係数を求める方法である。地盤中の滞水層の状態によって，被圧地下水（掘抜き井戸）と自由地下水（重力井戸）に分けられる。

1）被圧地下水（掘抜き井戸）の場合　図 **4.15** は，不透水層で上下を挟まれた被圧水層（層厚 D）に掘り抜かれた掘抜き井戸への定常浸透流の状態を示した図である。任意の半径 r の円筒面を通過する流速 v は，位置によらず一定であり，$v = ki = k(\partial h/\partial r)$ であると仮定すると，単位時間当りの浸透流量 Q は式（4.19）によって表される。

$$Q = vA = kiA = k\left(\frac{dh}{dr}\right)(2\pi rD) \tag{4.19}$$

式（4.19）を変数分離し，$r = r_1$ において $h = h_1$，$r = r_2$ において $h = h_2$ の境界条件で積分すると

$$Q\int_{r_1}^{r_2} \frac{1}{r}\,dr = 2\pi kD\int_{h_1}^{h_2} dh$$

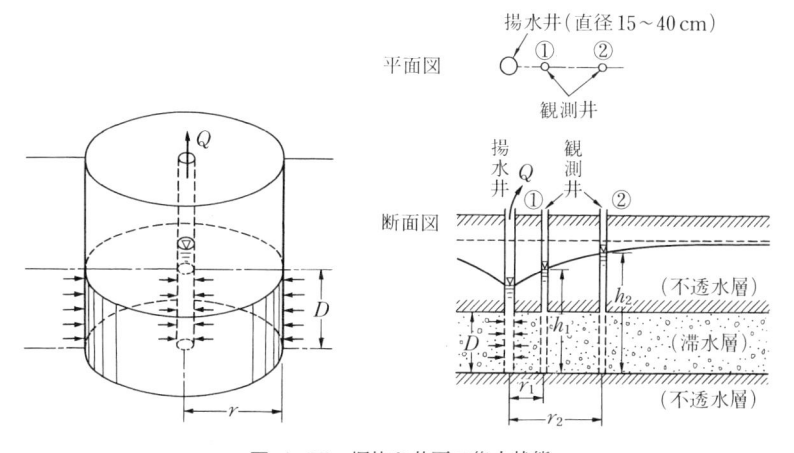

図 **4.15**　掘抜き井戸の集水状態

$$Q \log_e \frac{r_2}{r_1} = 2\pi k D (h_2 - h_1)$$

よって，浸透流量 Q は式（4.20）で表される．

$$\therefore \quad Q = \frac{2\pi Dk(h_2 - h_1)}{\log_e(r_2/r_1)} = \frac{2\pi Dk(h_2 - h_1)}{2.30 \log_{10}(r_2/r_1)} \qquad (4.20)$$

したがって，透水係数 k は式（4.21）によって求められる．

$$\therefore \quad k = \frac{Q}{2\pi D(h_2 - h_1)} \log_e \frac{r_2}{r_1} = \frac{Q}{2\pi D(h_2 - h_1)} \times 2.30 \log_{10} \frac{r_2}{r_1} \qquad (4.21)$$

例題 4.6 図 4.15 に示すように，被圧地下水層（滞水層の厚さ $D = 5$ m）の揚水試験において揚水井より一定の流量 $Q = 1200$ cm³/s をくみ上げ，周りの観測井の地下水位が一定になったとき，揚水井中心から観測井までの距離 r とその観測井戸の水位低下量 s を測定し，両者には図 4.16 のような直線関係が得られた．この滞水層の透水係数を求めよ．

【解答】 図 4.16 より h_1，h_2 および r_1，r_2 を読み取り，式（4.21）に代入するとつぎのように求められる．

$$k = \frac{Q}{2\pi D(h_2 - h_1)} \times 2.30 \log_{10} \frac{r_2}{r_1} = \frac{1200}{2 \times 3.14 \times 500 \times 30} \times 2.30 \log_{10} \frac{1000}{100}$$
$$= 2.9 \times 10^{-2} \text{ cm/s} \qquad \diamondsuit$$

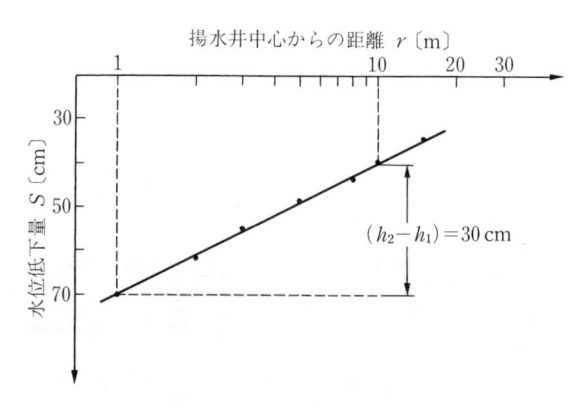

図 4.16 揚水試験の結果

4.3 飽和地盤内の水の流れ（地下水の流れ）

2) 自由地下水（重力井戸）の場合　図 4.17 は，不透水層の上部にある滞水層に掘り抜かれた重力井戸の定常浸透流の状態を示した図である．被圧地下水の場合と同様に，任意の半径 r の円筒面を通過する単位時間当りの浸透流量 Q は式 (4.22) によって表される．

$$Q = vA = kiA = k\left(\frac{dh}{dr}\right)(2\pi rh) \tag{4.22}$$

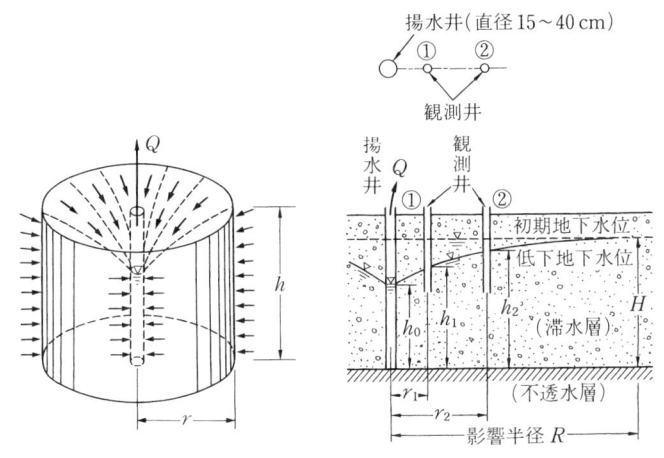

図 4.17 重力井戸の集水状態

式 (4.22) を変数分離し，被圧地下水の場合と同様に積分して整理すると，単位時間当りの浸透流量 Q を求める式がつぎのように得られる．

$$\therefore \quad Q = \frac{\pi k (h_2^2 - h_1^2)}{\log_e (r_2/r_1)} = \frac{\pi k (h_2^2 - h_1^2)}{2.30 \log_{10} (r_2/r_1)} \tag{4.23}$$

したがって，透水係数 k は式 (4.24) で表される．

$$\therefore \quad k = \frac{Q}{\pi (h_2^2 - h_1^2)} \log_e \frac{r_2}{r_1} = \frac{Q}{\pi (h_2^2 - h_1^2)} \times 2.30 \log_{10} \frac{r_2}{r_1} \tag{4.24}$$

なお，揚水井からくみ出しによる地下水位の降下が及ばない距離（図 4.17 に示す影響半径 R）を表 4.2 に示すが，この値を用いれば，観測井を掘らないで揚水井の水位 h_0 だけを観測することによって，式 (4.25) により透水係数を簡便に概算できる．

表4.2 土質区分と影響半径

土質		影響半径
区分	粒径〔mm〕	R〔m〕
粗 礫	>10	>1 500
礫	2〜10	500〜1 500
粗 砂	1〜2	400〜500
粗 砂	0.5〜1	200〜400
粗 砂	0.25〜0.5	100〜200
細 砂	0.10〜0.25	50〜100
細 砂	0.05〜0.10	10〜50
シルト	0.025〜0.05	5〜10

$$\therefore \quad k = \frac{Q}{\pi(H^2 - h_0^2)} \log_e \frac{R}{r_0} = \frac{Q}{\pi(H^2 - h_0^2)} \times 2.30 \log_{10} \frac{R}{r_0} \tag{4.25}$$

ここに，r_0：揚水井の半径，R：影響半径，H：くみ出し前の地下水位，h_0：くみ出し後の揚水井の地下水位である。

4.4 流線網と浸潤線

4.4.1 流線網の性質

図 4.18 に示すように，断面積が一定の土試料に水位差を与えると浸透流が生じる。透水層中に幅 dx，厚さ dy，高さ dz の微小要素を考える。この要素の x，z 軸方向の流入速度の成分を v_x，v_z，流出速度の成分を $v_x + (\partial v_x/\partial x)dx$，$v_z + (\partial v_z/\partial z)dz$ とすると，単位時間にこの要素に流入する流量は $v_x dz dy + v_z dx dy$ である。また，微小要素から流出する流量は $v_x dz dy + (\partial v_x/\partial x)dx dz dy + v_z dx dy + (\partial v_z/\partial z)dx dy dz$ である。流れの連続性から，流入量と流出量は同じでなければならないので，式 (4.26) が成り立つ。

$$v_x\,dz + v_z\,dx = v_x\,dz + \frac{\partial v_x}{\partial x}dxdz + v_z\,dx + \frac{\partial v_z}{\partial z}dxdz$$

4.4 流線網と浸潤線

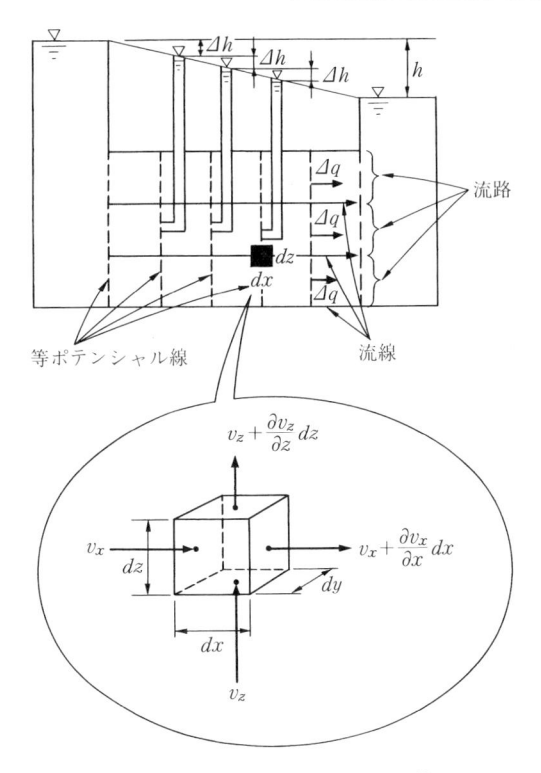

図 4.18 流線と等ポテンシャル線

$$\therefore \quad \frac{\partial v_x}{\partial x} + \frac{\partial v_z}{\partial z} = 0 \tag{4.26}$$

また，ダルシーの法則より流入速度は式 (4.27) で表すことができる。

$$v_x = ki_x = k\frac{\partial h}{\partial x}, \quad v_z = ki_z = k\frac{\partial h}{\partial z} \tag{4.27}$$

ここで，$\varPhi = kh$ なる速度ポテンシャルを導入すると式 (4.28) を得る。

$$v_x = \frac{\partial \varPhi}{\partial x}, \quad v_z = \frac{\partial \varPhi}{\partial z} \tag{4.28}$$

式 (4.28) を式 (4.26) へ代入して式 (4.29) を得る。

$$\frac{\partial^2 \varPhi}{\partial x^2} + \frac{\partial^2 \varPhi}{\partial z^2} = 0 \tag{4.29}$$

式（4.29）はラプラス（Laplace）の方程式と呼ばれ，透水層を流れる水の二次元の流れを表している．この式の解は，あらゆる点で直角に交わる二組みの曲線群を表している．この二組みの曲線群を流線網（flow net）と呼び，水の流れの径路（軌跡）を示す流線と，流線上の水頭 h の等しい点を結んだ等ポテンシャル線とで網目の図を形成する．

流線網にはつぎの性質がある．
① 二つの流線で狭まれた部分（流路）を流れる流量 Δq はすべて等しい．
② 流線と等ポテンシャル線は直交し，二つの線でできる四角形は理論上，正方形である．
③ 隣り合う二つの等ポテンシャル線間の水頭差 Δh は，すべて等しく一定である．

これらの流線網の性質を利用すると，透水断面が一定でないような浸透水量を計算することができる．

4.4.2 流線網の描き方と浸透水量の求め方

図 **4.19** に示すように，透水性地盤の半ばまで矢板を打ち込み，矢板の片

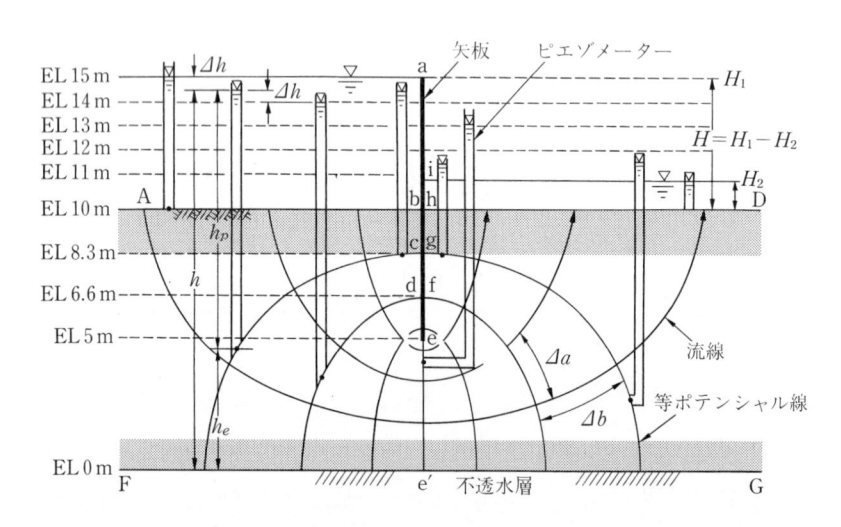

図 **4.19** 矢板を施工した地盤の地下水の流れ

側に水を貯めると，水は矢板より下方の土中を浸透して下流側の地表に流出する。この場合の流線網を描く手順を以下に示す。

① まず，既知の等ポテンシャル線と流線の境界条件を定める。すなわち，上流側の地表面（Ab），下流側の地表面（hD）は等ポテンシャル線の一つである。これらの等ポテンシャル線の圧力水頭はそれぞれ H_1，H_2 である。また，矢板直下の面（ee′）も等方均一な地盤であれば Ab 面と hD 面の中間の圧力水頭 $(H_1 + H_2)/2$ をもつ等ポテンシャル面となる。一方，矢板の表面（beh）および下部の不透水層との境界（FG）は流線である。

② これらの既知の等ポテンシャル線と流線の境界条件に基づき，beh 間の水頭差 $H = H_1 - H_2$ を N_d 個に分割する等ポテンシャル線を描く。つぎに，すべてのポテンシャル線に直交するように流線を描く。その際，2本の流線と2本の等ポテンシャル線でつくる四辺形が，できるかぎり正方形（$\Delta a = \Delta b$）になるように描く。**図 4.19** の場合，矢板の左右で流線網が同じ形になる。

③ 流線の間隔数（流路数）N_f を求める。N_f = 流線数 -1 である。

④ 一つの網目（四辺形要素）を流れる流量 q は，ダルシーの法則により式（4.30）で表される。

$$q = kiA = k\frac{H/N_d}{\Delta b}\Delta a \times 1 = k\frac{H}{N_d}\frac{\Delta a}{\Delta b} \tag{4.30}$$

したがって，全体の流量 Q は式（4.31）により求められる。

$$Q = N_f q = kH\frac{N_f}{N_d}\frac{\Delta a}{\Delta b} \tag{4.31}$$

四辺形が正方形であれば $\Delta a = \Delta b$ であるから，1本の流路の流量は式（4.32）により求まる。

$$Q = kH\frac{N_f}{N_d} \tag{4.32}$$

この方法は，きわめて簡単な手法であるが，等ポテンシャル線をある程度予測しなければならないので熟練を要する。アースダムなどのような自由水面（浸潤線）をもつ場合も同様な方法で計算できる。

また，土中の水は水位の高いほうから低いほうへ流れ，それぞれの等ポテンシャル線にピエゾメーターを設置した場合の水位を図 **4.19** に示す。ここで，基準面（不透水面）から上端までの水位を全水頭 h，基準面（不透水面）からピエゾメーターの取付け位置までの水位を位置水頭 h_e とすると，圧力水頭 h_p は次式で示される。

　　圧力水頭 (h_p) ＝ 全水頭 (h) － 位置水頭 (h_e)

また，その点での間隙水圧 u は次式で示される。

　　間隙水圧 (u) ＝ 圧力水頭 (h_p) × 水の単位体積重量 (γ_w)

例題 4.7 流線網が図 **4.19** のように描かれたとする。透水地盤の透水係数が $k = 5.0 \times 10^{-3}$ cm/s である場合，全体の浸透量を求めよ。

また，a～i 点の間隙水圧 u を求め，矢板に作用する間隙水圧分布を描け。ただし，水の単位体積重量 $\gamma_w = 9.8$ kN/m³ とする。

【解答】 図 **4.19** より，$N_f = 4$，$N_d = 8$，$H = 4$ m である。透水係数は $k = 5.0 \times 10^{-3}$ cm/s ＝ 4.32 m/day であるので

$$Q = kH \frac{N_f}{N_d} = 4.32 \times 4 \times \frac{4}{8} = 8.64 \text{ m}^3/\text{day}$$

a～i 点の全水頭 (h)，位置水頭 (h_e)，圧力水頭 (h_p) を求め，間隙水圧 u を計算すると表 **4.3** のようになる。また，図 **4.20** に間隙水圧分布図を示す。　　◇

表 **4.3**　計 算 結 果

	h [m]	h_e [m]	h_p [m]	u [kN/m²]
a	15.0	15.0	0.0	0
b	15.0	10.0	5.0	49.0
c	14.5	8.3	6.2	60.76
d	14.0	6.6	7.4	72.52
e	13.0	5.0	8.0	78.40
f	12.0	6.6	5.4	52.92
g	11.5	8.3	3.2	31.36
h	11.0	10.0	1.0	9.80
i	11.0	11.0	0.0	0

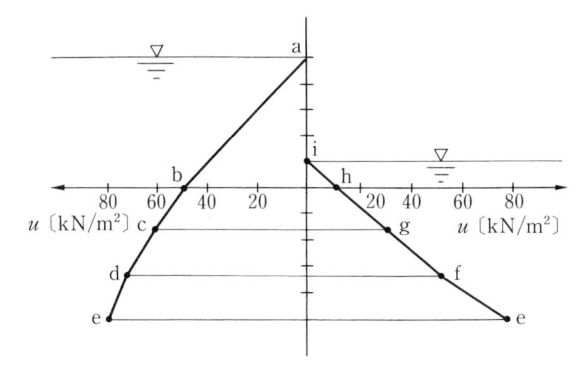

図 4.20 矢板を施工した地盤の間隙水圧の分布

4.5 浸透流と浸透水圧

4.5.1 浸透水圧と有効応力

図 4.21 は土試料(長さ l)を入れた容器に,h の深さまで水を入れた状態を模式的に示したものである.土試料が飽和されているとすると,表面より深さ z の断面 x-x における応力は,土粒子と土粒子の接触点を通して伝えられる粒子間応力と,間隙を満たしている水に伝えられる間隙水圧 u の 2 種類に分けて考えることができる.粒子間応力は有効応力 σ' と呼ばれ,間隙水圧は中立応力とも呼ばれる.したがって,この断面に作用している全体の応力を全応力 σ とすると式 (4.33) が成立する.

$$\sigma = \sigma' + u \tag{4.33}$$

図 (a) に示すように水位差が 0 で,水の流れがない場合の深さ z の断面 x-x での全応力 σ,間隙水圧 u,有効応力 σ' は以下のようになる.

$$\sigma = \gamma_w h + \gamma_{sat} z \tag{4.34}$$

$$u = \gamma_w (h + z) \tag{4.35}$$

$$\sigma' = \sigma - u = (\gamma_{sat} - \gamma_w) z = \gamma_{sub} z \tag{4.36}$$

地盤内の地下水位に水位差が生じたとき,水位の高いほうから低いほうへ水

68   4. 地盤内の水の流れ

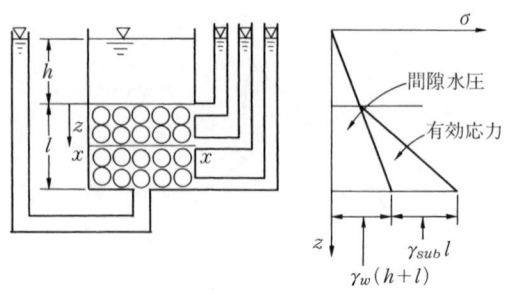

(*a*) 水位が等しい場合

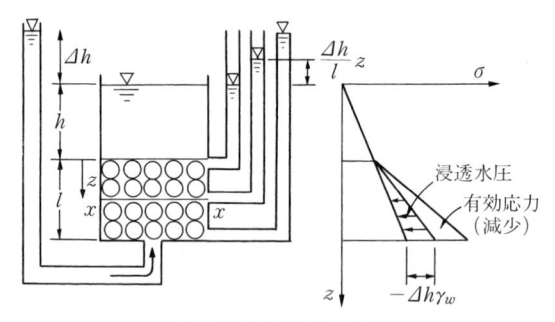

(*b*) 水位が高い場合

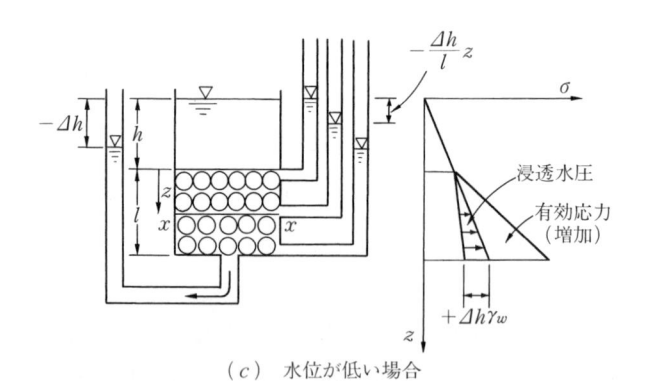

(*c*) 水位が低い場合

図 **4.21** 飽和地盤内の圧力分布の変化

の流れが生じる．このとき，土粒子は水の流れる方向に圧力を受ける．この水の流れによって土粒子が受ける圧力を浸透水圧（浸透力）という．その分だけ有効応力が減少する．

図(b)に示すように左側のパイプの水位を上昇させ，水位差（$+\Delta h$）を与えた場合，深さzの断面x-xでは浸透水圧が底面から上向きに作用する．動水勾配は$i = -\Delta h/l$であるから，この位置での浸透水圧U_wは式（4.37）で表される．

$$U_w = iz\gamma_w = -\frac{\Delta h}{l} z\gamma_w \tag{4.37}$$

したがって，浸透流が底面から上向きに作用する場合の有効応力は式（4.38）で表される．

$$\sigma' = \gamma_{sub} z + U_w = \gamma_{sub} z - \frac{\Delta h}{l} z\gamma_w \tag{4.38}$$

すなわち，有効応力は図(a)の場合よりU_wだけ低下する．

図(c)に示すように左側のパイプの水位を下降させ，水位差（$-\Delta h$）を与えた場合，深さzの断面x-xでは浸透水圧が上面から下向きに作用する．この時の浸透水圧U_wは式（4.39）で表される．

$$U_w = iz\gamma_w = \frac{\Delta h}{l} z\gamma_w \tag{4.39}$$

したがって，浸透流が上面から下向きに作用する場合の有効応力は式（4.40）で表される．

$$\sigma' = \gamma_{sub} z + U_w = \gamma_{sub} z + \frac{\Delta h}{l} z\gamma_w \tag{4.40}$$

したがって，有効応力は図(a)の場合よりU_wだけ大きくなる．

例題 4.8 図 **4.21** のそれぞれの場合において，試料底面における浸透水圧U_wおよび有効応力σ'を求めよ．

【解答】 式（4.34）〜（4.40）において$z = l$とすると**表 4.4**のようになる． ◇

表 4.4

	浸透水圧 U_w	有効応力 σ'
図(a)	0	$\gamma_{sub}\, l$
図(b)	$-\Delta h \gamma_w$	$\gamma_{sub}\, l - \Delta h \gamma_w$
図(c)	$+\Delta h \gamma_w$	$\gamma_{sub}\, l + \Delta h \gamma_w$

4.5.2 クイックサンド，ボイリング，パイピングおよびヒービング

前述の図 4.21(b)において，水位差 Δh を少しずつ増加させると，下方からの浸透水圧が増加して有効応力が減少し，最終的には有効応力が 0 になる。このとき，砂のように土粒子間に粘着力がない土では，下方からの浸透流によって土粒子が水に浮いたような現象が起こる。このような現象を**クイックサンド**と呼ぶ。また，砂が沸騰したような現象を呈していることから**ボイリング**とも呼ばれる。さらに，これらの現象は，地盤が均質でないため局部的に生じることが多く，パイプのような水の流れをつくって噴き上げる場合，**パイピング**と呼ばれる。

粘土のように透水性が低く土粒子間に粘着力がある土では，砂のようなドラスチックな現象は起こらないが，上向きの浸透水圧により土表面が徐々に膨れ上がる現象が生じる。この現象を**ヒービング**と呼んでいる。

式 (4.37) において，有効応力が 0 ($\sigma' = 0$) になるときがクイックサンド（パイピング）が生じる限界であり，このときの水位差 Δh_c から求まる動水勾配を限界動水勾配 i_c と定義する。したがって，限界動水勾配 i_c は

$$\sigma' = \gamma_{sub}\, z - i_c\, z \gamma_w = \gamma_{sub}\, z - \frac{\Delta h_c}{l} z \gamma_w = 0 \qquad (4.41)$$

より，式 (4.42) となる。

$$i_c = \frac{\Delta h_c}{l} = \frac{\gamma_{sub}\, z}{\gamma_w\, z} = \frac{\gamma_{sub}}{\gamma_w} = \frac{G_s - 1}{1 + e} \qquad (4.42)$$

土試料の間隙比 e，土粒子の比重 G_s がわかれば限界動水勾配 i_c を計算できる。$i \geq i_c$ の場合にクイックサンド現象が生じることになる。

例題 4.9 図 4.21(b) に示した実験装置において，直径 10 cm の容器に

厚さ $l = 20\,\text{cm}$ の砂（間隙比 $e = 0.65$，比重 $G_s = 2.65$）が均一に詰められている。この砂の上には，$h = 5\,\text{cm}$ の位置まで水が張られている。この砂の限界動水勾配 i_c およびクイックサンド現象が生じる水位差 Δh_c を求めよ。

【解答】 式 (4.42) より，この砂の限界動水勾配 i_c およびクイックサンド現象が生じる水位差 Δh_c は以下のとおりになる。

$$i_c = \frac{\Delta h_c}{l} = \frac{G_s - 1}{1 + e} = \frac{2.65 - 1}{1 + 0.65} = 1.0$$

$$\Delta h_c = i_c l = 1.0 \times 20 = 20\,\text{cm} \qquad \diamondsuit$$

例題 4.10 図 **4.22** に示すように砂地盤中に根入れ深さ D の矢板が施工された。クイックサンド（パイピング）に対する安全性を検討せよ。ただし，水位差を H，砂地盤の間隙比 $e = 0.7$，砂の比重 $G_s = 2.7$ とする。

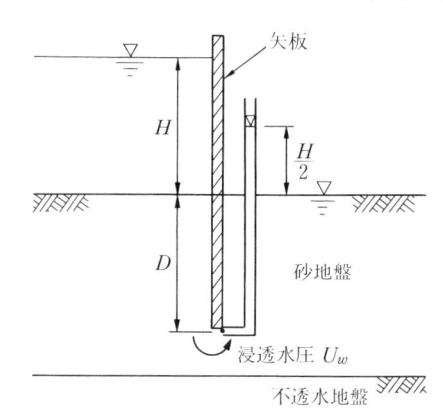

図 **4.22** 矢板が施工された地盤の断面図

【解答】 式 (4.38) より矢板先端部での有効応力は次式で表される。

$$\sigma' = \gamma_{sub}\, z + U_w = \gamma_{sub}\, z - \frac{\Delta h}{l} z \gamma_w = \frac{G_s - 1}{1 + e} \gamma_w D - \frac{H}{2D} D \gamma_w$$

$$= \gamma_w D - \frac{H}{2} \gamma_w$$

$\sigma' > 0$ であれば安全であるから，$D > H/2$ で安全となる。$D \leqq H/2$ になるとクイックサンドが生じる。 $\diamondsuit$

演習問題

【1】 あるシルト質土の間隙率が $n = 30\%$,有効径 $D_{10} = 0.1\,\mathrm{mm}$ であった。このシルト質土の毛管上昇高さ $h_c\,[\mathrm{cm}]$,毛管圧力 $S\,[\mathrm{kN/m^2}]$,pF 値を推定せよ。

【2】 ある砂質土の水温20°Cの透水係数は $k = 4.0 \times 10^{-2}\,\mathrm{cm/s}$,間隙率 $n = 40\%$ であった。この土を締め固めて,間隙率 $n = 30\%$ にしたときの水温20°Cの透水係数 k_{20} はいくらになるか。また,水温15°Cの透水係数 k_{15} はいくらか。

【3】 問図 *4.1* に示す堤防の下に透水係数 $k = 3.0 \times 10^{-3}\,\mathrm{cm/s}$,厚さ $D = 2.0\,\mathrm{m}$,透水距離 $L = 20\,\mathrm{m}$ の砂層があり,上下流の水位差は $H = 4\,\mathrm{m}$ であった。堤防の長さ1m当りの1日の漏水量 $[\mathrm{m^3/day}]$ を求めよ。

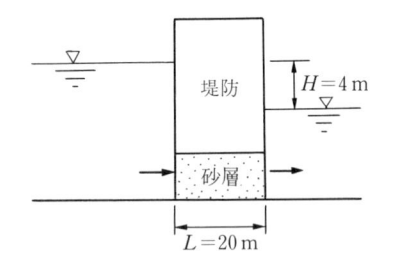

問図 *4.1*

【4】 砂質土の定水位透水試験を行い,つぎの結果を得た。測定時の水温における透水係数 $k\,[\mathrm{cm/s}]$ を求め,15°Cにおける透水係数に換算せよ。
透水量 $Q = 385\,\mathrm{cm^3}$,透水時間 $t = 5\,\mathrm{min}$,試料の直径 $D = 10.0\,\mathrm{cm}$,
試料の長さ $l = 12.0\,\mathrm{cm}$,水位差 $h = 15.0\,\mathrm{cm}$,測定時の水温 $T = 24°\mathrm{C}$

【5】 ある砂質土について定水位透水試験を行い,透水係数 $k = 1.0 \times 10^{-2}\,\mathrm{cm/s}$ を得た。水位差が15cmにおける時間1分当りの流量 Q を求めよ。ただし,試料の直径 $D = 10\,\mathrm{cm}$,試料の長さ $l = 10\,\mathrm{cm}$ とする。

【6】 ある土の変水位透水試験を行い,つぎの結果を得た。測定時の水温における透水係数 $k\,[\mathrm{cm/s}]$ を求めよ。また,15°Cにおける透水係数 k_{15} に換算せよ。
スタンドパイプの直径 $d = 3.0\,\mathrm{cm}$,
試料の直径 $D = 10.0\,\mathrm{cm}$,試料の長さ $l = 12.7\,\mathrm{cm}$
測定開始時の水位 $h_1 = 150\,\mathrm{cm}$,測定終了時の水位 $h_2 = 50\,\mathrm{cm}$
測定時間 $t = 20\,\mathrm{min}$,測定時の水温 $T = 20°\mathrm{C}$

【7】 ある土の変水位透水試験を行い,透水係数 $k = 2.0 \times 10^{-3}\,\mathrm{cm/s}$ を得た。スタンドパイプの水位が100cmから10cmに降下するのに要する時間を求め

よ。ただし，試料の断面積 $A = 40\,\mathrm{cm}^2$，試料の厚さ $l = 10\,\mathrm{cm}$，スタンドパイプの断面積 $a = 2\,\mathrm{cm}^2$ とする。

【8】 図 *4.15* に示す被圧地下水層（滞水層の厚さ $D = 5\,\mathrm{m}$）の揚水試験において，揚水井より一定の流量 $Q = 1000\,\mathrm{cm}^3/\mathrm{s}$ でくみ上げ，周りの観測井の地下水位が一定になったとき，揚水井中心から観測井までの距離 r とその観測井戸の水位 h を測定し，以下の結果を得た。この滞水層の透水係数 $k\,[\mathrm{cm/s}]$ を求めよ。

$r_1 = 20\,\mathrm{m}, \quad r_2 = 200\,\mathrm{m}, \quad h_1 = 6.5\,\mathrm{m}, \quad h_2 = 7.0\,\mathrm{m}$

【9】 図 *4.17* に示す重力井戸の揚水試験において，揚水井より一定の流量 $Q = 1000\,\mathrm{cm}^3/\mathrm{s}$ でくみ上げ，周りの観測井の地下水位が一定になったとき，揚水井中心から観測井までの距離 r とその観測井戸の水位 h を測定し，以下の結果を得た。この滞水層の透水係数 $k\,[\mathrm{cm/s}]$ を求めよ。

$r_1 = 20\,\mathrm{m}, \quad r_2 = 200\,\mathrm{m}, \quad h_1 = 6.0\,\mathrm{m}, \quad h_2 = 7.0\,\mathrm{m}$

【10】 粒径 $0.25 \sim 0.5\,\mathrm{mm}$ の細砂からなる滞水層（影響半径 $R = 100\,\mathrm{m}$）に掘り抜かれた重力井戸（半径 $50\,\mathrm{cm}$）の揚水試験において，揚水井から一定の流量 $Q = 1000\,\mathrm{cm}^3/\mathrm{s}$ でくみ上げ，揚水井の地下水位が一定になったときの水位は $h = 5.0\,\mathrm{m}$ であった。この滞水層の透水係数 $k\,[\mathrm{cm/s}]$ を求めよ。ただし，くみ出し前の地下水位は $H = 7.0\,\mathrm{m}$ とする。

【11】 問図 *4.2* においてつぎの問に答えよ。ただし，試料の間隙比 $e = 0.7$，比重 $G_s = 2.7$，水の単位体積重量 $\gamma_w = 9.8\,\mathrm{kN/m}^3$ とする。
① 水位差を上昇（$+h$）させた場合の A，B，C 点の有効応力 σ' を求めよ。
② 水位差を下降（$-h$）させた場合の A，B，C 点の有効応力 σ' を求めよ。
③ クイックサンドを起こすときの水位差 h を求めよ。

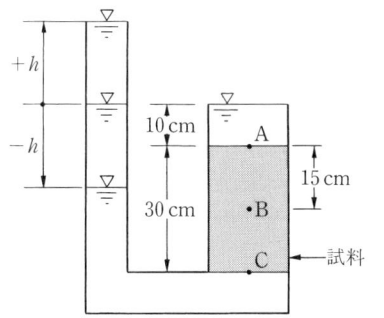

問図 *4.2*

【12】 問図 4.3 においてつぎの問に答えよ。ただし、試料の間隙比 $e = 0.7$、比重 $G_s = 2.65$、水の単位体積重量 $\gamma_w = 9.8\,\text{kN/m}^3$ とする。
① 試料の限界動水勾配はいくらか。
② クイックサンドに対する安全率を求めよ。
③ クイックサンドに対して安全であるためには、試料の表面に押え荷重はいくら〔kN/m^2〕必要か。

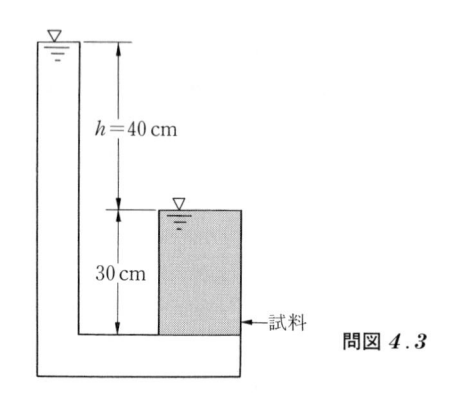

問図 4.3

【13】 問図 4.4 はコンクリートダムが施工された砂地盤の流線網である。つぎの問に答えよ。ただし、砂地盤の透水係数 $k = 2.0 \times 10^{-3}\,\text{cm/s}$、水の単位体積重量 $\gamma_w = 9.8\,\text{kN/m}^3$ とする。
① A、B、C、D、E、F 点における間隙水圧 u〔kN/m^3〕を求めよ。
② ダム長さ $1\,\text{m}$ 当りの透水量 Q〔m^3/day〕を求めよ。

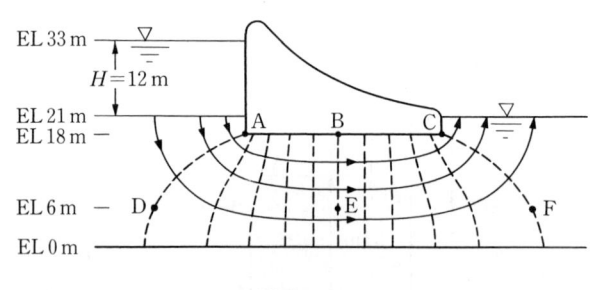

問図 4.4

5

地盤内の応力

　自然の地盤内には，土粒子の自重によって発生する応力が存在する。しかし，地盤上に人工構造物を築造すると，その重量による応力が付加されて地盤内は新しい応力状態になる。また，斜面を切り土して道路をつくったり，トンネルを掘削しても，もとの応力状態は乱れて新しい応力状態になる。本章ではそのような応力状態を求める理論について学ぶ。

5.1　地盤内応力の定義

　地盤の土を掘り起こして手ですくってみると，土は砂粒や細かい粘土および小いさな礫から構成されていることがわかる。このような物体は厳密には粒状体と呼ばれ，その内部応力を評価するには，粒子間の接触力を考える粒状体の力学を適用しなければならない。

　しかし，本書ではそのような厳密な評価方法は避け，後章で扱う圧密沈下や擁壁の土圧の算定，および，斜面の安定計算で必要とされる巨視的な地盤内応力の求め方について学ぶ。さらに，主応力の概念について触れ，モールの応力円（Mohr's stress circle）を使った地盤内応力の評価方法についても学ぶ。

　いま，図 *5.1* に示すように，地盤内の深さ z における微小要素（$a \times a \times a$）に働く力，すなわち，同図の拡大図に示すように微小要素辺に作用する垂直力（N_x, N_z）およびせん断力（T_{xz}）について考える。この力は，地上の人工構造物の重量および地盤を構成する土の重量が，土粒子間の接触力として土粒子骨格を通して伝達された結果として発生するものである。

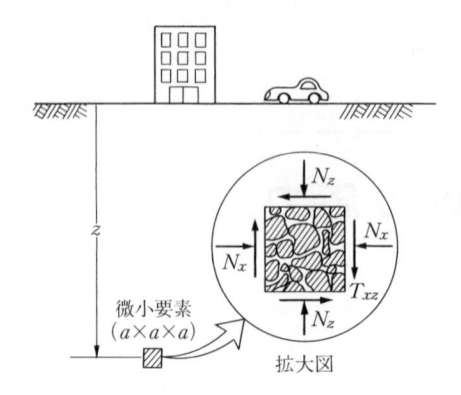

図 5.1 地盤内の微小要素に働く力

したがって，実質的な力は要素辺が切る土粒子の部分にのみ存在し，空隙部分は関係しない．しかし，本章では地盤を連続体と考え，断面力（N_x, N_z, T_{xz}）は，均質な物質で構成された微小立方体の辺に作用しているものとし，それを要素辺の面積（$a \times a$）で除して，x 面，z 面の垂直応力（normal stress）σ_x, σ_z およびせん断応力（shear stress）τ_{xz} を式（5.1）のように定義する．

$$\sigma_x = \frac{N_x}{a^2}, \quad \sigma_z = \frac{N_z}{a^2}, \quad \tau_{xz} = \frac{T_{xz}}{a^2} \tag{5.1}$$

なお土質力学では，構造力学と異なり圧縮応力を正値で表す．

5.2 地盤を構成する土の自重による応力

5.2.1 鉛直応力

土中の鉛直応力は土被り圧とも呼ばれ，地中のある点から地表面までの土の全重量を考えることによって，式（5.2）で求められる．

$$\sigma_z = \gamma_t z \tag{5.2}$$

ここに，z は深さであり，γ_t は土の単位体積重量である．この場合，鉛直応力は深さとともに直線的に増加する．地表面が水平で，土の特性も水平方向に変化がなければ，この鉛直応力は主応力と一致し，地盤内の鉛直面および水平面上には，せん断応力は発生しない．

式 (5.2) は，土の単位体積重量が深さに対して一定の場合であるが，一般に土は，土被り圧によって深いほど密になる。したがって，単位体積重量が深さとともに連続的に変化する場合の鉛直応力は，式 (5.3) のように表されなければならない。

$$\sigma_z = \int_0^z \gamma \, dz \tag{5.3}$$

あるいは，地盤が積層状で各層の単位体積重量が異なる場合は，式 (5.4) で表される。

$$\sigma_z = \sum_i \gamma_i z_i \tag{5.4}$$

例題 5.1 図 5.2 に示すような多層地盤があるとき，地表面下 z_3 の微小要素 A に作用する鉛直応力（土被り圧）を求めよ。

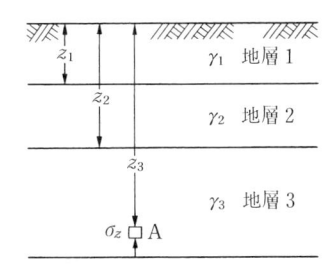

図 5.2 多層地盤内の土被り圧

【解答】 式 (5.5) で求められる。

$$\sigma_z = \gamma_1 z_1 + \gamma_2 (z_2 - z_1) + \gamma_3 (z_3 - z_2) \tag{5.5}$$

◇

例題 5.2 図 5.3 に示すような地盤で，地下水位が深さ z_1 の位置にあるときの深さ z_2 における鉛直応力を，全応力および有効応力として求めよ。

【解答】 全応力は式 (5.6) で求められる。

$$\sigma_z = \gamma_t z_1 + \gamma_{sat} (z_2 - z_1) \tag{5.6}$$

ここに，γ_t および γ_{sat} は 3 章で学んだように，それぞれ湿潤単位体積重量および飽和単位体積重量である。また，深さ z での間隙水圧は静水圧であるから，式

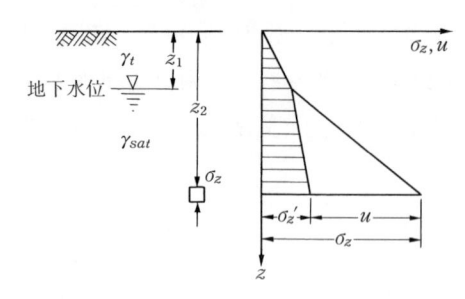

図 5.3 地下水位がある場合の有効応力と間隙水圧および全応力

(5.7) となる。

$$u = \gamma_w (z_2 - z_1) \tag{5.7}$$

したがって，有効応力 σ_z' は，式（5.8）で求められる。

$$\begin{aligned}\sigma_z' &= \sigma_z - u \\ &= \gamma_t z_1 + (\gamma_{sat} - \gamma_w)(z_2 - z_1)\end{aligned} \tag{5.8}$$

全応力，有効応力および間隙水圧の z 方向分布の様子を**図 5.3** に示す。なお，式（5.8）中の（$\gamma_{sat} - \gamma_w$）は，3章で学んだ水中単位体積重量 γ_{sub} である。有効応力は，後章で学ぶ圧密やせん断強さで重要な概念となる。◇

例題 5.3 鉛直応力（土被り圧）は単位体積重量から計算されるが，先述のように単位体積重量は，土被り圧の大きさによってわずかながら変化するのが普通である。いま，土の単位体積重量が鉛直応力 σ_z と式（5.9）の関係にあるとする。

$$\gamma = b + a\sigma_z \tag{5.9}$$

深さ z における鉛直応力を求めよ。

【解答】 式（5.9）を式（5.3）に代入すると

$$\sigma_z = \int_0^z (b + a\sigma_z) \, dz \tag{5.10}$$

あるいは

$$\frac{d\sigma_z}{dz} = b + a\sigma_z \tag{5.11}$$

この微分方程式を解くことによって，鉛直応力を与える式が式（5.12）のように得られる。

$$\sigma_z = \frac{b}{a}(e^{az} - 1) \tag{5.12}$$

◇

5.2.2 水 平 応 力

地盤内には，図 5.1 に示したように，鉛直応力のほかに水平応力 σ_x も存在する。水平応力は，静水圧のように必ずしも鉛直応力とは一致せず，地盤の生成条件によっていろいろな値をとり，一般的な定義式はない。そこで，鉛直応力と水平応力の比を式 (5.13) のように K で表す。

$$K = \frac{\sigma_x}{\sigma_z} \qquad (5.13)$$

この K の値は，8 章で学ぶ静止土圧係数に相当する。

地盤が生成される土砂の堆積過程は広域にわたり，その過程で水平方向の圧縮は起こらないので，水平応力は鉛直応力より小さいのが普通で，K の値は 0.4～0.5 程度である。

一方，もし地盤がなんらかの理由で，過去より小さな土被り圧状態になっており，水平応力は過去のまま解放されずに残っているとすると，土圧係数は $K=1$ より大きくなり，ときには $K = 3$ 程度となっている場合もある。このような地盤を構成する粘土は過圧密粘土と呼ばれ 6 章で学ぶ。これらの様子を図 5.4 に示す。

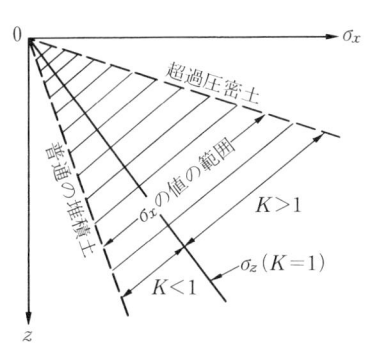

図 5.4　地盤内応力の深度分布

5.3　上載荷重による地盤内応力

地盤上に人工構造物を築造すると，構造物の重量を外力として地盤内には増分応力が発生し，地盤の自重による応力に加えられた応力状態となる。

この応力は，地盤を均質かつ等方性体および半無限弾性体，と仮定することによって解析的に求められる。しかし，得られるのはごく限られた荷重条件の場合で，本節ではそのいくつかの例について，その結果のみを解説する。一方最近では，コンピュータを使った有限要素法（finite element method）により，任意の荷重条件に対する解が簡単に得られるようになっている。

5.3.1 集中荷重が作用する場合

図 5.5 に示すように，地表面に座標 x, y および半径方向座標 r を，深さ方向に座標 z をとり，座標原点に集中荷重 P を z 方向に作用させた場合の弾性理論解が，ブーシネスク（Boussinesq）によりつぎのように与えられた。これらは円筒座標系による応力成分で，その定義は同拡大図に示されている。

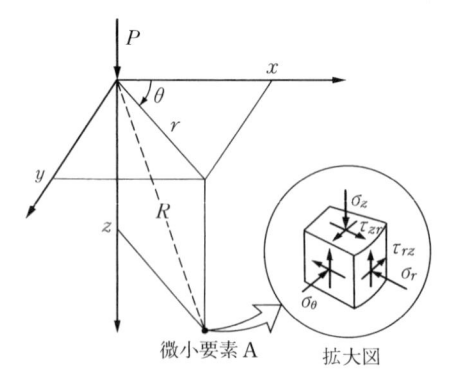

図 5.5　円筒座標による応力表示

$$\sigma_r = \frac{P}{2\pi}\left\{\frac{3zr^2}{R^5} - (1-2\nu)\frac{1}{R^2+Rz}\right\} \quad (5.14)$$

$$\sigma_\theta = -\frac{(1-2\nu)P}{2\pi}\left(\frac{z}{R^3} - \frac{1}{R^2+Rz}\right) \quad (5.15)$$

$$\sigma_z = \frac{3Pz^3}{2\pi R^5}, \quad \tau_{rz} = \frac{3Pz^2r}{2\pi R^5} \quad (5.16)$$

また，半径方向および深さ方向の変位成分（u_r, u_z）は，式 (5.17)，(5.18) で表される。

$$u_r = \frac{P}{4\pi GR}\left\{\frac{rz}{R^2} - (1-2\nu)\frac{r}{R+z}\right\} \quad (5.17)$$

$$u_z = \frac{P}{4\pi GR}\left\{\frac{z^3}{R^2} + 2(1-\nu)\right\} \tag{5.18}$$

ここに，$R = \sqrt{z^2 + r^2}$，$r = \sqrt{x^2 + y^2}$ であり，G はせん断弾性係数，ν はポアソン比（Poissons ratio）である．

一般に，変形は材料の力学特性（G, ν）に関係するが，応力は作用外力の結果であり，材料には関係しないのが普通である．しかし，式（5.14）〜（5.15）は，ヤング率（E）には関係していないものの，ポアソン比（ν）を含んでいる．特に $\nu = 0.5$ の場合では，式（5.14）の第2項が消滅し，式（5.15）では $\sigma_\theta = 0$ となることに注意すべきである．

地盤を構成する土のポアソン比は，0.25〜0.5の範囲にあると推定されている．砂地盤では小さく，粘土地盤では大きい．$\nu = 0.5$ は，体積変化がない非圧縮性を意味し，非排水条件の飽和粘性土地盤などが相当する．

例題 5.4 地表面に $P = 10\,\mathrm{kN}$ の集中荷重が作用するとき，σ_z の，z 軸（$r=0$）上での深さ方向分布図，および所定の深さでの水平方向分布図を描け．

【解答】 式（5.16）は，式（5.19）のように表すことができる．

$$\sigma_z = \frac{3P}{2\pi}\frac{z^3}{(r^2 + z^2)^{5/2}} \tag{5.19}$$

式（5.19）に $P = 10\,\mathrm{kN}$，$r = 0$ を代入すると，$\sigma_z = 4.775/z^2\,[\mathrm{kN/m^2}]$ が得

図 5.6 集中荷重による鉛直応力（σ_z）の分布

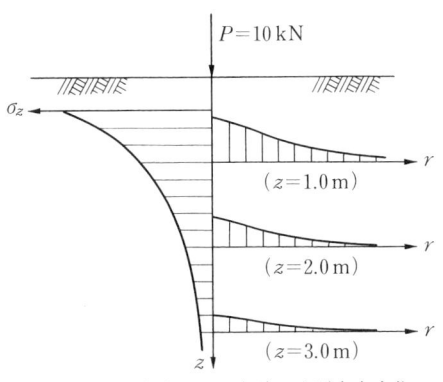

(a) 深さ方向変化　(b) 水平方向変化

られる.すなわち,σ_z は z^2 に反比例する.$z=3.0\,\mathrm{m}$ までの結果を図示すると,**図 5.6 (a)** のようである.

また,式 (5.19) をさらに変形して,式 (5.20) のように表すと便利である.

$$\sigma_z = \frac{P}{z^2} I_z, \quad I_z = \frac{3}{2\pi}\left\{\frac{1}{1+(r/z)^2}\right\}^{5/2} \tag{5.20}$$

ここに,I_z は影響値と呼ばれ,所定の r/z に対する値を事前に計算しておけば σ_z を簡単に求めることができる.$z=1.0\,\mathrm{m}$,$2.0\,\mathrm{m}$,$3.0\,\mathrm{m}$ における水平方向分布図を図 (b) に示す.読者はこれらの値を厳密に計算し,正確に作図されたい. ◇

5.3.2 線荷重が作用する場合

図 5.7 に示すように,単位長さ当り q' の一様分布線荷重が地表面に作用する場合,分布荷重方向に y 軸をとると,y 方向には応力の変化がないので,x-z 面の二次元問題となる.したがって,式 (5.16) において,$P=q'dy$,$\sigma_z = d\sigma_z$ とし,y を $-\infty$ から ∞ まで積分すると,σ_z が式 (5.21) のように得られる.

$$\sigma_z = \frac{2q'}{\pi}\frac{z^3}{(x^2+z^2)^2} \tag{5.21}$$

同様にして

$$\sigma_x = \frac{2q'}{\pi}\frac{zx^2}{(x^2+z^2)^2} \tag{5.22}$$

$$\tau_{xz} = \frac{2q'}{\pi}\frac{z^2 x}{(x^2+z^2)^2} \tag{5.23}$$

これらの解は,例えば走行クレーンを有する工場の側壁を支える地盤内応力

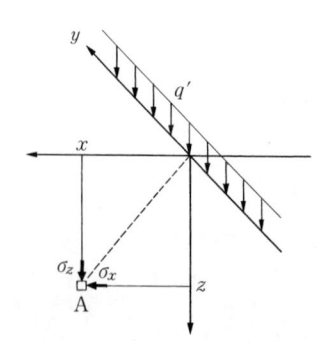

図 5.7 線荷重による応力

の算定に利用できる。また，式 (5.22) の σ_x は，8 章で学ぶ「擁壁の土圧」において，裏込め土上に作用する線荷重による土圧の算定に利用される。

【例題 5.5】 地表面に $q' = 10\,\mathrm{kN/m}$ の線荷重が作用するとき，σ_z の，z 軸 ($x = 0$) 上での深さ方向分布図，および，所定の深さでの x 方向分布図を描け。

【解答】 式 (5.21) を変形して式 (5.24) のように表す。

$$\sigma_z = \frac{q'}{z} I_z, \quad I_z = \frac{2}{\pi}\left\{\frac{1}{1 + (x/z)^2}\right\}^2 \tag{5.24}$$

式 (5.24) において，I_z は式 (5.20) と同様に影響値であって，所定の x/z に対して計算しておけば簡単に σ_z を求めることができる。読者は，図 5.6 と同様に，線荷重作用下 5 m までの深さ方向分布図と，$z = 3\,\mathrm{m}$，$4\,\mathrm{m}$，$5\,\mathrm{m}$ における x 方向分布図 ($x = 5\,\mathrm{m}$ まで) を正確に計算して作図されたい。　　◇

5.3.3 帯状荷重が作用する場合

〔1〕帯状等分布荷重による応力　図 5.8 に示すように，幅 B の等分布荷重 q が帯状に作用する場合も，線荷重の場合と同様に平面ひずみ状態と考えることができる。式 (5.22)～(5.24) において，$q' = q\,d\xi$ として帯状荷重の幅について積分すれば，地盤内の点 A における応力がつぎのように得られる。

$$\sigma_z = \frac{q}{\pi}(\beta + \sin\beta \cos\phi) \tag{5.25}$$

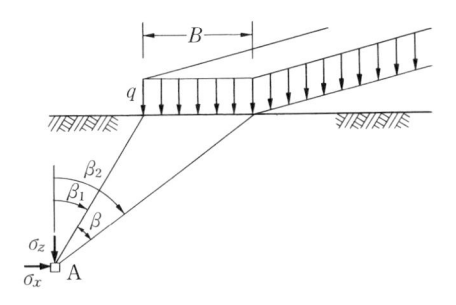

図 5.8　帯状等分布荷重による応力

$$\sigma_x = \frac{q}{\pi}(\beta - \sin\beta\cos\psi) \tag{5.26}$$

$$\tau_{xz} = \frac{q}{\pi}(\sin\beta\sin\psi) \tag{5.27}$$

ここに，$\beta = \beta_2 - \beta_1$，$\psi = \beta_2 + \beta_1$ であり，β_1 および β_2 は，A 点を通る鉛直線から A 点と帯の両端を結んだ線までの角度（ラジアン）である。

例題 5.6 帯幅 $B = 4$ m の帯状荷重（q）が作用するとき，深さ $3B$ までの鉛直応力 σ_z を，数多く計算して等応力線図を描け。なお，応力は σ_z/q の値で整理すること。

【**解答**】 帯の中心線に対して応力は対称となるから，半分だけ計算すればよい。計算範囲は，帯中心線から水平（x）方向 4 m，深さ（z）方向 12 m とし，その範囲内の 1 m メッシュ格子点に対する β_1，β_2 を求めて，式（5.25）からそれぞれの σ_z/q を計算すればよい。結果として得られる等応力線を**図 5.9** に示す。読者は，それぞれの正確な計算値をプロットして作図し，このような等応力線が得られることを確認されたい。 ◇

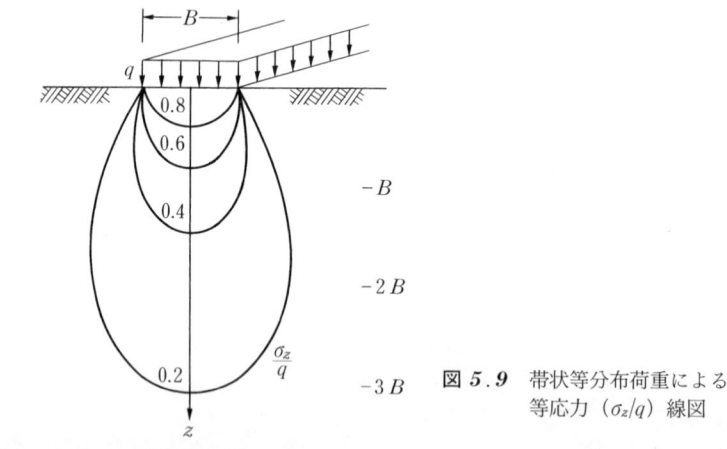

図 5.9 帯状等分布荷重による等応力（σ_z/q）線図

〔2〕帯状三角分布荷重による応力 **図 5.10** に示すように，荷重強度が一様に増加する帯状の三角分布荷重が作用する場合も，線荷重が x 方向に一様に増加するとした条件を考慮して幅 B について積分するとよい。得られる

5.3 上載荷重による地盤内応力　85

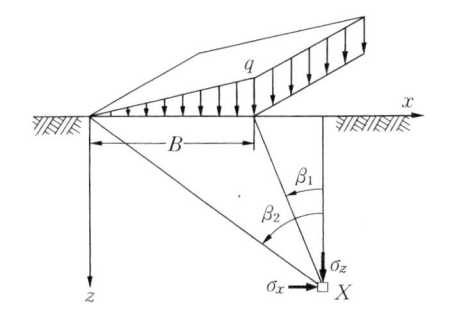

図 5.10 帯状三角分布荷重による応力

結果のうち，地盤内の点 X における鉛直応力を式 (5.28) に示す。

$$\sigma_z = \frac{q}{\pi}\left(\frac{x}{B}\beta - \frac{1}{2}\sin 2\beta_1\right) \qquad (5.28)$$

ここに，$\beta = \beta_2 - \beta_1$ であり，β_1，β_2 は図に示す角度である。

〔3〕 **盛土荷重による応力**　式 (5.28) の結果を使うと，**図 5.11** に示すような帯状の盛土荷重の片側 (断面 ABDC) に対する地盤内の点 X の鉛直応力を求めることができる。すなわち，三角分布荷重 (ABE) の解から三角分布荷重 (CDE) の解を差し引くことによって得られる。河川堤防や道路・鉄道の盛土などの帯状荷重による地盤内応力の算定に，この結果を利用できる。

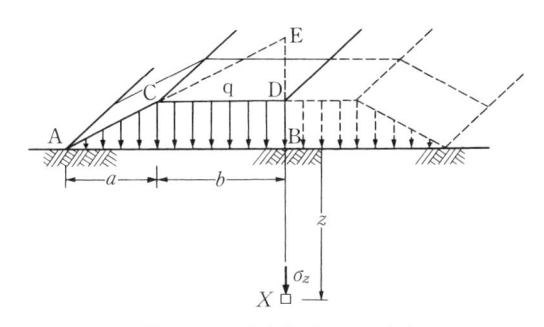

図 5.11 盛土荷重による応力

オスターバーグ (Osterberg) は，このような応力を簡単に求めることができる図表 (**図 5.12**) を作成した。この図を利用して地盤内の点 X の鉛直応力を求めるには，盛土の形状を示す寸法 a，b を深さ z で除し，a/z の値を横軸から，b/z の値を図中の曲線から読み取ってその交点を求め，その交点の縦

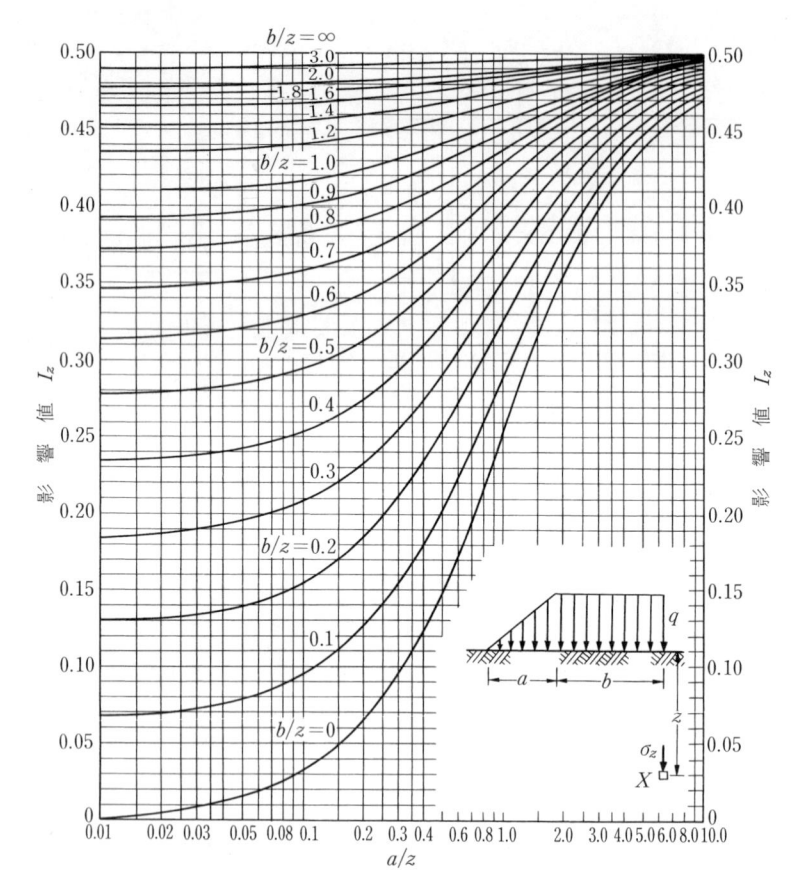

図 **5.12** 盛土荷重による鉛直応力の影響値（オスターバーグの図）

座標値を読んで影響値 I_z とし，式 (5.29) に適用すればよい．

$$\sigma_z = I_z q \qquad (5.29)$$

例題 5.7 図 **5.13** (a), (b) に示すような盛土による地盤内の深さ z における点 X の鉛直応力を，オスターバーグの図を使って求める手順を示せ．さらに，具体的な例として，図 (a) は，$a_1 = a_2 = 4\,\mathrm{m}$, $b_1 = 8\,\mathrm{m}$, $b_2 = 2\,\mathrm{m}$, 図 (b) は，$a_1 = a_2 = 4\,\mathrm{m}$, $b_1 = 16\,\mathrm{m}$, $b_2 = 2\,\mathrm{m}$ とし，両図とも $q = 100\,\mathrm{kN/m^2}$ の場合に，$z = 2, 4, 6, 8, 10\,\mathrm{m}$ における鉛直応力を求め，その分布図を描け．

5.3 上載荷重による地盤内応力

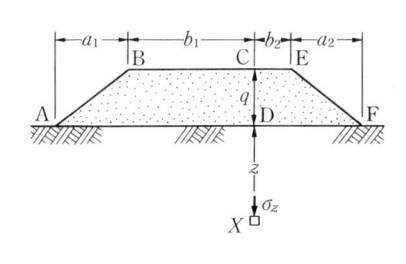

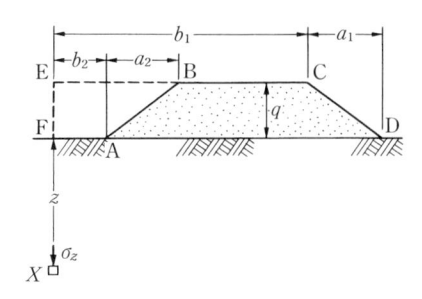

(a) 盛土下地盤内の鉛直応力   (b) 盛土外地盤内の鉛直応力

図 5.13

【解答】 図を使って求められる応力は，その応力点の直上の盛土の片側のみに対するものであるから，図 (a) の場合は盛土を 2 分割し，盛土 ABCD に対する影響値 I_{z1} と盛土 FECD に対する影響値 I_{z2} をオスターバーグの図から求め，$I_z = I_{z1} + I_{z2}$ として式 (5.29) から得られる。例えば，$z = 2$ m の場合，$a_1/z = 2$, $b_1/z = 4$, $a_2/z = 2$, $b_2/z = 1$ となり，これらの値を図 5.12 に適用すると，$I_{z1} = 0.495$, $I_{z2} = 0.47$ が得られ，式 (5.29) から $\sigma_z = (0.495+0.47) \times 100$ kN/m^2 $= 96.5$ kN/m^2 と得られる。

図 (b) の場合は，仮想の盛土 DCEF に対する影響値 I_{z1} を求め，そのうち盛土 BAFE は架空のものであるから，その影響値 I_{z2} を差し引き $I_z = I_{z1} - I_{z2}$ として得られる。鉛直応力の分布図は図 5.14 のようになる。読者は実際にこれらの値を求めてグラフ用紙に作図されたい。 ◇

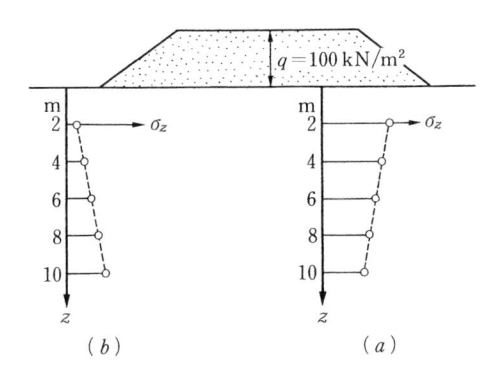

図 5.14

5.3.4 長方形等分布荷重が作用する場合

建築物など実際の構造物基礎の平面形状が，長方形あるいはその組合せである場合に応用できる．このような場合の解は，集中荷重に対する解の式 (5.16) を重ね合わせて得られる．

図 **5.15** に示すように $a \times b$ の長方形の一頂点を座標原点に一致させ，式 (5.16) を $P = qdxdy$ として積分すれば，原点を通る鉛直線上の点 $X(0, 0, z)$ での鉛直応力 σ_z が式 (5.30) のように得られる．

$$\sigma_z = \frac{3qz^3}{2\pi} \int_0^a \int_0^b \frac{1}{(x^2 + y^2 + z^2)^{5/2}} dxdy$$

$$= \frac{q}{2\pi} \left\{ \frac{abz(a^2 + b^2 + 2z^2)}{(a^2 + z^2)(b^2 + z^2)\sqrt{a^2 + b^2 + z^2}} + \sin^{-1} \frac{ab}{\sqrt{a^2 + z^2}\sqrt{b^2 + z^2}} \right\}$$

$$(5.30)$$

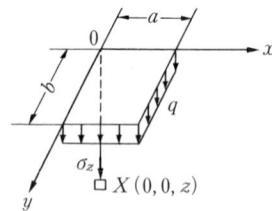

図 **5.15** 長方形等分布荷重

長方形の辺長 a, b および深さ z と分布荷重強度 q の値を代入すれば，鉛直応力が簡単に計算される．しかし，コンピュータが未発達のころは，このような計算が非常に煩わしかった．そこで，あらかじめ計算した結果を図表化し，簡単に応力を求める方法が提案されている．

図 **5.16** はニューマーク (Newmark) によるもので，縦軸および横軸に $m = a/z$，あるいは $n = b/z$ の値をとり，その交点を図中に描いてある曲線の値から読み取ると影響値 I_z が得られ，長方形の一頂点直下の点 X における鉛直応力が式 (5.31) で求められる．

$$\sigma_z = q \times I_z \tag{5.31}$$

例題 5.8 図 **5.17** に示すように，$q = 100 \, \text{kN/m}^2$ の長方形等分布荷重 (FGHI) が作用している地盤がある．(1) 頂点 G の直下 10 m における鉛直

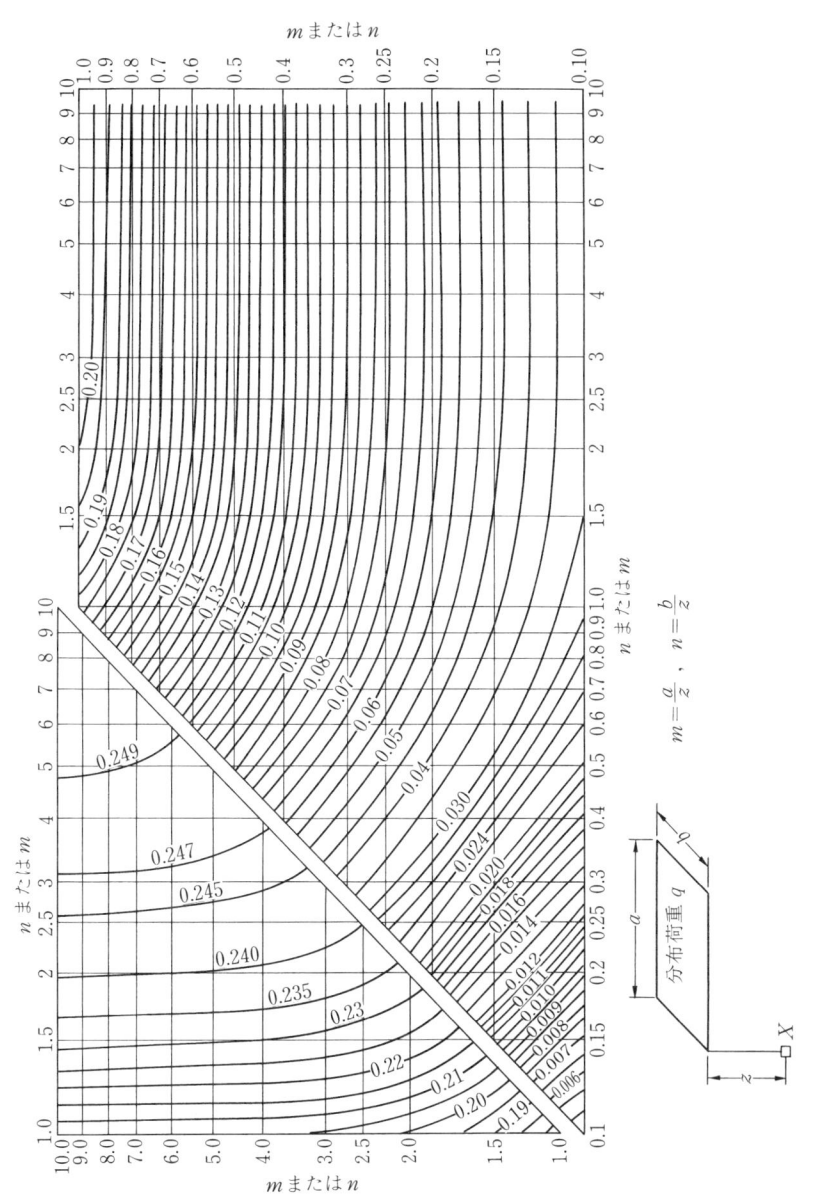

図 5.16 長方形分布荷重による頂点直下の鉛直応力を求めるためのニューマークの図

90　5. 地盤内の応力

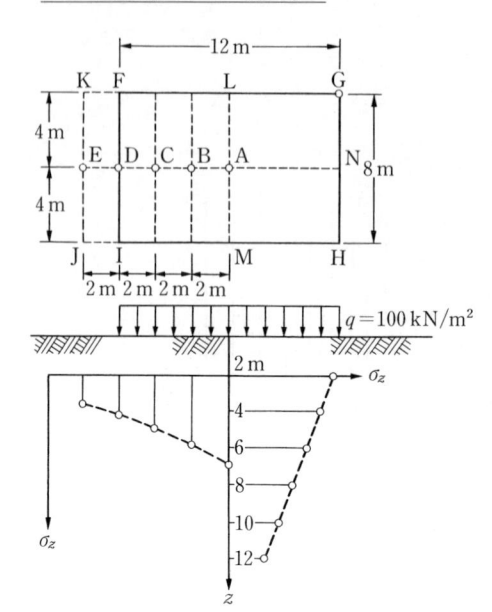

図 5.17 鉛直応力の分布図

応力（σ_z）を，式（5.30）およびニューマークの図を用いて求め比較せよ。
（2）荷重作用域中央点 A の直下 2，4，6，8，10，12 m における鉛直応力をニューマークの図を用いて求め，鉛直方向分布図を描け。（3）荷重作用域内の点 A，B，C，D の直下 10 m，および域外の点 E の直下 10 m における鉛直応力をニューマークの図を用いて求め，水平方向分布図を描け。

【解答】

（1）式（5.30）に $a = 12\,\text{m}$，$b = 8\,\text{m}$，$q = 100\,\text{kN/m}^2$，$z = 10\,\text{m}$ を代入して，$\sigma_z = 16.8\,\text{kN/m}^2$ を得る。一方，ニューマークの図では，$m = 12/10 = 1.2$，$n = 8/10 = 0.8$ の値を**図 5.16** にプロットすると，$I_z = 0.167$ が得られ，$\sigma_z = 0.167 \times 100 = 16.7\,\text{kN/m}^2$ となる。長方形には四つの頂点があるが，いずれの直下も同じ応力値となることに留意されたい。したがって，計算にあたり a，b は縦横どちらをとってもよい。

（2）点 A は中央点であるから荷重域を均等に 4 分割することになる。したがって，分割された一つの荷重域（ALFD）の点 A 直下の応力を求め，それを 4 倍すればよいことがわかる。

（3）点 B，C，D も荷重作用域を四つあるいは二つに分割するので，それぞれ分

割された長方形に対するその頂点直下 10 m の応力を求めて重ね合わせると，長方形分布荷重（FGHI）に対するそれぞれの点直下の応力が得られる。点 E は荷重作用域外にあるので，まず長方形（GKEN）に対する点 E 直下の応力を求め，長方形（FKED）に対する点 E 直下の応力を差し引き，それを 2 倍すれば長方形荷重（FGHI）に対する点 E 直下の応力が得られる。

以上の結果の応力分布図を図 5.17 に示すが，読者はこれらの正確な値を求め，実際にグラフ用紙に作図されたい。　　　　　　　　　　　　　　　　◇

5.3.5 円形等分布荷重が作用する場合

図 5.18 に示すように，半径 a の円形等分布荷重 q が作用する場合の鉛直応力の理論解が求められている。しかし，解の形式が複雑なので，特別な場合として中心線（$r = 0$）上での応力のみを式（5.32）に示し，他は σ_z/q の値を応力球根として図 5.19 に図示する。

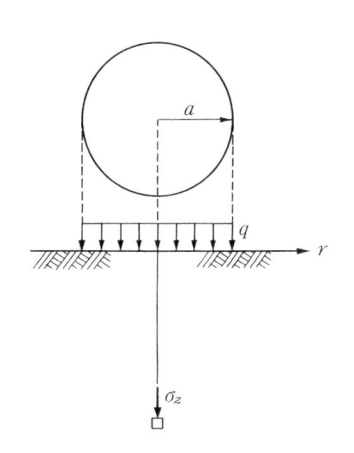

図 5.18　円形等分布荷重

$$\sigma_z = q \left\{ 1 - \frac{z^3}{(a^2+z^2)^{3/2}} \right\} \quad (5.32)$$

これらの解は，9 章で学ぶ円形フーチング基礎，および円形タンク基礎下の応力状態を推定するのに適用できる。

例題 5.9　図 5.18 において，中心線（$r = 0$）上の鉛直応力分布を，σ_z/q の値と z/a の関係として描け。

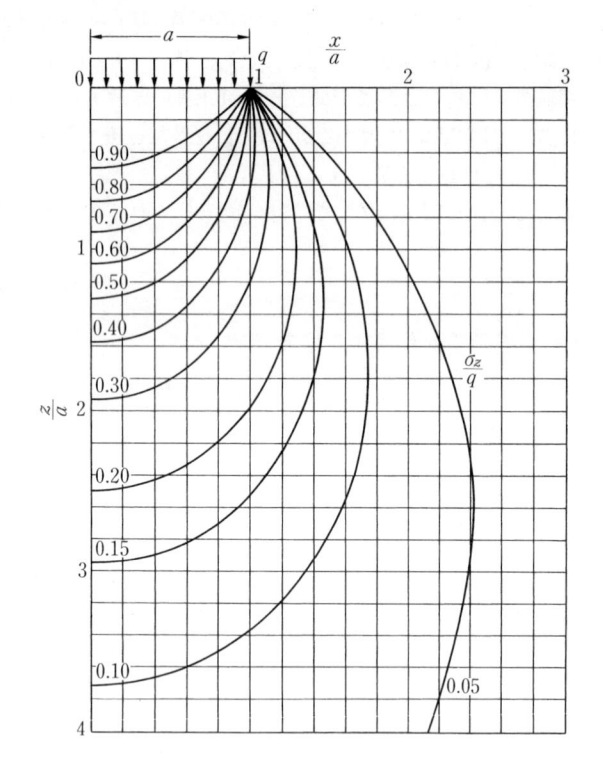

図 5.19 円形等分布荷重による鉛直応力 (σ_z/q) の分布（応力球根）

【解答】 式 (5.32) を，a/z が変数となるように変形すると式 (5.33) のように表される。

$$\frac{\sigma_z}{q} = \left\{1 - \frac{1}{(1 + a^2/z^2)^{3/2}}\right\} \qquad (5.33)$$

z/a を 0.0〜4.0 まで 0.2 ピッチで変化させ，その逆数を式 (5.33) に代入すればよい。結果の分布曲線を図 **5.20** に示す。読者はこの計算結果を一覧表にまとめ，正確なグラフを作成されたい。　　　　　　　　　　　　　　　　　　◇

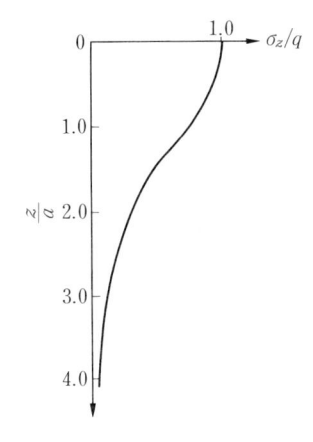

図 5.20　σ_z/q の深さ方向分布

5.4　構造物基礎の接地圧

5.3 節ではモデル化された地表面荷重に対する地盤内応力の理論解を示した。しかし，実際の構造物による荷重分布形状は，構造物基礎の剛性，形状，大きさおよび地盤の特性によって変化し，単純には決められない。このような実際の構造物基礎と地盤の接触圧力の分布を接地圧という。

例えば，緩く積まれた盛土の接地圧は等分布であり，また，改良地盤の上に直接設置された円形タンクも底板が可撓性に富んでいれば，接地圧はおおむね等分布になる。しかし，1974 年 12 月岡山県水島において，基礎地盤の不同沈下による底板の断裂で大規模な油の流出事故を経験してからは，タンクも剛性の高い鉄筋コンクリート床板の上に施工されるようになった。このような基礎では，地盤に伝えられる接地圧は等分布とはならない。他の多くの構造物も，剛性基礎である場合がほとんどである。

剛性基礎の接地圧は土質によっても異なり，一般に，粘性土では載荷域周辺に反力が集中し，粘性のない砂質土では中央に反力が集中する。このような場合の接地圧分布を図 5.21 に示す。

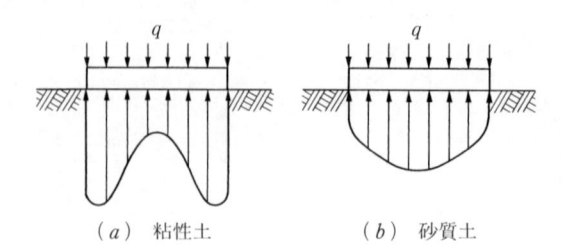

図 5.21 剛性基礎の接地圧分布

(a) 粘性土　　(b) 砂質土

5.5 主応力とモールの応力円

5.5.1 主応力

5.3節では，あらかじめ決められた座標面の応力を求めた．z面の応力は鉛直応力 σ_z である．しかし，地盤内のある点の応力は，その作用面の方向によって変化するはずである．構造物の設計においては，そのように変化する応力の最大値を知ることが重要となる．

図 5.22 に示すように，地盤内の微小三角形要素に働く応力を，図中の拡大図のように定義する．x面（AC）およびz面（AB）の応力を既知とし，任意面（BC）の応力 σ_θ，τ_θ を求めることを考える．なお，任意面の方向は，その面の法線の方向が x 面の法線の方向から反時計回りに θ とする．

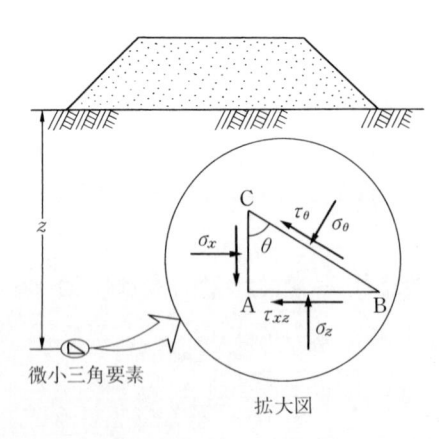

図 5.22 地盤内の微小三角形要素の各面に働く応力

5.5 主応力とモールの応力円

地盤は弾性平衡状態にあると考えているから,これらの応力は釣合い式,$\sum X = 0$, $\sum Z = 0$ を満足しなければならない。図で定義した各応力の x 成分および z 成分を釣合い式に代入し,それらを解いて式 (5.34), (5.35) を得る。

$$\sigma_\theta = \frac{\sigma_x + \sigma_z}{2} + \frac{\sigma_x - \sigma_z}{2} \cos 2\theta - \tau_{xz} \sin 2\theta \tag{5.34}$$

$$\tau_\theta = \frac{\sigma_x - \sigma_z}{2} \sin 2\theta + \tau_{xz} \cos 2\theta \tag{5.35}$$

式 (5.34) の極値は,$d\sigma_\theta/d\theta = 0$ を満足する θ の値で生じるので,式 (5.34) を微分して 0 とおくと式 (5.36) が得られ,この式を満足する θ 面で σ_θ は極値となる。

$$\tan 2\theta = \frac{2\tau_{xz}}{\sigma_z - \sigma_x} \tag{5.36}$$

また,$\tan 2\theta = \tan 2(\theta + \pi/2)$ であるから,$(\theta + \pi/2)$ 面でも σ_θ は極値となる。すなわち,σ_θ が極値となる面は二つ存在し,それらの面は直交していることがわかる。一つは σ_θ が極大となる面で最大主応力面,一つは σ_θ が極小となる面で最小主応力面と呼ばれ,これらの面に作用する垂直応力を,最大主応力 σ_1 および最小主応力 σ_3 と表す。また,式 (5.35) を $\tau_\theta = 0$ とおいても式 (5.36) が得られることから,主応力面ではせん断応力 τ_θ は 0 であることがわかる。式 (5.36) を式 (5.34) に適用すると主応力を与える式 (5.37) が得られる。

$$\sigma_1, \sigma_3 = \frac{\sigma_x + \sigma_z}{2} \pm \frac{1}{2} \sqrt{(\sigma_x - \sigma_z)^2 + 4\tau_{xz}^2} \tag{5.37}$$

実際の地盤は三次元であるので中間主応力 σ_2 が存在するが,本書では二次元の場合のみを扱う。

例題 5.10 図 5.8 に示した帯状荷重による応力は,式 (5.25)〜(5.27) で与えられている。この場合の主応力とその方向を求めよ。

【解答】 これらの応力を式 (5.37) および式 (5.36) に適用して得られるので,

読者自身で演習されたい。結果のみを以下に示す。

$$\sigma_1 = \frac{q}{\pi}(\beta + \sin\beta) \tag{5.38}$$

$$\sigma_3 = \frac{q}{\pi}(\beta - \sin\beta) \tag{5.39}$$

最大主応力面の法線方向が，鉛直方向から反時計回りになす角 θ は，$\tan 2\theta = \tan\phi$ であるから，$\theta = \phi/2 = (\beta_1 + \beta_2)/2$ となる。　　　　◇

5.5.2　モールの応力円

図 **5.22** において x 面と z 面が主応力面である場合を考えると，それらの面のせん断応力は 0 となるから，式 (5.34) と式 (5.35) は，$\sigma_x = \sigma_1$，$\sigma_z = \sigma_3$，$\tau_{xz} = 0$ とおいて式 (5.40)，(5.41) となる。

$$\sigma_\theta = \frac{\sigma_1 + \sigma_3}{2} + \frac{\sigma_1 - \sigma_3}{2}\cos 2\theta \tag{5.40}$$

$$\tau_\theta = \frac{\sigma_1 - \sigma_3}{2}\sin 2\theta \tag{5.41}$$

これらは主応力 $\sigma_1 > \sigma_3$ が与えられたとき，最大主応力面の方向から反時計回りに θ の方向にある面の応力を算定する式である。そこで，式 (5.40) と式 (5.41) を組み合わせると式 (5.42) が得られる。

$$\left(\sigma_\theta - \frac{\sigma_1 + \sigma_3}{2}\right)^2 + \tau_\theta^2 = \left(\frac{\sigma_1 - \sigma_3}{2}\right)^2 \tag{5.42}$$

これは図 **5.23** に示すように，横軸を σ_θ，縦軸を τ_θ とした座標で，中心の座標値が $((\sigma_1+\sigma_3)/2,\ 0)$ で半径が $(\sigma_1-\sigma_3)/2$ である円の式を表していることがわかる。これはモール (Mohr) の応力円と呼ばれ，円周上の点は最大主応力面の方向から反時計回りに θ の面の応力状態を表している。例えば，図中の点 D は，その横座標が式 (5.40) の σ_θ を，縦座標が式 (5.41) の τ_θ を与えることは，容易に理解できるであろう。

すなわち，σ_1 と σ_3 およびそれらの方向が与えられると，モールの応力円を描くことにより任意方向の面の応力を簡単に求めることができるのである。また逆に，任意の直交する 2 面に作用している応力 σ_θ と τ_θ がわかると，モールの応力円を描くことができ，主応力の方向と大きさを求めることができる。

5.5 主応力とモールの応力円   97

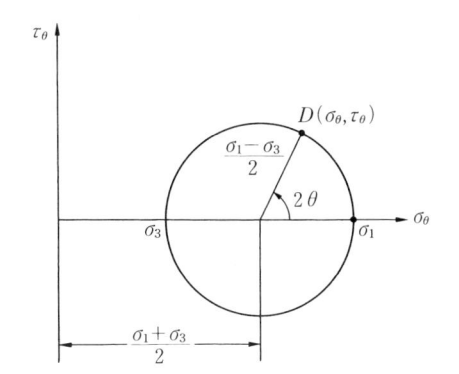

図 5.23 モールの応力円

また，せん断応力の最大値は応力円の半径に等しく $(\sigma_1-\sigma_3)/2$ であり，モールの応力円上で $2\theta = \pm 90°$ の点で与えられるので，この最大せん断応力は最大主応力面の方向から $\pm 45°$ の面に生じることがわかる。

さらに，極 O_P を使うと応力円を利用して地盤内の任意面の応力を簡単に求めることができる。極とは，応力円上でつぎのような特性をもつ点である。「極 O_P とモールの応力円上のある点 A を結ぶ線は，点 A によって与えられた応力が作用する地盤内の面に平行である」。極の使い方を以下の例題で示す。

例題 5.11 図 5.24 (a) は地盤内のある点の応力状態を表している。A-A 面の応力を極を使って求めよ。

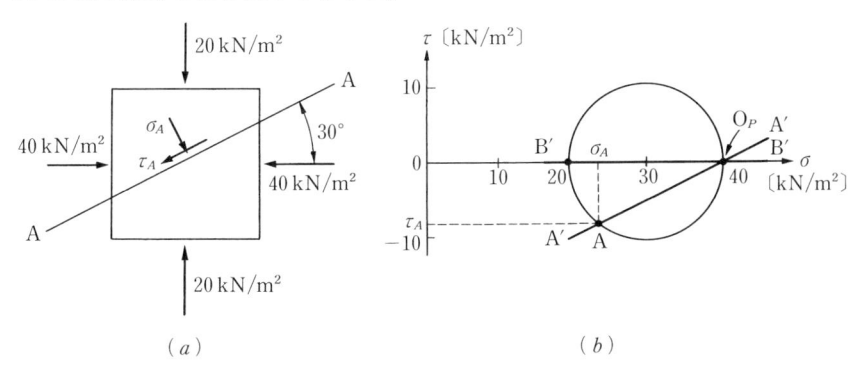

図 5.24

【解答】 応力 $40\,\mathrm{kN/m^2}$, $20\,\mathrm{kN/m^2}$ が作用している面は，せん断応力がないから主応力面である．図（b）に示すモール円に基づき，手順に従って説明する．
① σ-τ 軸上に主応力を表す座標点 $(40, 0)$ と $(20, 0)$ をプロットする．
② これらの点を結ぶ線分を直径とする円を描く．
③ 点 $(20, 0)$ を通り，図（a）の応力 $(\sigma_3 = 20, \tau = 0)$ が作用する面に平行な線 B′-B′ を描く．
④ B′-B′ はモール円と点 $(40, 0)$ で交わり，この点が極 O_P である．
⑤ 極 O_P を通り A-A 面に平行な線 A′-A′ を描く．
⑥ 直線 A′-A′ がモール円と交わる点 A の座標値が，A-A 面の応力であり，つぎのように得られる．$\sigma_A = 25\,\mathrm{kN/m^2}$, $\tau_A = -8.7\,\mathrm{kN/m^2}$
⑦ 結果の応力状態を図 5.25 に示す．図 5.22 で定義したせん断応力 τ_θ の方向が正であるので，負と得られたせん断応力の方向は図示のようになる． ◇

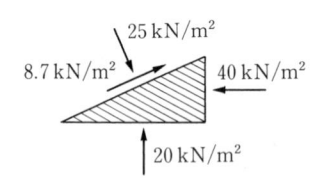

図 5.25 例題 5.11 の応力状態図

例題 5.12 例題 5.11 を計算式によって解け．

【解答】 式（5.40）と式（5.41）に，$\sigma_1 = 40\,\mathrm{kN/m^2}$, $\sigma_3 = 20\,\mathrm{kN/m^2}$, $\theta = 120°$ を代入すると同じ結果が得られる．ここで，θ は最大主応力面の法線と A-A 面の法線のなす角であるので $120°$ となる． ◇

例題 5.13 図 5.26（a）は地盤内のある点の応力状態を示している．D-D 面の応力および主応力の大きさと方向を求めよ．

【解答】 モール円を使った求め方を，図（b）に基づいて手順を追って解説するので，読者はグラフ用紙に正確に作図して確かめられたい．
① σ-τ 軸上に座標点 $(40, -10)$ と $(20, 10)$ をプロットする．せん断応力の正負は，図 5.22 で定義した方向の組合せで x 面のせん断応力を正としていることによる．

5.5 主応力とモールの応力円　99

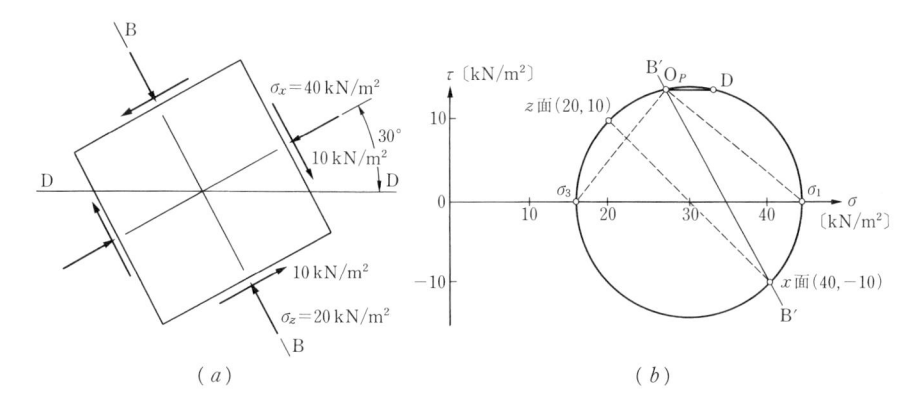

図 5.26

② これらの点を結ぶ線分を直径とする円を描く。
③ 点 $(40, -10)$ を通り，応力 $(\sigma_x = 40, \tau_{xz} = -10)$ が作用する面 (B-B) に平行な線 B′-B′ を描く。
④ B′-B′ とモール円との交点が極 O_P を与える。
⑤ 主応力 (σ_1, σ_3) は，モール円と σ 軸の交点の値である。
⑥ O_P と σ_1 および O_P と σ_3 を結ぶ線が，主応力面に平行な線となる。
⑦ O_P を通り D-D に平行な線を描き，モール円と交わる点 D が D-D 面の応力を与える。　　◇

例題 5.14　例題 5.13 を計算式によって解け。

【解答】　式 (5.34) および式 (5.35) により，D-D 面の応力が求められる。代入する数値は，$\sigma_x = 40$, $\sigma_z = 20$, $\tau_{xz} = -10$, $\theta = 60°$ である。せん断応力の負符号は，図 5.22 に記した x 面のせん断応力の方向を正としたことによる。また，θ は $\sigma_x = 40$ が作用する X 面の法線と D-D 面の法線のなす角である。計算結果は，$\sigma_D = 33.7\,\mathrm{kN/m^2}$, $\tau_D = 13.7\,\mathrm{kN/m^2}$ となる。

主応力およびその方向は式 (5.36) と式 (5.37) に，同じく上記の値を代入して得られ，$\sigma_1 = 44.1\,\mathrm{kN/m^2}$, $\sigma_3 = 15.9\,\mathrm{kN/m^2}$, $\theta = 22.5°$ となる。以上の結果を図示すると，応力状態は図 5.27 のように表される。　　◇

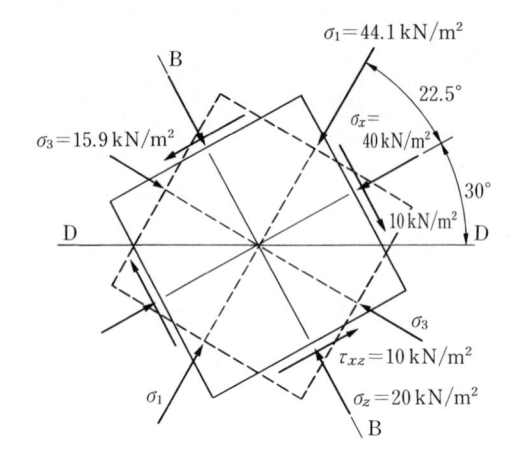

図 5.27 例題 5.13 の応力状態図

演習問題

【1】 地盤調査の結果, 地盤は図 5.2 に示すような地層構成で, 各地層の土質データは問表 5.1 のようであった。また, 地下水位は深さ 1.5 m にあり, その上の不飽和部分の含水比は $w = 15\%$ であった。深さ $z_3 = 9.5$ m における点 A の鉛直応力 (σ_z) を, 全応力と有効応力について求めよ。ただし, 水の単位体積重量は $\gamma_w = 9.8$ kN/m³ とする。

問表 5.1 各層の土質データ

	土質	層厚	土粒子の比重	間隙比
地層 1	砂	3.5 m	2.72	0.8
地層 2	粘 土	2.5 m	2.64	1.8
地層 3	シルト	4.0 m	2.70	1.2
基盤岩：花こう岩				

【2】 問図 5.1 に示す深さ 5 m の湖の, 湖底下 3 m の点 A に作用する鉛直応力 (σ_z) を, 全応力と有効応力について求めよ。ただし, 湖底地盤の土質特性は図示のとおりである。

【3】 地表面に $P = 100$ kN の集中荷重が作用するとき, 荷重作用点から 3 m 離れた点の直下 5 m における, この荷重による鉛直応力 (σ_z), 半径方向応力 (σ_r), 円周方向応力 (σ_θ), せん断応力 (τ_{rz}) を求めよ。ただし, $\nu = 0.25$ とする。

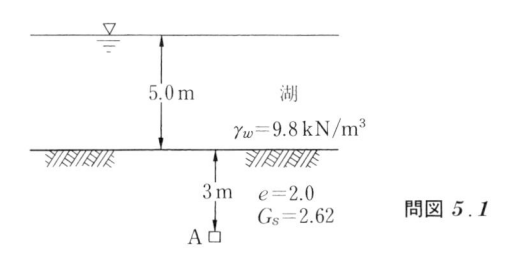

```
                        ▽
                    ┌─────────┐
                    │  5.0 m  │       湖
                    │         │    γ_w = 9.8 kN/m³
                    └────┬────┘
               ////////  │  ////////
                      3 m │   e = 2.0
                         │   G_s = 2.62      問図 5.1
                         A
```

【4】 地表面に $q' = 1\,000$ kN/m の線荷重が作用するとき，線荷重から直角方向に 5 m 離れた点の直下 10 m における，この荷重による鉛直応力 (σ_z)，水平方向応力 (σ_x)，せん断応力 (τ_{xz}) を求めよ．

【5】 問図 5.2 に示すような断面の帯状等分布荷重 ($q = 200$ kN/m²) が地表面に作用しているとき，地盤内の点 A_1, A_2, A_3 におけるこの荷重による鉛直応力 (σ_z)，水平方向応力 (σ_x)，せん断応力 (τ_{xz}) を求めよ．

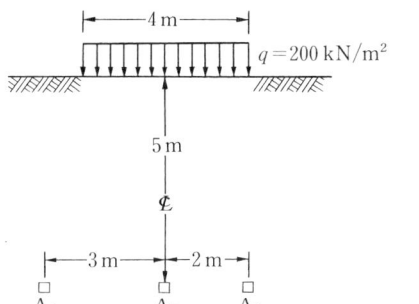

問図 5.2

【6】 問図 5.3 に示すような盛土荷重による地盤内の鉛直応力 (σ_z) を，地点 A, B, C, D についてオスターバーグの図表を使って求めよ．ただし，盛土の単位体積重量は $\gamma_t = 18$ kN/m³ とする．

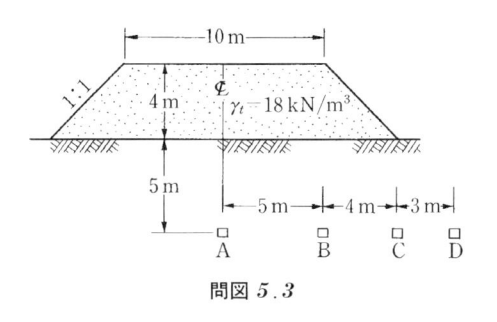

問図 5.3

問図 5.4

【7】 問図 5.4 に示すような底面形の構造物による分布荷重が，$q = 100\,\text{kN/m}^2$ であるとき，地点 A，B の直下 10 m における鉛直応力 (σ_z) を，ニューマークの図表を使って求めよ。

【8】 地盤上に直径 20 m の円形等分布荷重 $q = 200\,\text{kN/m}^2$ を作用させる。地盤を構成している土の単位体積重量が $18\,\text{kN/m}^3$ であるとした場合，円中心線上の深さ 10 m における鉛直応力を，荷重載荷前と載荷後について求めよ。

【9】 地盤上に作用する荷重 (q) のため，地盤内の深さ (z) における応力状態が問図 5.5 に示すようであった。この地点における主応力の大きさと方向を，計算式により，および，モールの応力円を正確に描いて求めよ。さらに，図 5.27 と同様の応力状態図を描け。

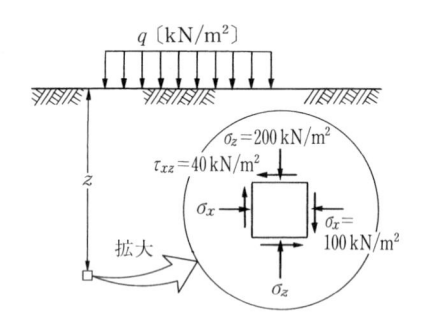

問図 5.5

【10】 問題【9】において，z 面から反時計回りに 45°傾いた面（A-A）上の応力 (σ, τ) をモールの応力円と極を使って求めよ。
【11】 問題【10】を計算式によって解け。
【12】 問題【5】の応力状態について，それぞれの主応力とその方向を，計算式により，および，モールの応力円を描いて求めよ。さらに，図 5.27 と同様の応力状態図を描け。
【13】 例題 5.11 の図 5.24 (a) において，$\sigma_1 = 30\,\text{kN/m}^2$，$\sigma_3 = 10\,\text{kN/m}^2$ とした場合，最大主応力面から反時計回りに 60°傾いた面（D-D）の応力 (σ, τ) を，モールの応力円と極を使って求めよ。
【14】 問題【13】を計算式によって解け。

6

圧密と地盤沈下

　透水性のよくない飽和土層をもつ地盤に上載荷重が加わると，地盤内の間隙水圧が変化して圧力勾配が生じ，間隙水が排出して土層が圧縮される圧密現象が起こる。本章ではそのような圧密による地盤沈下の大きさと所要時間を予測する理論と手法について学ぶ。

6.1 圧縮と圧密

　一般に，物体に圧縮力を加えたとき，物体が縮むことを**圧縮**（compression）という。図 **6.1** は物体に破壊しない程度の圧縮力を加えた場合の圧縮応力とひずみの関係である。図（a）に示すようにコンクリートや鋼に圧縮力を加えた場合は，変位量も少なく，力を取り除くと，もとの状態に戻る弾性的な挙動を示す。これに対し，図（b）に示すように間隙をもつ土に圧縮力を加えた場合，変位が時間とともに生じ，力を取り除いても，もとの状態に戻らない塑性的な挙動を示す。土に圧縮力を加えた場合の圧縮変形は，間隙の体積の減少で圧縮が生じる場合と，7章で述べるように，せん断力による形状の変

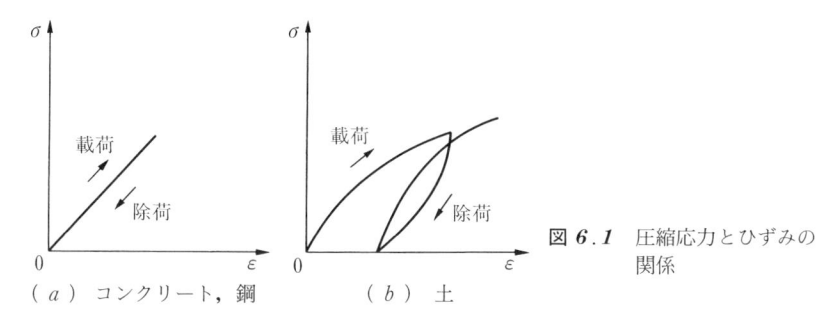

図 **6.1** 圧縮応力とひずみの関係

（a）コンクリート，鋼　　（b）土

化で圧縮が生じる場合（せん断変形）に分けて考えられる。

本章で述べる圧密は，前者の一定の外力により間隙の体積が減少し圧縮が生じる場合である。なお，11章で述べるように，機械的な繰返し応力を加えることにより，間隙中の空気を追い出して圧縮を行う場合を**締固め**と呼んでいる。

図6.2は，飽和した砂地盤および粘土地盤に荷重が作用した場合の変形量（沈下量）と経過時間の関係である。砂地盤の場合は，透水性が高く水の移動が容易であるため変形量は少なく，変形は短時間に収束する。これに対して粘土地盤では，間隙比が大きく透水性が低いので，変形量（沈下量）は大きく，変形が長時間にわたる。このように，透水性の低い飽和した土の場合，土の自重や載荷荷重によって，土中の間隙水が徐々に排出されながら圧縮される現象を**圧密**（consolidation）という。

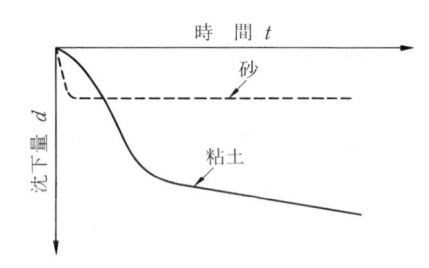

図6.2 沈下量と時間の関係

このように，粘土地盤の場合には，大きな変形（沈下）が長期にわたって生じるため工学的に重要な問題となることが多い。したがって，粘土地盤上に建設された構造物によって生じる圧密沈下量や沈下の継続時間を推定することが，設計や施工の実務において必要となる。

6.2 土の圧密現象

6.2.1 飽和粘土の圧密現象の概念

飽和粘土の圧密現象の概念は，**図6.3**に示すテルツァギ（Terzaghi）の圧密模型（モデル）によって説明される。飽和粘土を断面積が一定の圧密容器（シリンダー）に入れ，上部より載荷応力pを加えた場合の状態をモデル化し

6.2 土の圧密現象

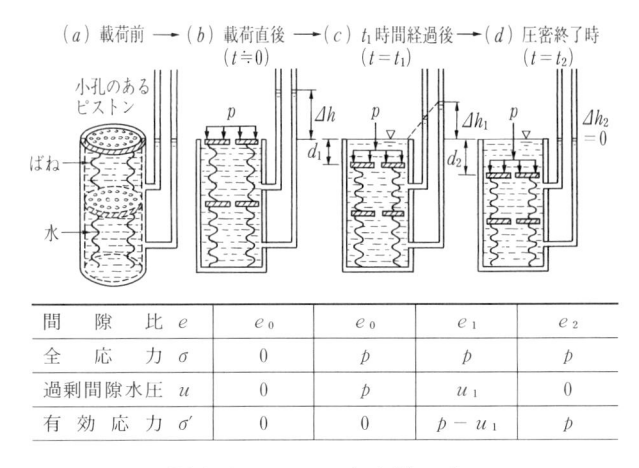

図6.3 テルツァギの圧密モデル

間隙比 e	e_0	e_0	e_1	e_2
全応力 σ	0	p	p	p
過剰間隙水圧 u	0	p	u_1	0
有効応力 σ'	0	0	$p-u_1$	p

たものである。スプリングは土粒子で形成される土の骨格構造を，シリンダー内の水は土中の間隙水を，ピストンにあけた小穴は土の透水性をそれぞれ示す。試験では沈下量 d とシリンダーに取り付けたピエゾメーターにより水位 h を測定する。土粒子の骨格に作用する応力を有効応力 σ'，間隙水に作用する圧力を間隙水圧 u とし，この両者を合わせた応力を全応力 σ として表す。このモデルに荷重を加えた場合の時間的な挙動はつぎのように説明される。

〔1〕 **載荷直後の状況** ピストンの孔が小さい（透水性が低い）ため，水はすぐに排出されないので，水の粘性が抵抗してピストンは下がらず，スプリングは変形しない。したがって，加えられた載荷応力 p は，すべて間隙水圧 u として伝わり，ピエゾメーターの水位が $\Delta h = u/\gamma_w$ だけ上昇する。したがって，この場合の有効応力は $\sigma' = 0$ として表される〔図(b)〕。

〔2〕 **ある時間経過後の状況** ある時間経過すると孔から水が徐々に排出されるので，加えられた応力に応じてスプリングが変形しピストンが d_1 だけ沈下する。そして，スプリングが受けた応力分だけ間隙水圧が減少し，ピエゾメーターの水位が低下する（$\Delta h_1 = u_1/\gamma_w$）。したがって，この場合の有効応力は $\sigma' = p - u_1$ として表される〔図(c)〕。

〔3〕 **圧密終了後の状況** さらに時間が経過すると，間隙水圧 u が0に

なり，ピエゾメーターの水位は載荷前の位置に戻り，孔からの排水も止まる。このとき，載荷応力 p はすべてスプリングに作用しているものと考えられる。したがって，この場合の有効応力は $\sigma' = p$ となる〔図 (d)〕。

以上のモデルで示した圧密過程の応力と変位の時間的変化を図 6.4 に示す。飽和粘土の圧密は，加えられた応力によりいったん上昇した間隙水圧が排水を伴って時間とともに減少し，土の間隙が圧縮（収縮）され，最終的には間隙水圧が 0 になったとき（加えられた応力がすべて有効応力に変換されたとき）に圧縮が終了する現象である。この過程で増減する間隙水圧は，過度的に発生する水圧であるので**過剰間隙水圧**と呼ばれる。

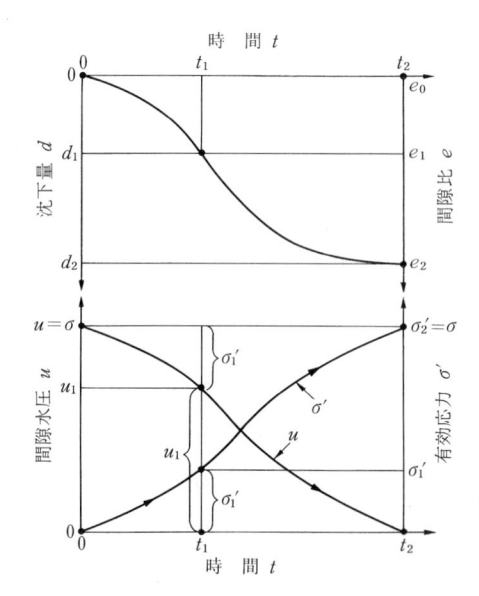

図 6.4 圧密による沈下量，間隙水圧，有効応力の変化

しかし，実際の飽和粘土では図 6.5 に示すように，過剰間隙水圧が 0 になり，有効応力が一定になった後も圧縮が進行する現象がみられる。この現象は，本来の圧密を**一次圧密**と呼ぶのに対応づけて**二次圧密**と呼ばれる。図 6.5 では，点 X に至るまでの過程を一次圧密，それ以降が二次圧密である。一次圧密は過剰間隙水圧の消散に伴う有効応力の増加により生じるものであり，二次圧密は一定の有効応力のもとに生じる土粒子骨格のクリープ変位であ

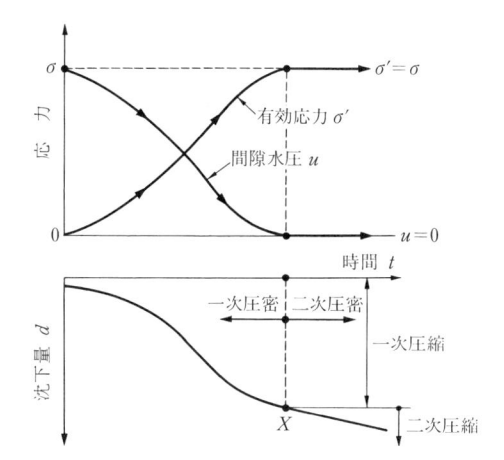

図 6.5　一次圧密と二次圧密

ると考えられている。二次圧密の原因として，粘土粒子の表面を覆っている吸着水層の粘性すべりや土粒子骨格の粘性抵抗などが考えられている。

6.2.2　土の圧縮特性

いま，図 6.6 のように p_1 なる圧力を受けていた高さ h_1，間隙比が e_1 の粘土試料（断面積 A）に，Δp の圧力を増加して圧密したところ，Δh だけ圧縮され，間隙比が e_2，高さが $h_2 (= h_1 - \Delta h)$ に変化したとする。この場合の間隙比は以下のように表される。ただし，この土供試体の乾燥質量を m_s，土粒子の密度を ρ_s とする。

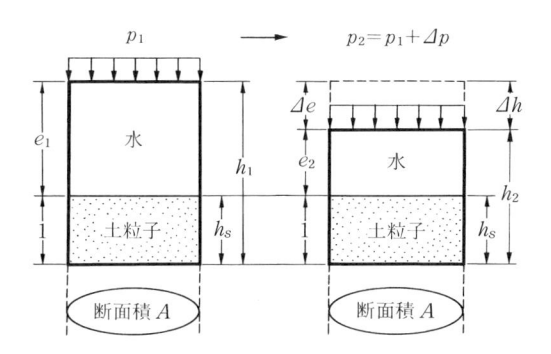

図 6.6　圧密による間隙比の変化

$$e_1 = \frac{V_{v1}}{V_s} = \frac{h_1 A - h_s A}{h_s A} = \frac{h_1}{h_s} - 1 \tag{6.1}$$

$$e_2 = \frac{V_{v2}}{V_s} = \frac{h_2 A - h_s A}{h_s A} = \frac{h_2}{h_s} - 1 \tag{6.2}$$

ここに，土粒子部分の高さ h_s は式（6.3）で表される．

$$h_s = \frac{m_s}{\rho_s A} \tag{6.3}$$

このように，粘土の圧縮性は間隙比の変化量のみで考えることができる．しかし，同じ増分荷重が作用した場合でも土の種類によって間隙比の変化量が異なるため，土の圧縮性は，増分荷重に対する間隙比の変化量の割合で表さなければならない．

荷重増加の各段階で圧密が終了したときの間隙比 e と上載荷重 p の関係を示すと図 **6.7**（a），（b）のようになる．図（a）に示すように土は非弾性であるため，普通目盛（e-p 曲線）にプロットすると曲線となるが，図（b）に示すように横軸を片対数目盛（e-$\log p$ 曲線）で示すとほぼ直線で示される．ここで，図（a）の普通目盛の e-p 曲線の勾配は**圧縮係数** a_v と呼ばれ，式（6.4）で表される．

$$a_v = \frac{e_1 - e_2}{p_2 - p_1} = \frac{\Delta e}{\Delta p} \tag{6.4}$$

また，増分荷重に対する体積ひずみの割合は**体積圧縮係数** m_v と呼ばれ，式（6.5）で表される．

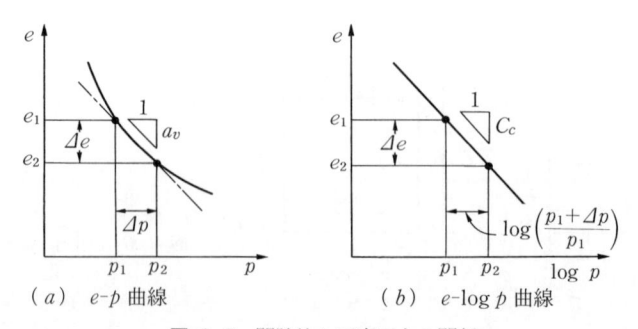

図 **6.7** 間隙比と圧密圧力の関係

$$m_v = \frac{\varepsilon_v}{\Delta p} = \frac{\Delta V/V_1}{\Delta p} = \frac{\Delta h/h_1}{\Delta p} = \frac{\Delta e/(1+e_1)}{\Delta p} = \frac{a_v}{1+e_1} \quad (6.5)$$

体積圧縮係数 m_v は弾性係数 E の逆数に相当する。すなわち，弾性係数は材料の硬さ（変形しにくさ）を表すのに対し，体積圧縮係数は圧縮しやすさを表す。圧縮係数や体積圧縮係数の値は，圧力 p の大きさによって異なる。

図 (b) に示す e-$\log p$ 曲線の直線部分の勾配は，**圧縮指数** C_c と呼ばれ式 (6.6) で表される。

$$C_c = \frac{e_1 - e_2}{\log_{10} p_2 - \log_{10} p_1} = \frac{\Delta e}{\log_{10}\{(p_1 + \Delta p)/p_1\}} \quad (6.6)$$

図 **6.8** は粘土，シルト，砂の e-$\log p$ 曲線である。砂の圧縮指数 C_c は粘土に比べてきわめて小さく，圧密で生じる沈下量は非常に小さいことがわかる。

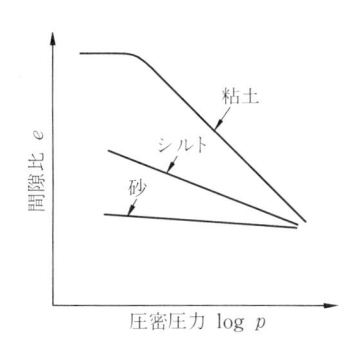

図 **6.8** 各種の土の圧縮性の比較

6.3 圧密の時間的経過とその理論

6.3.1 テルツァギの一次元圧密理論

テルツァギは圧密の進行の様子を前述の圧密モデルで説明するとともに，圧密の時間的経過を理論的に導いた。図 **6.9** に示すように水平な粘土地盤の表面に一様な等分布荷重が載荷されたとき，過剰間隙水圧の分布は鉛直方向のみに変化し，間隙水の流れも鉛直方向に限定される一次元圧密を考える。

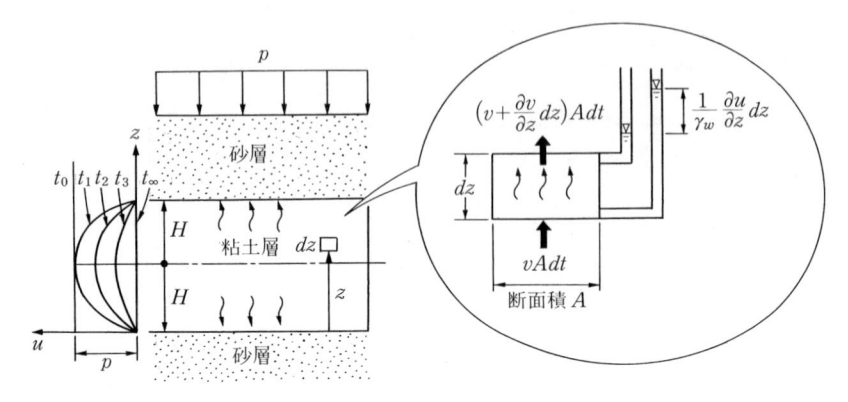

図 6.9 粘土層の圧密の概念図

深さ z における面積 A をもつ厚さ dz の微小要素に底面より間隙水が流入し，上面から流出するものとする．それらの流速を v および $v+(\partial v/\partial z)dz$ とすると，dt 時間中に生じる流入量と流出量の差 Δq は式（6.7）で表される．

$$\Delta q = \left(v + \frac{\partial v}{\partial z} dz \right) A dt - vAdt = \frac{\partial v}{\partial z} dz A dt \qquad (6.7)$$

また，これらの流入流出間で生じる損失水頭 h を間隙水圧 u で表すと $h = u/\gamma_w$ であり，この場合，動水勾配 i は $-\partial h/\partial z$ であるから，流速 v はダルシーの法則により式（6.8）で表される．

$$v = ki = -k\frac{1}{\gamma_w}\frac{\partial u}{\partial z} \qquad (6.8)$$

したがって，式（6.8）を式（6.7）に代入することにより，微小要素からの排水量 Δq は式（6.9）で表される．

$$\Delta q = -\frac{1}{\gamma_w}\frac{\partial}{\partial z}\left(k \frac{\partial u}{\partial z} \right) dz A dt \qquad (6.9)$$

つぎに，排水によって生じる土の体積収縮量について考える．排水によって生じる土の微小要素の体積収縮 ΔV は，6.2 節で述べたように間隙部分の収縮によるものである．したがって，dt 時間中に生じる体積収縮量 ΔV は，$V = Adz$ であり $\Delta V/V = \Delta e/(1+e)$ であるから式（6.10）で表される．

$$\Delta V = -\frac{1}{1+e}\frac{\partial e}{\partial t} A\,dz\,dt \qquad (6.10)$$

さて，土は完全に飽和されているものと仮定しているから，式 (6.10) の ΔV は式 (6.9) の排水量 Δq と等しくなければならない．したがって，つぎの関係式が成立する．

$$\frac{k}{\gamma_w}\frac{\partial^2 u}{\partial z^2} = \frac{1}{1+e}\frac{\partial e}{\partial t} \qquad (6.11)$$

式 (6.11) は圧密現象を支配する基本式である．圧密過程において，全応力 $\sigma = p$ は時間的に変化しないので，図 **6.4** からもわかるように間隙水圧の減少量 Δu と有効応力の増加量 $\Delta \sigma'$ は等しい．

$$\Delta u = \Delta \sigma' \qquad (6.12)$$

ところで，土の体積変化 ΔV は土粒子骨格の圧縮特性に関係するから，有効応力 $\Delta \sigma'$ と体積ひずみ $\Delta \varepsilon_v$ は m_v で関係づけられ，式 (6.5) を参考にすれば式 (6.13-a) が成り立つ．

$$\Delta \sigma' = \frac{1}{m_v}\Delta \varepsilon_v = \frac{1}{m_v}\frac{\Delta e}{1+e} \qquad (6.13\text{-}a)$$

したがって，式 (6.12) の関係より式 (6.13-b) が成り立つ．

$$\Delta u = \frac{1}{m_v}\frac{\Delta e}{1+e} \qquad (6.13\text{-}b)$$

ここに，Δu と Δe はともに減少量であり，時間 dt に生じる間隙水圧の変化は式 (6.14) で表される．

$$\frac{\partial u}{\partial t} = \frac{1}{m_v}\frac{1}{1+e}\frac{\partial e}{\partial t} \qquad (6.14)$$

式 (6.14) を式 (6.11) に代入すると式 (6.15) が得られる．

$$\frac{\partial u}{\partial t} = c_v \frac{\partial^2 u}{\partial z^2} \qquad (6.15)$$

ここに

$$c_v = \frac{k}{m_v\,\gamma_w} \qquad (6.16)$$

これが，テルツァギによって導かれた一次元圧密方程式である．c_v は**圧密**

係数と呼ばれ，土の圧密時間を支配する係数である。

6.3.2　一次元圧密方程式の解

式（6.15）の一次元圧密方程式の解はいくつかの初期条件，境界条件を満足しなければならない。これらの条件は，粘土層内の間隙水圧の分布および排水条件（片面排水，両面排水）によって定まる。図 6.9 に示すような砂層に挟まれた厚さ $2H$ の粘土層の初期条件，境界条件は以下のとおりである。

① $z=0$, $z=2H$ において $u=0$
② $t=0$ において $u=u(z)$

これらの条件に対して式（6.15）を解くと解は式（6.17）のようになる。

$$u = \sum_{n=1}^{\infty} \left(\frac{1}{H} \int_0^{2H} u(z) \sin \frac{n\pi z}{2H} dz \right) \left(\sin \frac{n\pi z}{2H} \right) \exp \left(\frac{-n^2 \pi^2}{4} T_v \right)$$

(6.17)

ここに，H は最大排水距離であり，図のように両面排水の場合は粘土層厚の半分である。また，片面排水の場合は粘土層厚に等しくなる。式（6.17）において T_v は**時間係数**と呼ばれ

$$T_v = \frac{c_v \, t}{H^2} \tag{6.18}$$

である。式（6.17）および式（6.18）によって任意の時刻 t における z なる位置における間隙水圧 u を計算できる。

6.3.3　圧　密　度

図 6.10 に示すように，粘土層に一定の荷重が載荷された場合，一次圧密に対する任意の時間までの圧密量の程度を**圧密度** U_z で表し，式（6.19）で定義する。

$$U_z = \frac{e_1 - e}{e_1 - e_2} = \frac{\sigma'}{p} = \frac{p - u}{p} = 1 - \frac{u}{p} \tag{6.19}$$

したがって，圧密度 U_z は間隙水圧 u に関係し，式（6.17）より時間係数 T_v の関数として表され，式（6.20）で表される。

6.3 圧密の時間的経過とその理論

図 6.10 圧密度の概念図

U_z	T_v	
	ケース①	ケース②
0.1	0.008	0.048
0.2	0.031	0.090
0.3	0.071	0.115
0.4	0.126	0.207
0.5	0.197	0.281
0.6	0.287	0.371
0.7	0.403	0.488
0.8	0.567	0.652
0.9	0.848	0.933

図 6.11 圧密度と時間係数の関係

$$U_z = f(T_v) = f\left(\frac{c_v\, t}{H^2}\right) \tag{6.20}$$

圧密度 U_z と時間係数 T_v の関係は，式（6.17）の T_v に任意の値を与えて u を計算し，式（6.19）より求められる．**図 6.11** は種々の初期間隙水圧分布に対する圧密度 U_z と時間係数 T_v の関係を示している．

6.4 圧密試験と整理法

6.4.1 試験方法

圧密試験は，粘土地盤の圧密沈下量や圧密沈下時間を推定するために，粘土の圧縮性と圧密速度に関する定数（圧密係数・体積圧縮係数・圧縮指数など）を求めることを目的とする。すなわちこの試験は，層厚が数メートルに及ぶ粘土層での圧密の進行と，小さな供試体の示す圧密の進行が同じであると仮定した一種の模型実験である。

標準的な圧密試験は，粘土地盤から採取した試料を直径6 cm，高さ2 cmの円板形の供試体に成形し，図 6.12 に示すような側方が拘束された圧密リングに入れ，透水性の多孔板（ポーラスストーン）を上下面に当てて両面排水とし，段階的に荷重を増加させながら載荷し，変位計（ダイヤルゲージ）により供試体の圧縮量を測定する試験である。

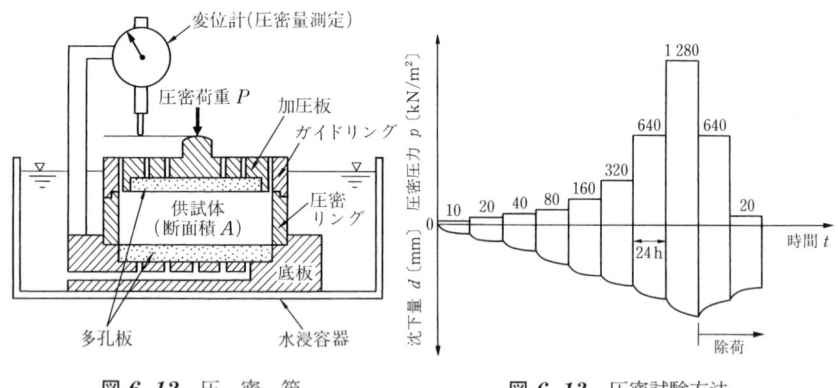

図 6.12 圧密箱

図 6.13 圧密試験方法

試験方法は図 6.13 に示すように，一段階での載荷時間は24時間とし，荷重の増やし方は前段階の2倍の荷重（荷重増加率 $\Delta p/p = 1$）を次段階で載荷する。なお，最大の圧密荷重は，その土試料が地中で受けていた土被り圧に新たな構造物などから受ける増加圧力を加えた値以上にする。通常10，20，40，

80, 160, 320, 640, 1 280 kN/m² の 8 段階が標準とされている。各荷重段階での沈下量の読取り時間は 6, 9, 15, 30 (秒), 1, 1.5, 2, 3, 5, 7, 10, 20, 30, 40 (分), 1, 1.5, 2, 3, 6, 24 (時間) が標準とされている。また，最終荷重段階の試験終了後，2 段階ぐらいに分けて荷重を除去して膨張量を測定する。

6.4.2 試験結果の整理

以上の試験データを各荷重段階ごとに整理することによって，圧密沈下量や圧密時間を推定するのに必要な係数が求められる。

〔1〕 **圧密係数 c_v の求め方** 圧密時間の推定に必要な圧密係数 c_v は，各荷重段階ごとに得られる圧密沈下量-時間のグラフより所定の圧密度に達するのに必要な時間 t を求め，式 (6.18) より式 (6.21) で求められる。

$$c_v = \frac{T_v H^2}{t} \tag{6.21}$$

所定の圧密度に対する t を決定する方法には，つぎに示す $\sqrt{t}$ 法と曲線定規法の 2 種類がよく用いられる。

1) **$\sqrt{t}$ 法** 図 6.14 に示すように，各荷重段階での沈下量と時間の関係を縦軸に沈下量 d を普通目盛で，横軸に時間 t の平方根 $\sqrt{t}$ をとり，d-$\sqrt{t}$ 曲線を描く。実験曲線の初期の直線部分を延長して縦軸との交点を初期補正値 d_0 とし，その点から 1.15 倍の勾配をもつ直線と実験曲線との交点の座標値を，圧密度 $U_z = 90\%$ に対する時間 t_{90} および沈下量 d_{90} とする。なお，排水距離 H は両面排水であるので $H'/2$ となり，H' は各荷重段階における供試体の平均高さを用いる。また，図 6.11 の曲線①より圧密度 $U_z = 90\%$ に対応する時間係数は $T_v = 0.848$ である。したがって，各荷重段階での圧密係数 c_v は式 (6.22) で求められる。

$$c_v = \frac{0.848\,(H'/2)^2}{t_{90}} \tag{6.22}$$

ここに，$H' = \dfrac{H_0' + H_1'}{2}$, $H_1' = \left(H_0' - \dfrac{10}{9}d_{90}\right)$

116   6. 圧密と地盤沈下

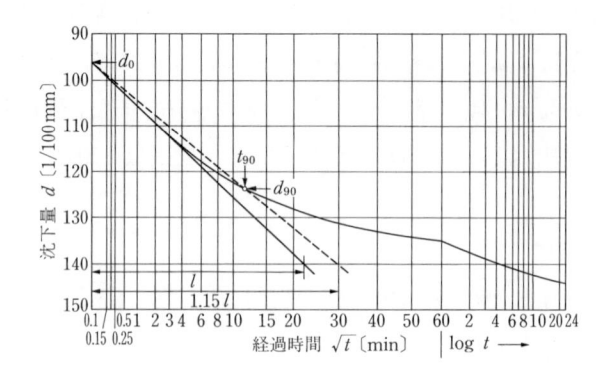

図 6.14 $\sqrt{t}$ 法

H_0'：その荷重段階における供試体の初期高さ〔cm〕，H_1'：その荷重段階での一次圧密終了後の供試体高さ〔cm〕。

2) 曲線定規法　図 6.15 に示すように，各荷重段階での沈下量と時間の関係を，縦軸に沈下量 d を算術目盛で，横軸に時間 t を対数目盛でとり，d-$\log_{10} t$ 曲線を描く。この d-$\log_{10} t$ 曲線を描いたものと同じ片対数紙（トレーシングペーパー）に圧密度 U のスケールを変えた多数の理論曲線を描いた曲線定規（図 6.16）に実験曲線を重ね，それらの曲線が交差しないで最も長く合うものを選び，圧密度 $U_z = 50\%$ に対する時間 t_{50} および沈下量 d_{50}，そして圧密度 $U_z = 100\%$ に対する沈下量 d_{100} を求める。排水距離は両面排水であるので $H'/2$ となる。H' は各荷重段階における供試体の平均高さである。

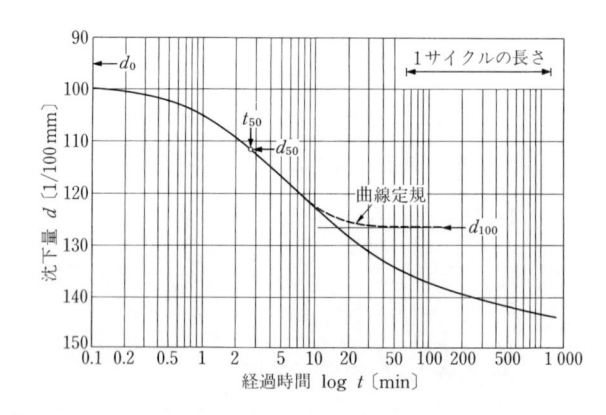

図 6.15　曲線定規法

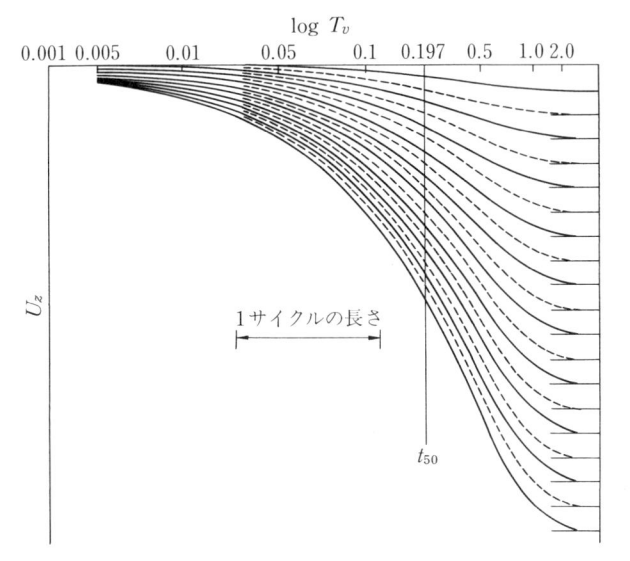

図 6.16 曲線定規

また，圧密度 $U_z = 50\%$ の時間係数は $T_v = 0.197$ である。したがって，各荷重段階での圧密係数 c_v は式 (6.23) で求められる。

$$c_v = \frac{0.197\,(H'/2)^2}{t_{50}} \tag{6.23}$$

〔2〕 **体積圧縮係数 m_v の求め方**　体積圧縮係数 m_v は，式 (6.5) より，供試体の断面積が一定であるから，圧縮ひずみ ε_v と増加応力 Δp の比として式 (6.24) で求められる。

$$m_v = \frac{\varepsilon_v}{\Delta p} = \frac{\Delta h/h'}{\Delta p} \tag{6.24}$$

ここに，Δh はその荷重段階における圧縮量，h' はその荷重段階における供試体の平均高さであり，各荷重段階ごとに m_v が求められる。

〔3〕 **透水係数 k の求め方**　各荷重段階での圧密係数 c_v と体積圧縮係数 m_v がわかれば，透水係数 k は式 (6.16) より式 (6.25) で求められる。

$$k = c_v\, m_v\, \gamma_w \tag{6.25}$$

〔4〕 **間隙比 e の求め方および e-$\log p$ 曲線の描き方**　各荷重段階の間

隙比 e は供試体の乾燥質量 m_s，土粒子の密度 ρ_s，初期高さ h_1，各荷重段階での圧密量 Δh を測定しておけば，式 (6.2) より順次計算できる。これらの各荷重段階ごとに得られた最終の間隙比 $e(=e_2)$ を縦軸に，圧密圧力 p を横軸に対数目盛で表すと，図 6.17 のような e-$\log p$ 曲線が描ける。

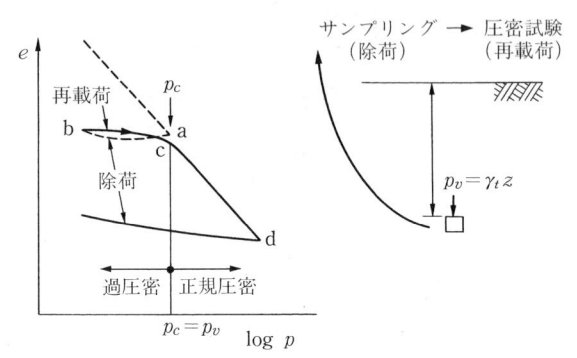

図 6.17 不撹乱試料の e-$\log p$ 曲線

〔5〕 **圧密降伏応力の求め方**　図の曲線は原位置の粘土層（深さ z）から不撹乱試料を採取して，室内の圧密試験を実施して得られたものである。不撹乱試料を採取すると，地盤中で受けていた応力（土被り圧）から解放されて膨張する。図の a→b の経路は応力除荷により膨張した経路を，b→c は再載荷による再圧縮の経路を示しており両者はほぼ同じ経路をたどり，弾性的な挙動を示している。これに対し，c→d の経路は塑性的な挙動を示している。つまり，点 c の圧密圧力で土は弾性状態から塑性状態に変化したことを示している。この点の圧力を**圧密降伏応力** p_c と呼ぶ。このように，土の圧密進行の挙動は圧密降伏応力 p_c を境に大きく異なる。圧密降伏応力 p_c の求め方には，キャサグランデ法と三笠法がある。

1) キャサグランデ法〔図 6.18 (a)〕の手順

① e-$\log p$ 曲線の折れ曲がり部分の最大曲率の点 A を決める。
② 点 A から水平線 AB および点 A での接線 AC を引く。
③ 水平線 AB と接線 AC の 2 等分線 AD を引き，C_c を求めた直線の延長との交点 E を求める。
④ 交点 E の横座標より圧密降伏応力 p_c が求められる。

6.4 圧密試験と整理法　119

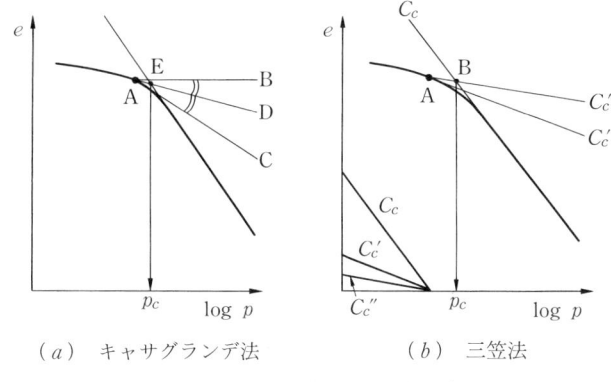

（a）キャサグランデ法　　　（b）三笠法

図 **6.18**　圧密降伏応力の求め方

なお，キャサグランデ法は世界的に用いられている方法であるが，縦軸の間隙比 e のスケールを変えると最大曲率の点 A が変わり，p_c の値が異なるので e のスケールのとり方に注意が必要である。

2)　**三笠法**〔図 **6.18**（b）〕の手順

① e-$\log p$ 曲線の C_c より $C_c' = 0.1 + 0.25 C_c$ を計算し，C_c' の勾配を有する直線と e-$\log p$ 曲線と接する接点 A を求める。

② 点 A を通って $C_c'' = C_c'/2$ なる勾配の直線を引き，この直線と C_c を求めた直線の延長との交点 B を求める。

③ 交点 B の横座標より圧密降伏応力 p_c が求められる。

なお，図 **6.17** に示すように，現在受けている土被り圧 p_v が，圧密降伏応力 p_c 以上の場合を**正規圧密**といい，そのような粘土を正規圧密粘土という。また，現在受けている土被り圧 p_v が圧密降伏応力 p_c より小さい場合を**過圧密**といい，そのような粘土を過圧密粘土という。なお，この圧密降伏応力 p_c と現在受けている土被り圧 p_v との比を**過圧密比** $n = p_c/p_v$ と呼ぶ。正規圧密状態における過圧密比は $n=1$ である。

〔**6**〕　**圧縮指数 C_c，膨張指数 C_s の求め方**　　圧縮指数 C_c は式(6.6)より，e-$\log p$ 曲線の正規圧密領域における直線部分の勾配で与えられる。横軸は常用対数目盛なので，直線部分上の p_1 に対する e_1 と $p_2 = 10 p_1$ に対する e_2

を読み取ることによって，圧縮指数 C_c は式(6.26)のように求められる。

$$C_c = \frac{e_1 - e_2}{\log_{10} p_2 - \log_{10} p_1} = \frac{e_1 - e_2}{\log_{10} 10 p_1 - \log_{10} p_1} = e_1 - e_2 \quad (6.26)$$

また，膨張指数 C_s は e-$\log p$ 曲線の応力除荷時（過圧密領域）における直線部分の勾配で与えられる。

例題 6.1 図 6.19 に示す e-$\log p$ 曲線において，圧密降伏応力 p_c，圧縮指数 C_c および膨張指数 C_s を求めよ。

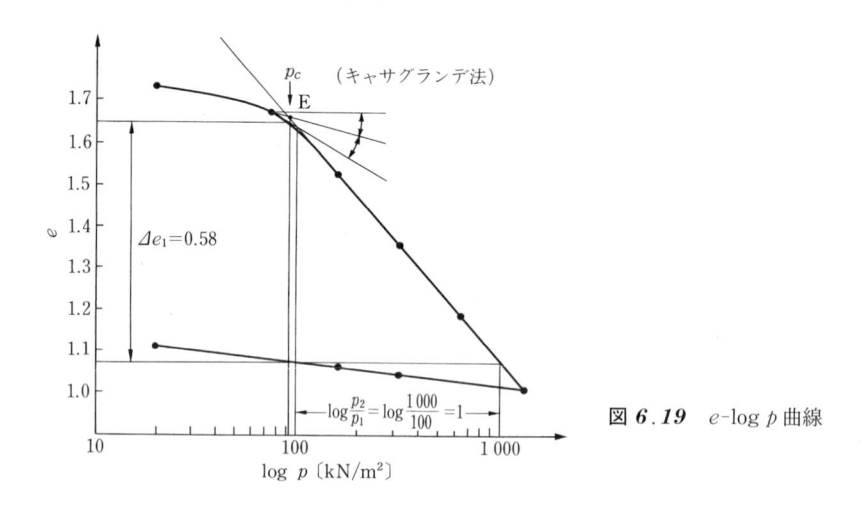

図 6.19 e-$\log p$ 曲線

【解答】 図に示すように，圧密降伏応力 p_c はキャサグランデ法で求めると $p_c = 95 \text{ kN/m}^2$ である。また，圧縮指数 C_c および膨張指数 C_s は式（6.26）よりつぎのように求められる。

$$C_c = \frac{0.58}{\log_{10} 1\,000 - \log_{10} 100} = 0.58$$

$$C_s = \frac{0.05}{\log_{10} 1\,000 - \log_{10} 100} = 0.05$$

◇

6.5 地盤の圧密沈下量および圧密沈下時間の算定

圧密沈下量や圧密沈下時間の算定は，前述した圧密試験結果を用いて行われ

る。ある粘土層の中心面から試料を採取し，その試験結果を粘土層の代表値とみなし，粘土層全体の沈下量や沈下時間を算定する。

6.5.1 圧密沈下量の計算

圧密沈下量の計算には，つぎの三つの方法が用いられる。

〔1〕 **e-$\log p$ 曲線を用いる方法**　圧密試験で得られた e-$\log p$ 曲線より，圧密圧力の変化に対する間隙比の変化量を読み取り圧密沈下量を計算する方法である。例えば，層厚 H の粘土層の中央に作用している圧密前の有効土被り圧が p_0，間隙比が e_0 であり，増分荷重 $\varDelta p$ により圧密沈下が生じ有効土被り圧が $p_0 + \varDelta p$，間隙比が e_1 となった場合の圧密沈下量 S は式 (6.27) で表される。

$$S = H \frac{e_0 - e_1}{1 + e_0} \tag{6.27}$$

例題 6.2　上下砂層に挟まれた厚さ 5 m の粘土層がある。現在の間隙比が 2.00 であり，上載荷重によって圧密されて間隙比が 1.50 になるとする。この粘土層の沈下量を求めよ。

【解答】　式 (6.27) より

$$S = H \frac{e_0 - e_1}{1 + e_0} = 5 \times \frac{2.00 - 1.50}{1 + 2.00} = 0.83 \text{ m} \qquad \diamondsuit$$

〔2〕 **体積圧縮係数 m_v を用いる方法**　式 (6.24) より，層厚 H の粘土層の載荷前後の平均圧密圧力に対する体積圧縮係数を m_v とすると，増分荷重 $\varDelta p$ による圧密沈下 S は式 (6.28) で表される。

$$S = m_v \varDelta p H \tag{6.28}$$

例題 6.3　層厚 5 m の粘土層が $p = 50 \text{ kN/m}^2$ の有効圧密圧力を受けていた。有効応力が $\varDelta p = 30 \text{ kN/m}^2$ 増加すると圧密沈下量はいくらか。ただし，この粘土層の体積圧縮係数は $m_v = 0.002 \text{ m}^2/\text{kN}$ である。

【解答】 式 (6.28) より
$$S = m_v \Delta p H = 0.002 \times 30 \times 5 = 0.3 \, \text{m}$$
◇

〔**3**〕 **圧縮指数 C_c，膨張指数 C_s を用いる方法**　　図 **6.20**（a）に示すように，正規圧密状態にある層厚 H の粘土層（間隙比 e_0，圧縮指数 C_c）の中央に作用している圧密前の有効土被り圧が p_0，増分荷重 Δp により圧密沈下が生じ，有効土被り圧が $p_0 + \Delta p$ となった場合の圧密沈下量 S は式(6.29)で表される。

$$S = H \frac{C_c}{1 + e_0} \log \frac{p_0 + \Delta p}{p_0} \qquad (6.29)$$

同図（b）に示すように，過圧密状態にある層厚 H の粘土層（間隙比 e_0，圧縮指数 C_c，膨張指数 C_s，圧密降伏応力 p_c）の中央に作用している圧密前の有効土被り圧が p_0，増分荷重 Δp により圧密沈下が生じ，有効土被り圧 p_0

（a）正規圧密の場合　　　　　　（b）過圧密の場合

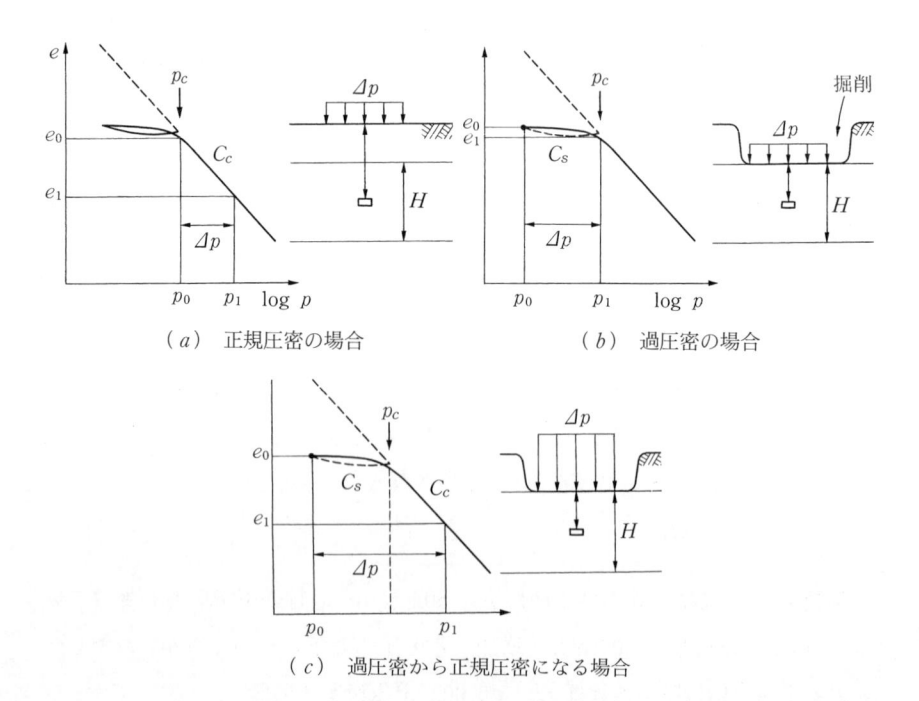

（c）過圧密から正規圧密になる場合

図 **6.20**　粘土の圧密沈下

$+\Delta p$ が圧密降伏応力 p_c を超えない場合の圧密沈下量 S は式 (6.30) で表される。

$$S = H\frac{C_s}{1+e_0}\log\frac{p_0+\Delta p}{p_0} \tag{6.30}$$

また同図 (c) に示すように，有効土被り圧 $p_0+\Delta p$ が圧密降伏応力 p_c を超える場合の圧密沈下量 S は式 (6.31) で表される。

$$S = \frac{H}{1+e_0}\left(C_s\log\frac{p_c}{p_0} + C_c\log\frac{p_0+\Delta p}{p_c}\right) \tag{6.31}$$

例題 6.4 層厚 $H=5\,\mathrm{m}$ の正規圧密状態にある粘土層上に構造物が建設されることになった。築造される前の粘土層中央部の有効土被り圧は $p_0=50\,\mathrm{kN/m^2}$，間隙比 $e_0=2.0$ であった。構造物が築造されることにより増加する有効圧密圧力は $\Delta p=30\,\mathrm{kN/m^2}$ である。構造物の築造によって生じる圧密沈下量 S を求めよ。ただし，粘土層の圧縮指数は $C_c=0.4$ である。

また，この粘土層が過圧密状態にある場合の圧密沈下量 S を求めよ。ただし，圧密降伏応力は $p_c=70\,\mathrm{kN/m^2}$，膨張指数 $C_s=0.04$ とする。

【解答】 正規圧密の場合の圧密沈下量 S は式 (6.29) より求まる。

$$S = H\frac{C_c}{1+e_0}\log\frac{p_0+\Delta p}{p_0} = 5\times\frac{0.4}{1+2.0}\log\frac{50+30}{50} = 0.136\,\mathrm{m}$$

また，有効土被り圧 $p_0+\Delta p$ が圧密降伏応力 p_c を超える場合の圧密沈下量 S は式 (6.31) より求まる。

$$\begin{aligned}S &= \frac{H}{1+e_0}\left(C_s\log\frac{p_c}{p_0} + C_c\log\frac{p_0+\Delta p}{p_c}\right)\\ &= \frac{5}{1+2.0}\left(0.04\times\log\frac{70}{50} + 0.4\times\log\frac{50+30}{70}\right) = 0.048\,\mathrm{m}\end{aligned}$$

◇

6.5.2 圧密沈下時間の算定

圧密沈下量の時間的な進行は，**図 6.11** で示した圧密度 U_z と時間係数 T_v の関係をもとに，つぎのような手順で算定することができる。

6. 圧密と地盤沈下

〔1〕 任意の圧密度に達するのに要する時間の算定

① 圧密試験結果から圧密係数 c_v を求める。
② 任意の圧密度に対する時間係数 T_v を図 **6.11** より求める。
③ 粘土層の最大排水距離 H を求める（片面排水の場合は粘土層厚，両面排水の場合は粘土層厚の半分）。
④ 任意の圧密度に達するのに要する時間 t は，式 (6.18) より式 (6.32) で求められる。

$$t = \frac{T_v H^2}{c_v} \qquad (6.32)$$

〔2〕 任意時間経過したときの粘土層の圧密沈下量の算定

① 粘土層の最終圧密沈下量 S を式 (6.27)～(6.29) によって求める。
② 圧密試験結果から圧密係数 c_v を求める。
③ 任意の時間 t に対する時間係数 T_v を式 (6.18) より求める。
④ 求められた T_v に対する圧密度 U_z を図 **6.11** より求める。
⑤ したがって，任意の時間経過したときの粘土層の圧密沈下量 S_t は式 (6.33) より求められる。

$$S_t = S U_z \qquad (6.33)$$

例題 6.5 両面が砂層に挟まれた層厚 8 m の粘土層がある。この粘土の圧密係数は $c_v = 60.5 \, \text{cm}^2/\text{day}$ である。この粘土層上に構造物が築造され，最終圧密沈下量は $S = 90 \, \text{cm}$ と推定される。つぎの問に答えよ。

① 最終沈下量の半分の沈下量に達するのに要する時間 $t\text{[day]}$ を求めよ。
② この場合の半年後（180 日）の粘土層の圧密度および沈下量を求めよ。
③ 粘土層の下面が不透水地盤で片面排水のとき，時間係数は両面排水と同じとすると，問①，② はどのようになるか。

【解答】

① $t = \dfrac{T_v H^2}{c_v} = \dfrac{0.197 \times 400^2}{60.5} = 521 \, \text{day}$

② $T_v = \dfrac{c_v\,t}{H^2} = \dfrac{60.5 \times 180}{400^2} = 0.068$ したがって，$U_z = 29\%$

$S_t = S U_z = 90 \times 0.29 = 26.1\,\text{cm}$

③ ① 片面排水であるので H が2倍になり，t は4倍になる。すなわち
$t = 521 \times 4 = 2\,084$ 日

② $T_v = \dfrac{60.5 \times 180}{800^2} = 0.017$ より $U_z = 15\%$，したがって $S = 13.5\,\text{cm}$ ◇

演 習 問 題

【1】 ある粘土の圧密試験の結果，つぎの**問表 6.1** を得た。それぞれの荷重段階における間隙比 e，圧縮係数 a_v，体積圧縮係数 m_v を求めよ。また，e-$\log p$ 曲線を描き，圧密降伏応力 p_c および圧縮指数 C_c を求めよ。ただし，供試体の初期直径 $D_0 = 6.0\,\text{cm}$，初期高さ $h_0 = 2.0\,\text{cm}$，比重 $G_s = 2.67$，試験後の湿潤質量 $m = 84.09\,\text{g}$，乾燥質量 $m_s = 37.60\,\text{g}$ とする。

問表 6.1 圧密試験結果

荷重 p 〔kN/m²〕	沈下量 〔cm〕
0	0
9.8	0.020
19.6	0.049
39.2	0.116
78.4	0.252
156.8	0.423
313.6	0.581
627.2	0.731
1254.4	0.864

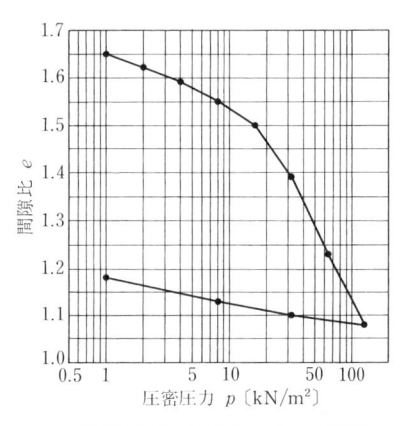

問図 6.1 粘土の e-$\log p$ 曲線

【2】 ある粘土の圧密試験で**問図 6.1** の e-$\log p$ 曲線を得た。つぎの問に答えよ。

① $p = 30\,\text{kN/m}^2$ から $\Delta p = 30\,\text{kN/m}^2$ の有効応力の増加を受けたときの圧縮係数 a_v，体積圧縮係数 m_v を求めよ。

② 圧縮指数 C_c，膨張指数 C_s を求めよ。

③ 圧密降伏応力 p_c を求めよ。

④ この粘土層の厚さが 5 m であり，$p = 30\,\text{kN/m}^2$ から $\Delta p = 30\,\text{kN/m}^2$ の有効応力の増加を受けたときの圧密沈下量はいくらか。

【3】 層厚 10 m の正規圧密状態にある粘土層上に構造物が建設されることになった。築造前の有効圧密圧力は $p = 40 \text{ kN/m}^2$，間隙比 $e = 2.0$ であった。築造により増加する有効圧密圧力は $\Delta p = 30 \text{ kN/m}^2$ である。構造物の築造による圧密沈下量 S を求めよ。ただし，粘土層の圧縮指数 $C_c = 0.4$ である。

【4】 問題【3】の粘土層が先行圧密圧力 $p_c = 80 \text{ kN/m}^2$ を受けていた場合，構造物の築造による圧密沈下量 S を求めよ。ただし，膨張指数 $C_s = 0.05$ とする。なお，先行圧密圧力とは過去に受けた最大の圧密圧力のことで，圧密降伏応力とほぼ等しい。

【5】 問題【1】の圧密試験において，荷重 $p = 627.2 \text{ kN/m}^2$ の場合の時間-沈下量（ダイヤルゲージの読み）の関係は，**問表 6.2** のように得られた。$\sqrt{t}$ 法により圧密係数を求めよ。

問表 6.2 圧密試験結果

経過時間 t	沈下量 (100^{-1} mm)	経過時間 t	沈下量 (100^{-1} mm)
6 s	213	6 min	277
9 s	215	8 min	285
15 s	219	10 min	290
30 s	226	20 min	303
1 min	237	30 min	309
2 min	250	40 min	313
4 min	267		

【6】 上下面砂層に挟まれた 8 m の粘土層の中央部における有効応力は $p = 50 \text{ kN/m}^2$ であった。この粘土層上に構造物が築造され有効応力が $\Delta p = 30 \text{ kN/m}^2$ 増加した。この粘土の体積圧縮係数は $m_v = 2.0 \times 10^{-3} \text{ m}^2/\text{kN}$，圧密係数は $c_v = 60 \text{ cm}^2/\text{day}$ であった。つぎの問に答えよ。
  ① この粘土層の最終沈下量はいくらか。
  ② 最終沈下量の半分の沈下量に達するのに要する時間は何日であるか。
  ③ 1 年後の圧密沈下量はいくらか。
  ④ この粘土層の下面が不透水地盤である場合，時間係数は両面排水と同じとすると，問②，③はどのようになるか。

【7】 両面排水条件にある厚さ 4 m の粘土層がある。この粘土層より採取した試料により圧密試験を行い，厚さ 2 cm の供試体が 50 % 圧密するのに 15 分かかった。この粘土層が 90 % 圧密するのに何日かかるか。

【8】 問図 6.2 に示すように，ある地盤に正方形のべた基礎が建設された。つぎの

問に答えよ。ただし，載荷重による増加応力 Δp は載荷面の縁から $2:1$ の割合で広がり，水平面上で等分布するものとする。また，粘土層は正規圧密状態であり，間隙比 $e = 1.0$，圧縮指数は $C_c = 0.5$，水の単位体積重量は $\gamma_w = 10\,\mathrm{kN/m^3}$ とする。

① 粘土層中央部における有効土被り圧はいくらか。
② べた基礎の上載荷重による増加応力はいくらか。
③ 粘土層の圧密沈下量はいくらか。

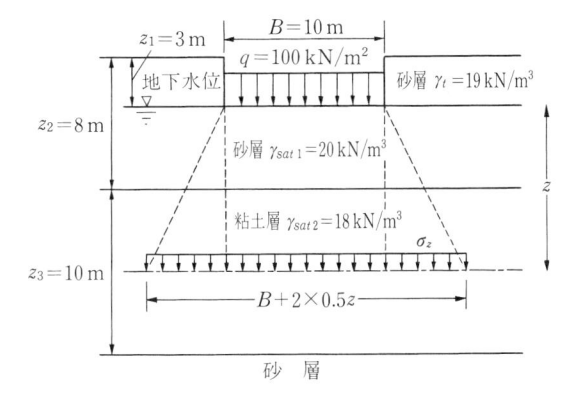

問図 6.2 地盤の応力分布図

7

土のせん断強さ

　構造物の築造による地盤の安定性は，地盤を構成する土のせん断強さによって判定される．本章では，そのような土の強度定数の求め方について学ぶ．

7.1　土の破壊と強さ

　土の供試体に軸荷重を加えると，試料内部にせん断応力が発生し，その応力の大きさに応じて土内部に滑りが生じ，試料は変形する．同時に，変形に抵抗しようとする力も生じる．この力を**せん断抵抗**（shearing resistance）と呼ぶ．軸荷重の増加とともにせん断応力が増加すると，せん断抵抗も大きくなる．しかし土のせん断抵抗の大きさには限度があり，外力によるせん断応力がその限度に達すると，土は平衡を保つことができなくなり破壊する．この限度を土の**せん断強さ**（shearing strength）という．

　土のせん断強さを扱う土質工学上の問題としては，擁壁や構造物に働く土圧の大きさ（8章），構造物基礎地盤の支持力（9章）および斜面の安定性評価（10章）がある．

　地盤上に構造物をつくったり地盤を掘削したりすると，地盤内の応力状態が乱れる．その応力状態がどのようになったら土は破壊するか，という条件を破壊基準という．本章では，その破壊基準を構成する土の強度定数の求め方について学ぶ．

7.2 土のせん断試験

土のせん断強さを試験的に求める方法として，採取試料について室内で行う試験と原位置地盤で直接行う試験がある。ここではそのうちの代表的なつぎの四つの方法について，試験手順と解析方法を解説する。
① 直接せん断試験（direct shear test）
② 三軸圧縮試験（triaxial compression test）
③ 一軸圧縮試験（unconfined compression test）
④ ベーン試験（vane shear test）

7.2.1 直接せん断試験

直接せん断試験のうちで，最も一般的に行われているのが一面せん断試験である。試験方法は**図 7.1** に示すように，上下2段に分かれた構造のせん断箱に試料を詰め，上部から垂直荷重を加えて圧縮した状態で，下箱を一定の速度で水平に移動させ，上箱にセットした検力計でその反力すなわちせん断抵抗力を測定するものである。試料は，一般的に直径6.0 cm，厚さ2.0 cmの円盤形に成形したものを用いる。

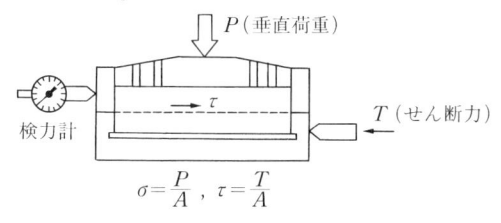

図 7.1 一面せん断試験機の概念図

垂直応力とせん断応力は式（7.1），（7.2）によって算出する。

$$\sigma = \frac{P}{A} \tag{7.1}$$

$$\tau = \frac{T}{A} \tag{7.2}$$

ここに，σ：垂直応力〔N/cm²〕，P：垂直荷重〔N〕，A：試料の水平断面積〔cm²〕，τ：せん断応力〔N/cm²〕，T：せん断力〔N〕。

試験結果は，図 *7.2* に示すようにせん断応力-水平変位曲線および垂直変位-水平変位曲線として整理され，この曲線のピーク応力から最大せん断応力が求められる。

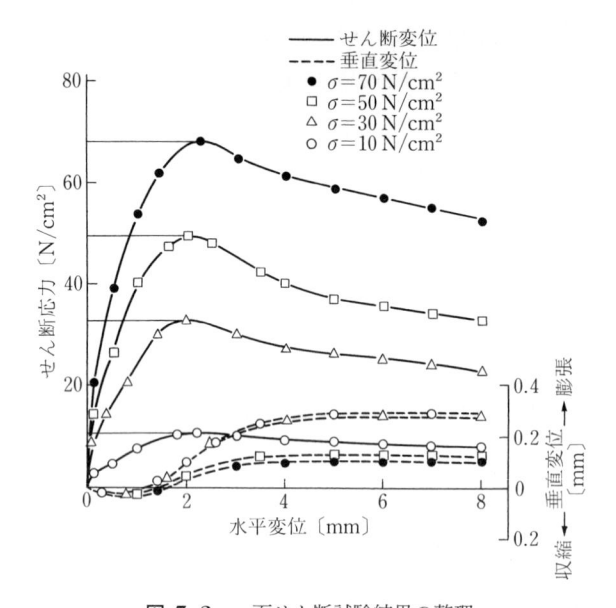

図 *7.2*　一面せん断試験結果の整理

このような試験を数段階の垂直荷重 P について実施し，それぞれの垂直応力 σ に対する最大せん断応力 τ を求め，それらを図 *7.3* に示すように，縦軸にせん断応力を横軸に垂直応力をとってプロットすると，1本の近似直線が得

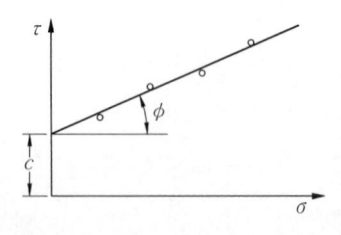

図 *7.3*　クーロンの破壊条件

られる．この関係は式（7.3）で表され，クーロンの**破壊基準**（failure criterion）と呼ばれる．

$$\tau = c + \sigma \tan\phi \tag{7.3}$$

ここに，c および ϕ は，それぞれ**粘着力**（cohesion）および**内部摩擦角**（angle of internal friction）と呼ばれ，近似直線の切片から c が，勾配から ϕ が求められる．これらを土の強度定数という．

この試験においては，試料をせん断箱の壁面で押すため，一つの面に沿ってせん断されず，ある幅をもったせん断領域で複雑にせん断され，せん断応力は均等に分布しない．また，せん断中に有効断面積 A が減少するなど欠点が多く，正確な強度定数が求められるとは限らない．しかし，試験が簡単であることおよび大形のせん断箱が容易に制作できることなどの理由で，実用的な方法として多用されている．

7.2.2 三軸圧縮試験

地盤中の応力状態を容易に再現でき，試料の排水条件の調節や間隙水圧の測定など，直接せん断試験の難点を除くことが可能なため，信頼度の高い試験法として広く用いられている．

試料を直径 3～5 cm，高さ 7～10 cm の円筒形に成形してゴムスリーブで包み，図 **7.4** に示すような三軸圧縮室にセットする．つぎに，圧縮室に加圧水を注入して供試体に拘束圧（σ_3）を加えた後，ピストンを通して軸方向に載荷（σ_d）して試料を破壊させる．試験の過程で，軸ひずみ ε，間隙水圧 u，体積変化 ΔV などが測定される．

この試験過程で試料に加えられている応力状態は，軸方向応力が最大主応力 $\sigma_1 (= \sigma_3 + \sigma_d)$，側圧が最小主応力 σ_3 となっている．同じ試料から数個の供試体を作成し，拘束圧 σ_3 を種々変えて同様の試験を実施して破壊時の σ_1 を求め，5 章 5.5 節で学んだモールの応力円を描いてそれらの包絡線を求めると，図 **7.5** のようになる．

この包絡線は破壊線であり，厳密には曲線となるが一般的には直線として描

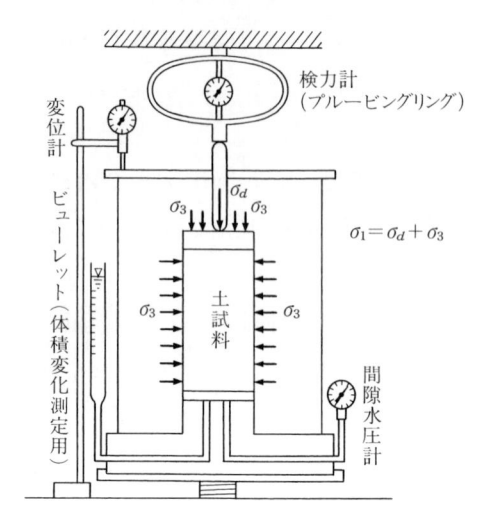

図 7.4　三軸圧縮試験装置

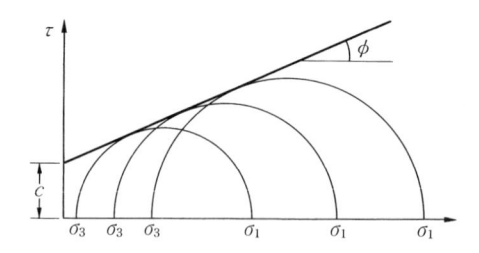

図 7.5　モール・クーロンの破壊条件

く。したがって，この包絡線は式（7.3）のクーロンの破壊線と同等であり，包絡線の勾配が内部摩擦角 ϕ を与え，縦軸との交点が粘着力 c を与える。破壊時のモールの応力円がこの破壊線に接することから式（7.4）が得られ

$$(\sigma_1 - \sigma_3) = (\sigma_1 + \sigma_3)\sin\phi + 2c\cos\phi \tag{7.4}$$

式（7.4）はモール・クーロンの破壊基準と呼ばれる。

三軸圧縮試験における供試体の破壊面は，図 7.6（a）に示すようにきれいなせん断面（A′B′）として現れる。図（b）にこの供試体の応力状態を表すモールの応力円を示すが，5章5.5節で学んだモールの応力円の極の考え方に従えば，σ_3 を与える A 点は極であるから，点 A を通り破壊面（A′B′）に平行な直線を描き，応力円との交点を B とすれば，この点が破壊面の応力 (σ, τ) を与える。

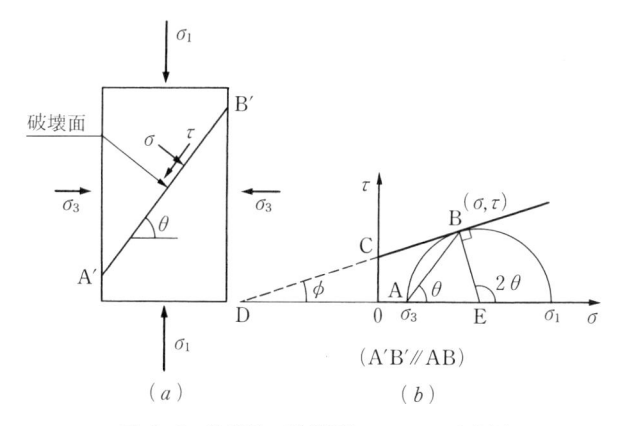

図 7.6 供試体の破壊面とモールの応力円

また，破壊面と最大主応力面とのなす角 (θ) は，図 (b) より

$$\theta = 45° + \frac{\phi}{2} \tag{7.5}$$

となることがわかる。最大せん断応力は $\theta = 45°$ の面で発生するが，内部摩擦角の影響でこの面のせん断抵抗がより大きくなるため，最大せん断応力面では破壊しないのである。

例題 7.1 図 7.6 (b) の幾何学的関係より式 (7.4) を誘導せよ。

【解答】 点 B は破壊面の応力状態を与えるから破壊線はこの点でモールの応力円に接する。したがって，三角形 BDE は直角三角形であり，$\overline{OC} = c$（粘着力），$\overline{DO} = c \cot \phi$，$\overline{OE} = (\sigma_1 + \sigma_3)/2$，$\overline{EB} = (\sigma_1 - \sigma_3)/2$ であるから，式 (7.6) が得られる。

$$\sin \phi = \frac{\overline{BE}}{\overline{DE}} = \frac{(\sigma_1 - \sigma_3)/2}{c \cot \phi + (\sigma_1 + \sigma_3)/2} \tag{7.6}$$

式 (7.6) を変形して式 (7.4) を得る。

ところで，複数個のモールの応力円を得てもそれらの包絡線を描くことが困難な場合が多い。そのような場合は以下のような方法で強度定数を求める。式 (7.6) を式 (7.7) のように変形する。

$$(\sigma_1 - \sigma_3) = \frac{2c \cos \phi}{1 - \sin \phi} + \frac{2 \sin \phi}{1 - \sin \phi} \sigma_3 \tag{7.7}$$

そこで，図 7.7 のように破壊時の最小主応力 σ_3 を横軸に，主応力差 ($\sigma_1 - \sigma_3$)

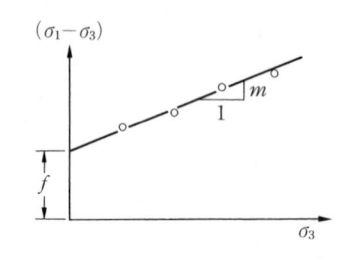

図 7.7 強度定数の求め方

を縦軸にとって一連の試験結果をプロットし，その近似直線を描く．直線の勾配を m，縦軸の切片を f とすれば，$f = 2c\cos\phi/(1-\sin\phi)$，$m = 2\sin\phi/(1-\sin\phi)$ であるから，これらを解いて式 (7.8) によって強度定数を求めることができる．

$$\sin\phi = \frac{m}{2+m}, \quad c = \frac{f}{2\sqrt{1+m}} \tag{7.8}$$

また，4章4.6節で学んだように地盤内の垂直応力は，有効応力という概念が重要であるので，いままでの全応力表示を有効応力表示にすると強度定数は変化し，その場合のクーロンの破壊条件は式 (7.9) で表される．

$$\tau = c' + \sigma'\tan\phi' = c' + (\sigma - u)\tan\phi' \tag{7.9}$$

ここに，u は間隙水圧，σ' は有効応力，c' および ϕ' は有効応力表示による粘着力と内部摩擦角である．モール・クーロンの破壊条件式 (7.4) も同様に有効応力で表示することができる． ◇

7.2.3 一軸圧縮試験

三軸圧縮試験の拘束圧が 0 ($\sigma_3 = 0$) の場合に相当する．したがって，破壊時のモールの応力円と破壊線の関係は図 7.8 のように描かれる．一軸圧縮試

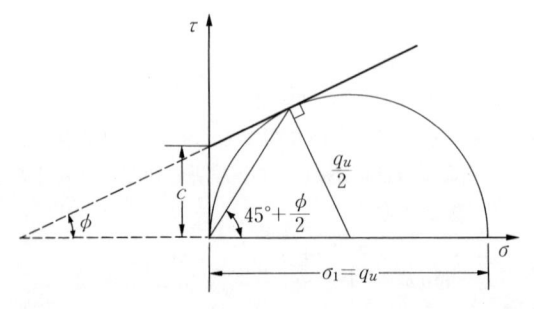

図 7.8 一軸圧縮試験におけるモールの応力円と破壊線

験における最大圧縮応力 σ_1 は，一軸圧縮強さ q_u と定義され，土の強度を表す重要な定数である。

式（7.6）と同様に，図 **7.8** の幾何学的関係から式（7.10）が得られる。

$$\sin\phi = \frac{q_u/2}{q_u/2 + c\cot\phi} = \frac{q_u}{q_u + 2c\cot\phi} \qquad (7.10)$$

式（7.10）を粘着力 c について解くと，式（7.11）のようになる。

$$c = \frac{q_u(1-\sin\phi)}{2\cos\phi} \qquad (7.11)$$

破壊面と最大主応力面とのなす角は，三軸試験の場合と同じく $\theta = 45° + \phi/2$ である。したがって，実際に破壊した試料の破壊面の角度 θ を測定して ϕ を求め，式（7.11）から粘着力 c が求められる。

飽和した正規圧密粘性土の一軸圧縮試験では，内部摩擦角が $\phi = 0$ であるので，図 **7.9** に示すように見掛けの粘着力 c_u（非排水強度）が式（7.12）のように得られる。

$$c_u = \frac{q_u}{2} \qquad (7.12)$$

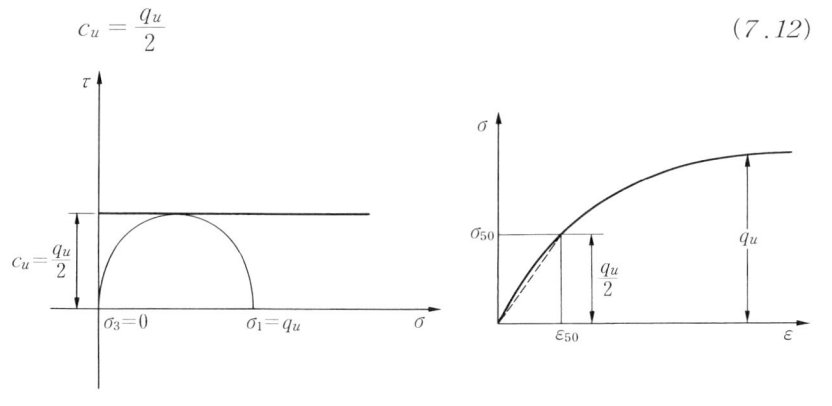

図 7.9 飽和粘性土の非排水強度（C_u）　　**図 7.10** 応力-ひずみ曲線と E_{50} の求め方

また，一軸圧縮試験では軸ひずみ ε が測定されるので，図 **7.10** に示す応力-ひずみ曲線より，変形係数 E_{50} を式（7.13）によって求めることができる。E_{50} は土の変形特性を表す重要なパラメータである。

$$E_{50} = \frac{q_u/2}{q_u/2 に相当するひずみ} \qquad (7.13)$$

一軸圧縮試験は，自然状態の乱さない試料，あるいは，練り返した試料で行われるが，これらのせん断強さは著しく異なる場合が多い．練り返した試料の強度の減少割合を鋭敏比（sensitivity）といい，式（7.14）で定義される．

$$S_t = \frac{q_u}{q_r} \qquad (7.14)$$

ここに，$S_t =$ は鋭敏比，q_u および q_r は**図 7.11** で定義されるそれぞれの試料の強度である．

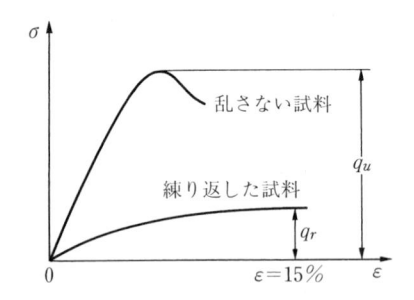

図 7.11 鋭敏比の定義

7.2.4 ベーン試験

きわめて軟弱な粘土地盤で，乱さない試料の採取が困難な場合に，原位置の地盤でせん断強さを求めるための試験である．試験機の原理は，**図 7.12** に示すように4枚の長方形の羽根（vane）を十字状に付けたロッドを地盤に差し込み，ロッドに回転力（トルク）を与えてその抵抗を測定するものである．

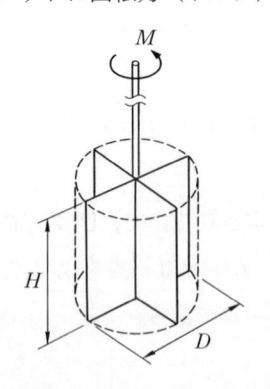

図 7.12 ベーンせん断試験機の原理

地盤内の土は羽根によって円柱形にせん断されるので、せん断時の最大トルクは、せん断された円柱形の土の上下の端面と円柱の周囲に発生したせん断応力のモーメントの合計に等しい。したがって、式（7.15）が成立する。

$$M_{\max} = \frac{\pi}{2}HD^2\tau + \frac{\pi}{6}D^3\tau \tag{7.15}$$

ここに、$M_{\max}$：ロッドに加えた最大トルク〔N・cm〕、τ：円柱の端面および円周面に一様に分布するとしたせん断応力、D：ベーンの全幅〔cm〕、H：ベーンの高さ〔cm〕。

式（7.15）を解いて、粘土のせん断強さ τ が式（7.16）より求められる。

$$\tau = \frac{M_{\max}}{\pi(D^2H/2 + D^3/6)} \tag{7.16}$$

粘土の内部摩擦角が $\phi = 0$ の場合は、式（7.16）によって求められる強度は粘着力 c に相当する。

7.3　粘性土のせん断特性

実際の地盤に構造物を築造するにあたって、その地盤のせん断破壊に対する安全性を検討するためには、採取試料に対して三軸圧縮試験を行うのが厳密な手段である。その際、もし地盤が粘性土である場合は、粘性土の透水係数の大小および最大排水距離と、構造物の施工速度の兼ね合いで、土中の間隙水が排出されない状態でのせん断特性や、十分排出された後のせん断特性を求めなければならない。したがって、粘性土のせん断特性を調べる三軸試験は、実際の施工手順を踏まえて、事前の圧密および試験中の排水条件を、目的に応じて設定しながら行われなければならない。

例えば、透水係数の小さい粘土地盤上に構造物を短期間に建設する場合のせん断に対する安全性の検討は、地盤は圧密する間もなく、せん断中に排水する間もないので、その採取試料に対する三軸試験は、非圧密・非排水の条件で行われる。このような試験を **UU 試験**（unconsolidated undrained test）とい

う。また，粘土地盤に広域な盛土を施工し，その上に構造物を短期間で施工する場合は，試料を十分に圧密した後，非排水の条件での試験結果が適用されなければならない。これを **CU 試験**（consolidated undrained test）という。さらに，構造物の施工速度によっては，圧密後排水条件での試験が必要となる場合もあり，これを **CD 試験**（consolidated drained test）という。

これら3種類の条件での三軸圧縮試験による粘性土のせん断特性について，以下に解説する。

7.3.1 非圧密非排水せん断特性

圧縮過程およびせん断過程とも非排水条件で行う飽和土の非圧密非排水せん断試験（UU 試験）は，一般に粘性土の非排水強度を求めるために行われる。非排水状態では，全応力の拘束圧 σ をいくら増やしても，それはすべて間隙水圧 u で受け持たれるので，有効応力 σ' は不変である。すなわち，**図 7.13** に示すようにいくつかの全応力によるモール円に対して，有効応力によるモール円はただ一つになる。この事実は，5章の式 (5.41) で示したせん断応力の式に，$\sigma_1 = \sigma_1' + u$, $\sigma_3 = \sigma_3' + u$ を代入してみても納得できよう。

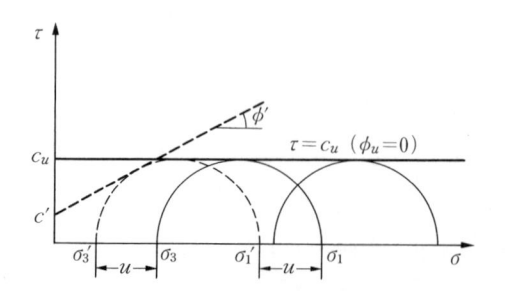

図 7.13 非圧密非排水せん断特性

なお，破壊時の有効応力によるモール円は，式 (7.9) に示した有効応力基準式に接しているはずである。全応力による破壊線は，図に示すように σ 軸に平行で，$\tau = c_u$ となる。ここに，c_u は粘着力である。

また，$\sigma_3 = 0$ とした一軸圧縮試験は，せん断速度が速いので UU 試験の一種であり，式 (7.12) に示したように，一軸圧縮強度の 1/2 が c_u となる。

7.3.2 圧密非排水せん断特性

事前に圧密して間隙水圧 u が消散した後に，せん断過程を非排水条件で行う圧密非排水せん断試験（CU試験）では，圧密によって土の有効応力は圧密応力 σ_3 に等しくなる。よって，全応力である圧密応力 σ_3 を大きくすれば有効応力も大きくなるので，せん断強さは増加して破壊時の軸応力 σ_1 は大きくなる。

したがって，図 **7.14** に示すように全応力によるモール円から正の強度定数を c_u, ϕ_{cu} を得る。また，せん断過程で試料の間隙水圧を測定すると，破壊時の有効応力円から，有効応力による強度定数 c', ϕ' を得ることができる。

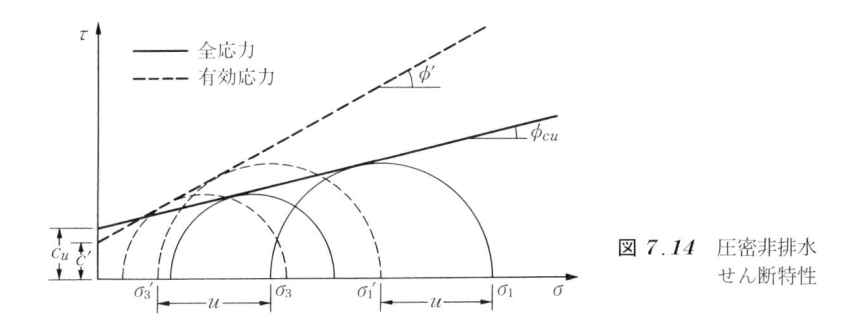

図 **7.14** 圧密非排水せん断特性

7.3.3 圧密排水せん断特性

試料を圧密させた後，せん断過程も間隙水圧が発生しないように排水条件で行う圧密排水せん断試験（CD test）では，間隙水圧はつねに 0 であるから，全応力と有効応力を区別する必要はない。これらは等しいと考え，この試験によって求められる強度定数を c_d, ϕ_d と表示する。

しかし，粘土の排水に時間がかかるため試験は長時間にわたり，それに耐える精度の高い試験装置が必要となるため，ふつうは行われない。

7.3.4 圧密圧力と土のせん断強さ

粘性土の間隙比と圧密圧力の関係を図 **7.15**（a）に示す。正規圧密曲線上の点 A から B に圧密し，A に等しい圧力まで除荷すると，点 A から間隙比 e の小さい過圧密状態 A′ が得られる。この過圧密状態にある土と正規圧密状態

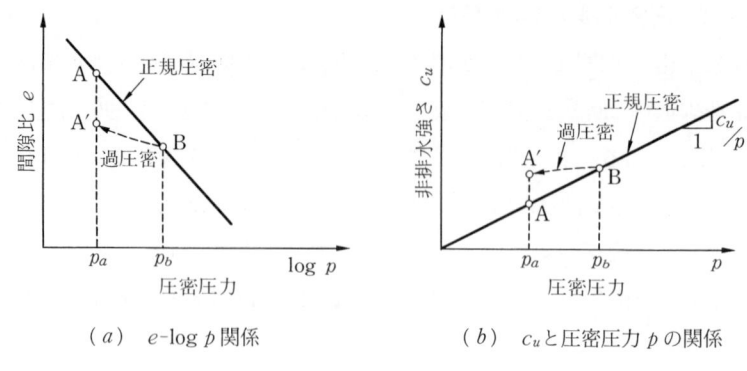

図 7.15 非排水強度と圧密圧力

(a) e-$\log p$ 関係

(b) c_u と圧密圧力 p の関係

にある土の非排水強度を示したのが図 (b) である。

点 A と B を結んだ線が正規圧密の非排水強度線であり，それは原点を通る直線となることが実験的に知られている。その直線の勾配 c_u/p は，非排水強度の増加の程度を示すことから強度増加率と呼ばれ，圧密による土の強度増加を推定するのに使われる。

点 B から圧密圧力を減少させて過圧密状態にすると，点 A′ に至り正規圧密の点 A より大きな強度を示す。これは点 A′ のほうが点 A より間隙比が小さく締まった状態であることから当然のことと理解できよう。

7.4 砂質土のせん断特性

砂のせん断特性は土粒子の詰まり方，すなわち密な砂か緩い砂かによって，その特性が大きく異なる。

7.4.1 砂のダイレイタンシー

排水条件のもとで，密な砂と緩い砂について直接せん断試験を行って得られる応力-水平変位曲線，および，垂直変位-水平変位曲線を図 **7.16** に示す。これらの結果によれば，密な砂では，応力-水平変位曲線にピークがみられる

7.4 砂質土のせん断特性

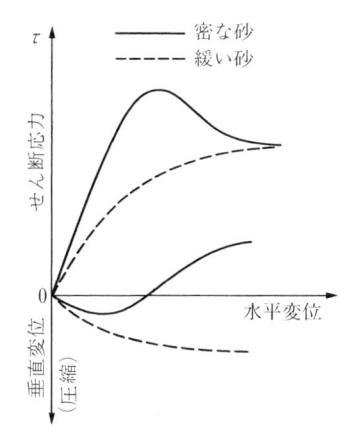

図 7.16 砂の直接せん断試験（排水条件）

が，緩い砂ではみられない。

また，垂直変位については，緩い砂はせん断中に圧縮されるが，密な砂ではある時点から膨張する現象がみられる。この理由は，**図 7.17**に示すように，緩い砂では，変形過程で砂粒子が間隙の凹部に落ち込んで密度が高まり体積が減少するが，密な砂では，せん断で砂粒子が移動するときに，他の砂粒子を乗り越えて膨張することに起因する。このような，せん断変形に伴う体積変化を**ダイレイタンシー**（dilatancy）という。

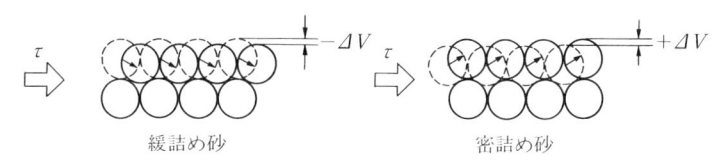

図 7.17 ダイレイタンシー現象

また，砂質土の破壊条件式は，式 (7.17) で表される。

$$\tau = \sigma \tan \phi \tag{7.17}$$

これはクーロンの式 (7.3) において粘着力が $c = 0$ の場合に相当する。また，排水条件におけるせん断試験中の間隙水圧は発生せず $u = 0$ であるから，垂直応力 σ は有効垂直応力 σ' に等しい。

7.4.2 限界間隙比

砂質土のせん断試験は，通常，排水条件で行う。間隙比が大きな緩詰め砂では，せん断中に排水が進んで体積が減少し，間隙比は小さくなる。また，間隙比の小さな密詰め砂では，体積膨張がみられる。したがって，その中間の状態で，せん断中に体積の収縮や膨張を起こさない密度をもつ間隙比が存在するはずである。それを限界間隙比という。

7.5 土の動的特性

7.5.1 土の動的荷重

盛土や構造物の重量は，建設中から出来上がりまで静的荷重として地盤に作用する。一方，基礎工事における杭の打設は，杭先端部の地盤に衝撃荷重を与え，周辺地盤は振動を受け，動的荷重として地盤に作用する。地盤の動的挙動を考える場合，外力に対し発生するひずみの大きさが強度に影響を及ぼす。動的荷重は急速載荷，繰返し荷重，振動荷重の3種類が考えられる。

地盤が急速載荷を受けるのは，波浪，船舶により岸壁が受ける受働土圧，杭基礎工事の打撃による杭先端の土などである。この場合，土の強度は一時的に増大する。地盤への繰返し荷重は，道路における交通荷重や鉄道荷重による路床土などがある。繰返し荷重によって，地盤変形や沈下が進行する。地盤への振動荷重は，地震波の伝播によるものが代表的である。地震時には地盤や構造物が振動し，土の強度や支持力の低下により，盛土の滑り破壊，砂地盤の液状化現象を起こす。

土の動的性質は間隙比，過圧密比などのほか，ひずみ，載荷速度，繰返し回数などが関係する。特にひずみの因子が重要で，ひずみの大きさに応じて種々の現象がみられる。ひずみが10^{-3}程度以上では弾塑性変形が生じ，またダイレイタンシー効果もみられる。強い地震時のひずみは$10^{-2}\sim10^{-4}$と大きく，土の性質は大きく変化する。

7.5.2　地盤の動的解析法

　地震力を受ける地盤構造物の挙動を解析する方法として，簡易手法の震度法と厳密な手法の応答解析法がある。震度法は対象とする土構造物を剛体とし，重量 W に水平震度 k を乗じた慣性力を地震動の方向に静的に加える方法である。震度法は斜面や土圧の安定解析に用いられる。応答解析法は，N 値 50 以上または横波速度 V_s が 300 m/s 以上の土の層を基盤として，それより上の表層地盤に対して適用される。応答解析法には，波動理論を用いた方法と集中質量法とがある。波動理論では，変位 u，時間 t，深さ z として，土の微小要素の運動を支配する基本方程式が式（7.18）のように表される。

$$\rho \frac{\partial^2 u}{\partial t^2} = G \frac{\partial^2 u}{\partial z^2} + \eta \frac{\partial^3 u}{\partial z^2 \partial t} \qquad (7.18)$$

　ここに，ρ は土の密度，G は土の剛性率，η は土の粘性係数である。

　式（7.18）を解くことにより，基盤に入射した地震波が，地盤を通して地表に至るまでにいかに増幅するか，および増幅率が最も高い地震波の周期はいくらか，などを解析的に求めることができる。

7.5.3　飽和砂の液状化現象

　液状化現象は，比較的間隙比の大きな緩詰めの飽和砂質地盤が，繰返しせん断を受けると地盤中の間隙水圧が上昇し，土粒子間の結合材である細粒土の見掛けの粘着力が消失し，さらに透水性がよくなり，土中水の流れが活発になって土粒子の骨格構造が壊され，摩擦抵抗力がなくなって発生する。

　液状化による地盤災害は，流動化している土砂の比重よりも重いものは沈下し，軽いものは浮き上がる。したがって建物は沈み，埋設されている配水管などは浮き上がる。また地盤深くに飽和砂質地盤があり，その上層に硬質土層や硬質粘土層があり，閉塞された状態で地震載荷を受けると，地盤変動による土圧と間隙水圧の上昇で，飽和砂質地盤の間隙水圧が高まり，破壊した地盤の裂け目から砂を噴出する。これは液状化による噴砂現象と呼ばれる。

　飽和砂の液状化特性を検討するために，非排水繰返し三軸圧縮が行われる。

試験は,まず,三軸セル内で円柱形試料を等方圧 $\sigma_1 = \sigma_3 = \sigma_c$ で圧密し,飽和度を高めるためにバックプレッシャーを加えてから,軸方向に軸差応力 σ_d を繰り返し載荷する。

試験例として図 7.18 (a) に,繰返し試験における応力比と応力繰返し回数の関係を示す。供試体の応力比として 45°面のせん断応力 $\sigma_d/2$ をその面に垂直に作用する拘束圧 σ_c で除し正規化した値 $\sigma_d/(2\sigma_c)$ を用いている。図 (b) は,繰返し載荷回数と間隙水圧比 (u/σ_c) の関係を表すが,載荷 6 回目で拘束圧に等しい値に達している。この状態を初期液状化という。図 (c) の軸ひずみ変化は,最初は小さく,図 (b) の初期液状化付近から急に増加している。これは有効応力の低下により,供試体強度も低下したことを示している。

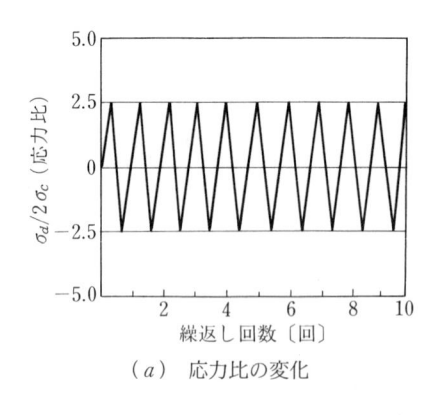

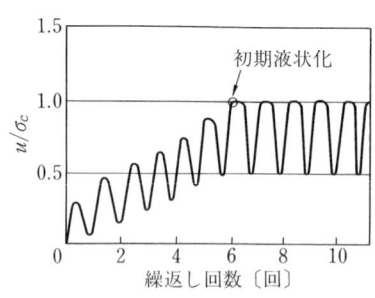

(a) 応力比の変化

(b) 応力制御による間隙圧比の変化
($u/\sigma_c = 1.0$ で初期液状化)

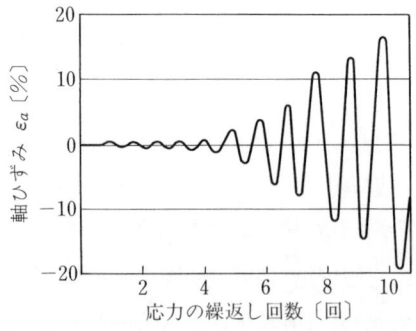

(c) 軸ひずみと応力の繰返し回数の関係

図 7.18 非排水繰返し三軸圧縮試験例

演　習　問　題

【1】 3種類の試料について一面せん断試験を実施したところ，破壊時の荷重として**問表 7.1**のような結果を得た．それぞれのせん断応力-垂直応力関係図を描き，内部摩擦角 ϕ と粘着力 c を求めよ．ただし，試料の断面積は $A=28$ cm^2 とする．

問表 7.1

垂直荷重 P 〔N〕		100	200	300	400
せん断力 T 〔N〕	No. 1	76	81	89	95
	No. 2	62	82	100	120
	No. 3	36	70	104	140

【2】 式（7.7）および式（7.8）を誘導せよ．

【3】 同じ試料から成形された3個の供試体についての三軸圧縮試験から，**問表 7.2** のような結果が得られた．全応力表示によるモールの応力円を描き，その包絡線から粘着力 c と内部摩擦角 ϕ を求めよ．

問表 7.2

試料	拘束圧 σ_3 〔N/cm^2〕	最大軸差応力 σ_d 〔N/cm^2〕
No. 1	10.0	18.0
No. 2	20.0	34.0
No. 3	30.0	50.0

【4】 問題【3】の試験結果に対して，式（7.8）を適用して c および ϕ を求めよ．

【5】 式（7.4）から σ_1 および σ_3 を求める式を誘導せよ．

【6】 三軸圧縮試験によって，$c = 2.0$ N/cm^2，$\phi = 23°$ の粘性土を $\sigma_3 = 10$ N/cm^2 で破壊させるには，σ_1 をいくらにすればよいか．

【7】 問題【3】の試料について，$\sigma_3 = 40.0$ N/cm^2 とした場合は，軸差応力 σ_d はいくらで破壊するか．

【8】 三軸圧縮試験において，$\sigma_1 = 300$ N/cm^2，$\sigma_3 = 100$ N/cm^2 のとき最大せん断応力はいくらか．また，それが作用する面の方向を求めよ．

【9】 高さ 100 mm，直径 50 mm の試料に対する一軸圧縮試験の結果を**問表 7.3** に示す．応力-ひずみ曲線を描き，一軸圧縮強度（q_u）とそれに対応するひずみ（ε_f），および変形係数（E_{50}）を求めよ．

問表 7.3

圧縮力〔N〕	変位〔mm〕	圧縮力〔N〕	変位〔mm〕	圧縮力〔N〕	変位〔mm〕
0	0	272	1.50	374	3.00
56	0.25	297	1.75	380	3.25
110	0.50	322	2.00	379	3.50
160	0.75	340	2.25	375	3.75
200	1.00	355	2.50	365	4.00
236	1.25	365	2.75	350	4.25

【10】問題【9】において,せん断破壊面の傾きが最大主応力面に対して 55° であった。この試料の内部摩擦角と粘着力はいくらか。

【11】飽和した正規圧密粘土地盤上に,等分布荷重 $q = 50\,\text{kN/m}^2$,載荷幅 10 m の帯状荷重が作用する。①粘土の飽和単位体積重量が $\gamma_{sat} = 16\,\text{kN/m}^3$,地盤の土圧係数が $K = 0.5$ であるとき,載荷幅の中心下 3 m の位置での載荷前の応力状態をモールの応力円で示せ。②同じ位置での載荷後の応力状態を,5 章の式(5.38)と式(5.39)によって計算しモールの応力円で示せ。③地盤が破壊しないための非排水強度 c_u はいくらか。

【12】式(7.15)が成立することを確認せよ。

【13】原位置において,深さ 0.5 m にある飽和粘土に対するベーン試験を行ったところ,最大トルク 20 kN・cm であった。粘土層の粘着力を求めよ。ただし,ベーン試験器の羽根は高さ $H = 10$ cm,全幅 $D = 5$ cm である。

【14】ふつうの土と粘土および砂質土の破壊基準の違いを示せ。

【15】砂の直接せん断試験を実施したところ,垂直応力 $\sigma = 32\,\text{N/cm}^2$ でせん断応力が $\tau = 20\,\text{N/cm}^2$ で破壊した。この砂の内部摩擦角を求めよ。

【16】圧密非排水三軸試験(CU試験)を実施したところ,**問表 7.4** のような結果が得られた。有効応力による強度定数を求めよ。

問表 7.4

試料	軸差応力 $\sigma_{d\,max}$〔N/cm²〕	σ_3〔N/cm²〕	破壊時の間隙水圧 u〔N/cm²〕
No. 1	15.3	16.5	12.2
No. 2	19.5	21.9	15.6
No. 3	27.6	32.2	22.0

8

土　　　圧

　土塊を支える擁壁は，土圧の大きさと方向を知らなければ設計できない。本章では擁壁に加わる土圧の考え方とその理論について学ぶ。

8.1 構造物に作用する土圧

　擁壁や矢板などの構造物が土から受ける圧力のことを土圧（earth pressure）という。これらの構造物を設計する際には，この土圧の作用位置および作用方向を明確にしなければならない。土圧の大きさは土を支えている構造物の動きに関係する。

　図 8.1 は擁壁の変位と壁体に作用する土圧の大きさの変化を示したものである。擁壁が変位せず静止している状態の土圧を**静止土圧**（earth pressure at rest）という。擁壁が裏込め土から離れる方向へ変位し，土が緩む状態のとき

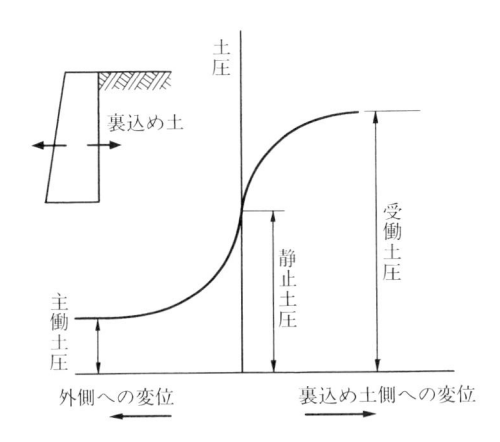

図 8.1 擁壁の変位による土圧の変化

を主働状態といい，このときの土圧は**主働土圧**（active earth pressure）であり，静止土圧よりも小さい値になる。反対に，擁壁が裏込め土のほうに変位し，土が密になろうとする状態を受働状態といい，このときの土圧は**受働土圧**（passive earth pressure）であり，静止土圧よりも大きい値を示す。

図8.2のような矢板壁に作用する土圧は，背面の土圧により壁が変位しようとするため，壁の前面に受働土圧が，背面に主働土圧が作用することになる。

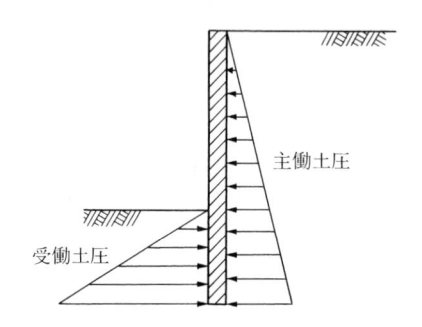

図 8.2 土圧の種類と発生位置

8.2 ランキン土圧

8.2.1 地表面が水平な砂質地盤の場合

ランキン（Rankine）の土圧理論は，塑性平衡状態にある地盤内の応力を求めたものである。塑性平衡状態とは土がまさにせん断破壊しようとする状態であり，モールの応力円が破壊線に接する状態のことである。いま，**図8.3**に示すような半無限に広がる等方・均質な砂質地盤を考え，その地表面から深さ z にある土要素に働く応力を考える。土の単位体積重量を γ_t とすると，鉛直応力 σ_v は5章で学んだように

$$\sigma_v = \gamma_t z \tag{8.1}$$

となる。この鉛直応力 σ_v はこの点における主応力の一つであり，これに直交する水平応力 σ_h も主応力となる。

水平応力 σ_h は，地盤が塑性平衡状態にあるとすると，鉛直応力 σ_v を一つの

8.2 ランキン土圧

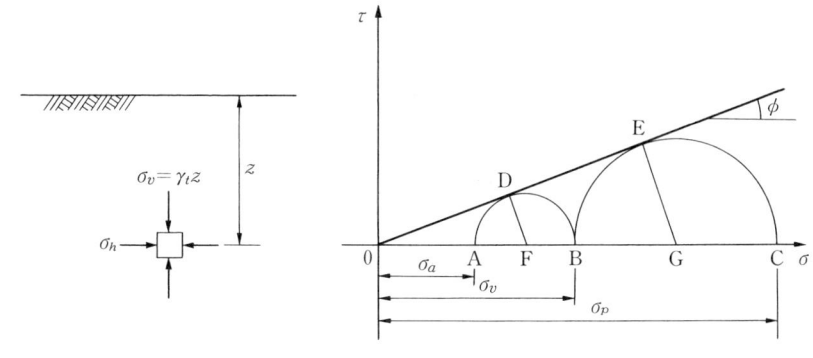

図 8.3 地中の鉛直応力と水平応力　　**図 8.4** 主働および受働状態のモールの応力円

主応力とするモールの応力円が，破壊線に接することより決めることができる．破壊線に接するモールの応力円は，**図 8.4** に示すように円 F と円 G の二つ存在する．モール円 F は鉛直応力 σ_v を最大主応力，水平応力を最小主応力とした応力状態を表しており，この状態が主働状態に相当し，水平応力が主働土圧 σ_a となる．

モール円 G は鉛直応力 σ_v を最小主応力，水平応力を最大主応力としており，この応力状態が受働状態に相当し，水平応力が受働土圧 σ_p となる．いま，主働土圧 σ_a および受働土圧 σ_p と鉛直応力 σ_v との比を考えると $\overline{\text{AF}} = \overline{\text{FB}} = \overline{\text{FD}} = \overline{\text{OF}} \sin\phi$ であるから

$$K_a = \frac{\sigma_a}{\sigma_v} = \frac{\overline{\text{OA}}}{\overline{\text{OB}}} = \frac{\overline{\text{OF}} - \overline{\text{AF}}}{\overline{\text{OF}} + \overline{\text{FB}}} = \frac{1 - \sin\phi}{1 + \sin\phi} = \tan^2\left(45° - \frac{\phi}{2}\right) \tag{8.2}$$

となる．ここに，K_a をランキンの主働土圧係数という．同様に，ランキンの受働土圧係数は

$$K_p = \frac{\sigma_p}{\sigma_v} = \frac{1 + \sin\phi}{1 - \sin\phi} = \tan^2\left(45° + \frac{\phi}{2}\right) \tag{8.3}$$

となる．したがって，主働土圧 σ_a，受働土圧 σ_p は，それぞれ式 (8.4)，(8.5) のように表される．

$$\sigma_a = K_a \sigma_v = \gamma_t\, z \tan^2\left(45° - \frac{\phi}{2}\right) \tag{8.4}$$

$$\sigma_p = K_p \sigma_v = \gamma_t\, z \tan^2\left(45° + \frac{\phi}{2}\right) \tag{8.5}$$

例題 8.1 式 (8.2) および式 (8.3) を誘導せよ。

【解答】 三角関数の半角公式 $\tan(A/2) = \sqrt{(1 - \cos A)/(1 + \cos A)}$ より

$$\frac{1 - \sin\phi}{1 + \sin\phi} = \frac{1 - \cos(90° - \phi)}{1 + \cos(90° - \phi)} = \tan^2\left(45° - \frac{\phi}{2}\right)$$

となる。

高さ H の擁壁に作用する主働土圧の合力 P_a、受働土圧の合力 P_p は分布土圧の面積として与えられるが、それぞれ式 (8.4), (8.5) を積分することによって式 (8.6), (8.7) のように得られる。

$$P_a = \int_0^H \sigma_a\, dz = \frac{1}{2}\gamma_t\, H^2 \tan^2\left(45° - \frac{\phi}{2}\right) = \frac{1}{2}\gamma_t\, H^2 K_a \tag{8.6}$$

$$P_p = \int_0^H \sigma_p\, dz = \frac{1}{2}\gamma_t\, H^2 \tan^2\left(45° + \frac{\phi}{2}\right) = \frac{1}{2}\gamma_t\, H^2 K_p \tag{8.7}$$

図 8.5 に主働土圧の分布と土圧の合力を示す。合力の作用位置は土圧の分布が三角形なので、擁壁の底面から $H/3$ の点になる。受働土圧も同様の分布となる。 ◇

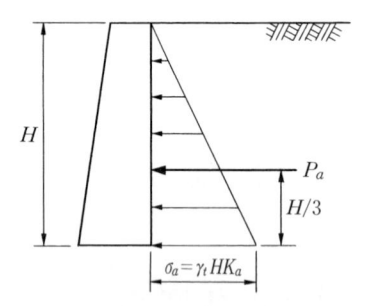

図 8.5 主働土圧の分布とその作用位置

例題 8.2 図 8.6 に示す擁壁に作用する主働土圧および水圧の分布を求めよ。さらに、主働土圧と水圧の合力の大きさと作用位置を求めよ。ただし、裏込め土の地下水位が地表面下 3 m にあるものとし、擁壁の高さ $H = 7$ m、地下水位より上部の土の単位体積重量は $\gamma_t = 18\,\mathrm{kN/m^3}$、飽和した土の単位体

8.2 ランキン土圧

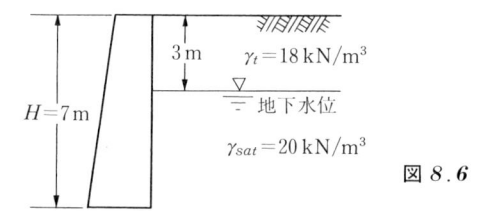

図 8.6

積重量は $\gamma_{sat} = 20\,\text{kN/m}^3$,土の内部摩擦角 $\phi = 30°$ とする。

【解答】 ランキンの主働土圧係数 K_a は

$$K_a = \tan^2\left(45° - \frac{30°}{2}\right) = \frac{1}{3}$$

地表面より 3 m の点での土圧は

$$\sigma_a\,(z = 3\,\text{m}) = K_a\,\sigma_v = \frac{1}{3} \times (18 \times 3) = 18.0\,\text{kN/m}^2$$

また,底面での土圧は

$$\sigma_v = 18 \times 3 + (20 - 9.8) \times 4 = 54 + 40.8 = 94.8\,\text{kN/m}^2$$

$$\sigma_a\,(z = 7\,\text{m}) = K_a\,\sigma_v = \frac{1}{3} \times (54 + 40.8) = 18.0 + 13.6 = 31.6\,\text{kN/m}^2$$

底面での水圧 u は

$$u = 9.8 \times 4 = 39.2\,\text{kN/m}^2$$

主働土圧と水圧の合力は図 8.7 に示すように,$P_1 \sim P_4$ の四つの部分の面積を求めることにより得られる。また,作用位置 h はモーメントの釣合いより

$$h = \frac{(P_1 \times 5) + (P_2 \times 2) + (P_3 \times 4/3) + (P_4 \times 4/3)}{(P_1 + P_2 + P_3 + P_4)}$$

となるので,読者は各自で計算されたい。　　◇

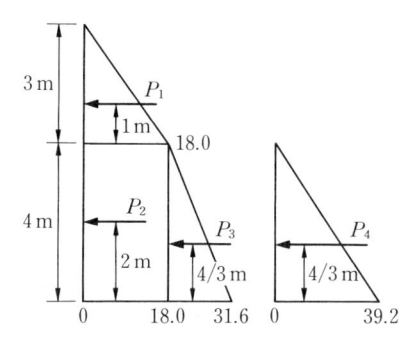

図 8.7

8.2.2 地表面が傾斜している場合

地表面が傾斜している場合は，水平に対する地表面の傾きを i とすると，図 8.8 に示すように，地表から深さ z における鉛直応力は $\sigma_v = \gamma_t z \cos i$ となり，鉛直な擁壁背面に作用するランキンの主働土圧および受働土圧は地表面に平行である。この場合も塑性平衡状態を仮定し，地表面に平行な応力を求めることにより，主働土圧係数 K_a および受働土圧係数 K_p は式 (8.8)，(8.9) のように得られる。

$$K_a = \frac{\sigma_a}{\sigma_v} = \frac{\sigma_a}{\gamma_t z \cos i} = \frac{\cos i - \sqrt{\cos^2 i - \cos^2 \phi}}{\cos i + \sqrt{\cos^2 i - \cos^2 \phi}} \qquad (8.8)$$

$$K_p = \frac{\sigma_p}{\sigma_v} = \frac{\sigma_p}{\gamma_t z \cos i} = \frac{\cos i + \sqrt{\cos^2 i - \cos^2 \phi}}{\cos i - \sqrt{\cos^2 i - \cos^2 \phi}} \qquad (8.9)$$

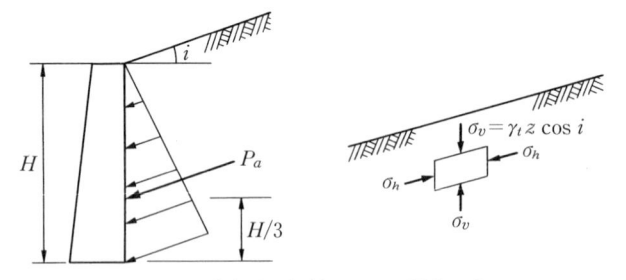

図 8.8 地表面が傾斜している場合の土圧

これらの式の誘導過程の詳細については他の参考書[1]を参照されたい。したがって，ランキンの主働土圧の合力 P_a と受働土圧の合力 P_p はそれぞれ

$$P_a = \frac{1}{2} \gamma_t H^2 \cos i \frac{\cos i - \sqrt{\cos^2 i - \cos^2 \phi}}{\cos i + \sqrt{\cos^2 i - \cos^2 \phi}} = \frac{1}{2} \gamma_t H^2 K_a \cos i \qquad (8.10)$$

$$P_p = \frac{1}{2} \gamma_t H^2 \cos i \frac{\cos i + \sqrt{\cos^2 i - \cos^2 \phi}}{\cos i - \sqrt{\cos^2 i - \cos^2 \phi}} = \frac{1}{2} \gamma_t H^2 K_p \cos i \qquad (8.11)$$

例題 8.3 図 8.9 に示す逆 T 形擁壁に働く主働土圧の合力およびその作

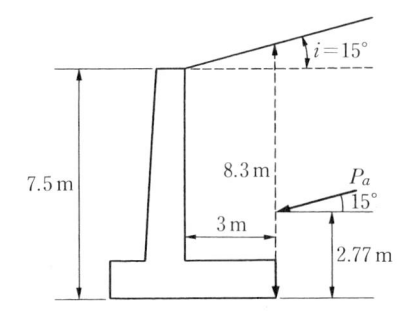

図 8.9 仮想背面を考える逆 T 形擁壁

用位置を求めよ．ただし，裏込め土の単位体積重量は $\gamma_t = 20\,\mathrm{kN/m^3}$，内部摩擦角は $\phi = 30°$ とする．

【解答】 ランキンの土圧は鉛直面に作用する土圧を求めているので，ランキン土圧を求める場合は，擁壁の背面も鉛直でなければならない．したがって，この問題のように擁壁背面が鉛直ではない場合は，図のような擁壁下端から鉛直な仮想背面を考える．仮想背面の高さは地表面が傾斜しているため，この場合は 8.30 m となる．あとは，この面に作用する主働土圧をランキンの土圧公式 (8.8), (8.10) により

$$K_a = \frac{\cos 15° - \sqrt{\cos^2 15° - \cos^2 30°}}{\cos 15° + \sqrt{\cos^2 15° - \cos^2 30°}} = 0.38$$

$$P_a = \frac{1}{2} \times 20 \times 8.30^2 \times 0.386 \times \cos 15° = 257\,\mathrm{kN/m}$$

作用位置は擁壁底面より $8.30/3 = 2.77\,\mathrm{m}$ となる． ◇

8.2.3 裏込め土が粘着性の土の場合

ランキンの土圧理論はもともと粘着力のない砂質土に対するものであるが，理論を拡張して粘性土の土圧も求めることができる．図 8.10 は水平な地表面をもつ半無限の粘性土が，塑性平衡状態にあるときの応力状態をモールの応力円で表している．鉛直方向応力 σ_v を最大主応力，主働状態の水平応力 σ_a を最小主応力としたモールの応力円より

$$\sin\phi = \frac{(\sigma_v - \sigma_a)/2}{(\sigma_v + \sigma_a)/2 + c\cot\phi}$$

の関係が成立する．これを σ_a について解くと，式 (8.12) を得る．

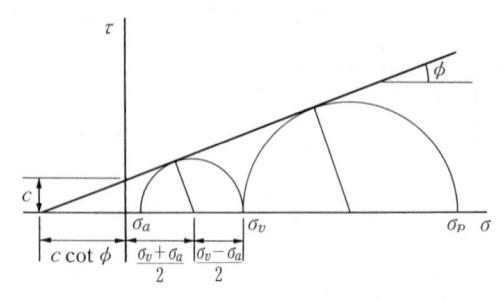

図 8.10 粘着力がある場合の主働および受働状態のモール円

$$\sigma_a = \sigma_v \frac{1-\sin\phi}{1+\sin\phi} - 2c\sqrt{\frac{1-\sin\phi}{1+\sin\phi}} \tag{8.12}$$

したがって，主働土圧が式 (8.13) のように得られる。

$$\sigma_a = \gamma_t\, z \tan^2\left(45° - \frac{\phi}{2}\right) - 2c\tan\left(45° - \frac{\phi}{2}\right) \tag{8.13}$$

主働土圧合力 P_a は，式 (8.13) を積分して式 (8.14) のように求まる。

$$P_a = \int_0^H \sigma_a\, dz = \frac{1}{2}\gamma_t\, H^2 \tan^2\left(45° - \frac{\phi}{2}\right) - 2cH\tan\left(45° - \frac{\phi}{2}\right) \tag{8.14}$$

式 (8.13)の第 1 項および第 2 項をそれぞれ図示すと，**図 8.11** のように表すことができる。両者を足し合わせた図より，地表面から深さ z_c までの領域に，土の粘着力によって引張応力が発生することがわかる。z_c の値は式 (8.13) を $\sigma_a = 0$ とおいて式 (8.15) のように求められる。

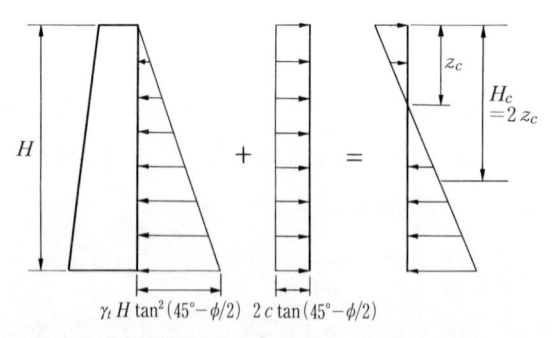

図 8.11 土に粘着力があるときのランキンの土圧分布

$$z_c = \frac{2c}{\gamma_t} \frac{1}{\tan(45° - \phi/2)} = \frac{2c}{\gamma_t} \tan\left(45° + \frac{\phi}{2}\right) \tag{8.15}$$

また，式 (8.14) で $P_a = 0$ とし，H について解くと式 (8.16) が得られる。

$$H_c = \frac{4c}{\gamma_t} \tan\left(45° + \frac{\phi}{2}\right) = 2z_c \tag{8.16}$$

この H_c は z_c の 2 倍の深さであり，ちょうど土圧合力が 0 になる深さに相当する。すなわち，H_c は擁壁の支えなしに，土が自立できる限界の高さを表している。しかし，実際の設計においては，図の上部 z_c の範囲に引張応力が発生することはないので，これを無視して，式 (8.17) によって土圧合力を算定するほうが現実的である。

$$P_a = \int_0^H \sigma_a \, dz = \frac{1}{2}\gamma_t H^2 \tan^2\left(45° - \frac{\phi}{2}\right) - 2cH \tan\left(45° - \frac{\phi}{2}\right) + \frac{2c^2}{\gamma_t} \tag{8.17}$$

粘着力がある場合の受働土圧 σ_p および受働土圧の合力 P_p は，それぞれ式 (8.18)，(8.19) のようになる。

$$\sigma_p = \gamma_t z \tan^2\left(45° + \frac{\phi}{2}\right) + 2c \tan\left(45° + \frac{\phi}{2}\right) \tag{8.18}$$

$$P_p = \int_0^H \sigma_p \, dz = \frac{1}{2}\gamma_t H^2 \tan^2\left(45° + \frac{\phi}{2}\right) + 2cH \tan\left(45° + \frac{\phi}{2}\right) \tag{8.19}$$

例題 8.4 高さ 8 m の擁壁が，粘着力 $c = 30 \, \text{kN/m}^2$，単位体積重量 $\gamma_t = 18.5 \, \text{kN/m}^3$ の土を支えている。地表面は水平，内部摩擦角はないものとして，引張応力が発生する限界の深さ z_c とランキンの主働土圧の合力を求めよ。

【解答】 引張応力が発生する限界の深さ z_c は，式 (8.15) で求められる。

$$z_c = \frac{2c}{\gamma_t} \tan\left(45° + \frac{\phi}{2}\right) = \frac{2 \times 30}{18.5} \times \tan(45°) = 3.24 \, \text{m}$$

主働土圧は式 (8.14) より

$$P_a = \frac{1}{2}\gamma_t H^2 \tan^2\left(45° - \frac{\phi}{2}\right) - 2cH \tan\left(45° - \frac{\phi}{2}\right)$$

$$= \frac{1}{2} \times 18.5 \times 8^2 \times \tan^2(45°) - 2 \times 30 \times 8 \times \tan(45°) = 112 \text{ kN/m}$$

z_c に作用する引張応力を無視すると，主働土圧は式 (8.17) で与えられる．

$$P_a = \frac{1}{2}\gamma_t H^2 \tan^2\left(45° - \frac{\phi}{2}\right) - 2cH \tan\left(45° - \frac{\phi}{2}\right) + \frac{2c^2}{\gamma_t}$$

$$= \frac{1}{2} \times 18.5 \times 8^2 \times \tan^2(45°) - 2 \times 30 \times 8 \times \tan(45°) + \frac{2 \times 30^2}{18.5}$$

$$= 209 \text{ kN/m} \qquad \qquad \diamondsuit$$

8.2.4 裏込め土に上載荷重がある場合

擁壁背面の裏込め土上に構造物が築造され，荷重が載荷されると土圧は増加する．裏込め土上の荷重が等分布荷重 q とみなせる場合，地盤内の鉛直応力も q だけ増加するものとすると，ランキンの主働土圧および受働土圧は，それぞれ式 (8.20)，(8.21) のように表される．

$$\sigma_a = K_a (\sigma_v + q) = (\gamma_t z + q) \tan^2\left(45° - \frac{\phi}{2}\right) \qquad (8.20)$$

$$\sigma_p = K_p (\sigma_v + q) = (\gamma_t z + q) \tan^2\left(45° + \frac{\phi}{2}\right) \qquad (8.21)$$

したがって，高さ H の擁壁に作用する主働土圧および受働土圧の合力の大きさはそれぞれ式 (8.22)，(8.33) となる．

$$P_a = \frac{1}{2}\gamma_t H^2 \tan^2\left(45° - \frac{\phi}{2}\right) + qH \tan^2\left(45° - \frac{\phi}{2}\right) \qquad (8.22)$$

$$P_p = \frac{1}{2}\gamma_t H^2 \tan^2\left(45° + \frac{\phi}{2}\right) + qH \tan^2\left(45° + \frac{\phi}{2}\right) \qquad (8.23)$$

例題 8.5 図 8.12 に示す高さ 6 m の擁壁に作用するランキンの主働土圧とその作用位置を求めよ．ただし，裏込め土には等分布荷重 $q = 42 \text{ kN/m}^2$ が働いている．また，土の内部摩擦角 $\phi = 30°$，粘着力 $c = 0$，土の単位体積重量 $\gamma = 20 \text{ kN/m}^3$ とする．

【解答】 最初に，主働土圧係数 K_a を求めると

$$K_a = \tan^2\left(45° - \frac{30°}{2}\right) = \frac{1}{3}$$

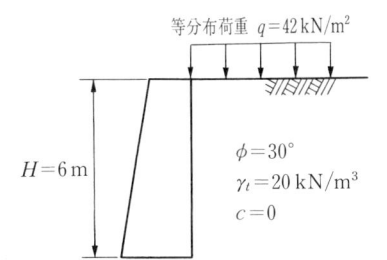

図 8.12 上載荷重がある場合

つぎに上載荷重による主働土圧，および，裏込め土による底面での主働土圧は

$$\sigma_a = q \tan^2\left(45° - \frac{\phi}{2}\right) = 42 \times \frac{1}{3} = 14 \text{ kN/m}^2$$

$$\sigma_a(z=6) = \gamma_t z \tan^2\left(45° - \frac{\phi}{2}\right) = 20 \times 6 \times \frac{1}{3} = 40.0 \text{ kN/m}^2$$

土圧分布は図 8.13 のようになる。土圧合力は等分布荷重による P_1 および裏込め土による P_2 の和であり，作用位置（h_0）は例題 8.2 と同様に P_1 および P_2 のモーメントの釣合いから求めることができる。 ◇

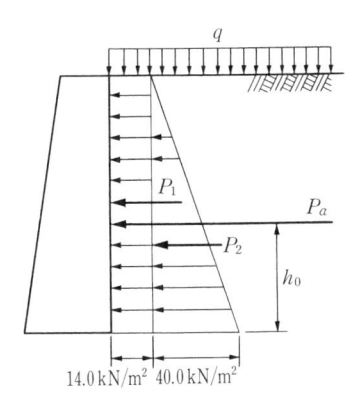

図 8.13 上載荷重がある場合の土圧分布

8.2.5 裏込め土が多層地盤の場合

裏込め土が多層地盤になっている場合，土圧分布は各層ごとに算定することになる。いま，図 8.14 のような2層地盤を考える。この場合，上部の層では高さ H_1 の擁壁に作用する土圧を求めればよい。下層 H_2 の土圧を求める場合には，それより上層の裏込め土を等分布荷重に置き換えて算定すればよい。

例題 8.6 図 8.14 に示す2層地盤の諸数値が以下のようである場合のラ

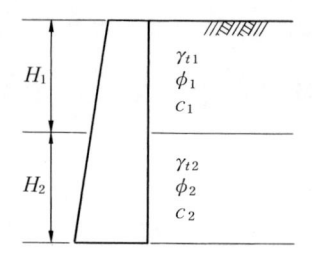

図 8.14　2 層地盤

ンキンの主働土圧分布を算定し，主働土圧の合力およびその作用位置を求めよ。上部層の厚さは $H_1 = 6\,\mathrm{m}$，内部摩擦角 $\phi_1 = 30°$，単位体積重量 $\gamma_{t1} = 18\,\mathrm{kN/m^3}$，下層は厚さが $H_2 = 5\,\mathrm{m}$，内部摩擦角 $\phi_2 = 36°$，単位体積重量 $\gamma_{t2} = 20\,\mathrm{kN/m^3}$ とする。

【解答】
① 上層の高さ 6 m の裏込め土による主働土圧合力 P_1
　$z = 6\,\mathrm{m}$ における土圧は
$$\sigma_a = \gamma_{t1}\,z\,\tan^2\left(45° - \frac{\phi_1}{2}\right) = 18 \times 6 \times \tan^2(30°) = 36.0\,\mathrm{kN/m^2}$$
であるから，$P_1 = (1/2) \times 36.0 \times 6 = 108\,\mathrm{kN/m}$

② 上層の裏込め土を等分布荷重として考えた下層の土圧合力 P_2
　$q = \gamma_{t1}\,z = 18 \times 6 = 108\,\mathrm{kN/m^2}$ となるから，これによる土圧は
$$\sigma_a = q\,\tan^2\left(45° - \frac{\phi_2}{2}\right) = 108 \times \tan^2(27°) = 28.0\,\mathrm{kN/m^2}$$
であり，$P_2 = 28.0 \times 5 = 140\,\mathrm{kN/m}$

③ 下層の高さ 5 m の裏込め土による土圧合力 P_3
$$\sigma_a = \gamma_{t2}\,z\,\tan^2\left(45° - \frac{\phi_2}{2}\right) = 20 \times 5 \times \tan^2(27°) = 26.0\,\mathrm{kN/m^2}$$
であるから，$P_3 = (1/2) \times 26.0 \times 5 = 65.0\,\mathrm{kN/m}$

主働土圧の合力は，①〜③を合計して
$$P_a = P_1 + P_2 + P_3 = 108 + 140 + 65 = 313\,\mathrm{kN/m}$$
作用位置は，擁壁の下端から h_0 として
$$h_0 = \frac{7 \times P_1 + 2.5 \times P_2 + (5/3) \times P_3}{313} = 3.88\,\mathrm{m}$$

結果を図 8.15 に示す。　　◇

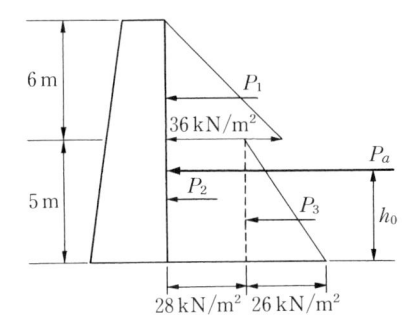

図 8.15　2層地盤の土圧分布

8.3　クーロン土圧

　ランキンの土圧論は，土中の任意の要素について応力の平衡状態を考え，より簡便な表現で土圧を算定した。しかしながら，擁壁の背面は鉛直である必要があり，かつ滑らかで擁壁と土の摩擦も無視されている。

　クーロン (Coulomb) の土圧論 (1776年) は，これらの条件 (擁壁背面が鉛直でない場合や擁壁と土との摩擦など) を考慮しており，ランキンの理論 (1857年) より約80年も古いにもかかわらず，ランキンの理論よりむしろ広く用いられている。クーロンは擁壁背面の下端を通る平面のすべり面を仮定し，くさび形の土塊に働く力の釣合いから土圧を算定した。擁壁背面が鉛直であり，裏込め土が水平な場合は，擁壁背面と土との摩擦角がなければクーロンの土圧はランキンの土圧とまったく同じ結果を与える。

8.3.1　主働土圧

　図 8.16 はくさび形の土塊 (ABC) に作用するすべての力を示している。擁壁背面 (AB) は水平面から θ，すべり面 (BC) は水平面から α，地表面 (AC) は水平面から i だけ傾いているものとする。

　このくさび形の土塊がすべり出す限界状態では，擁壁が裏込め土に押されて前方にわずかに移動するものと仮定する。くさび形の土塊 ABC が AB 面と

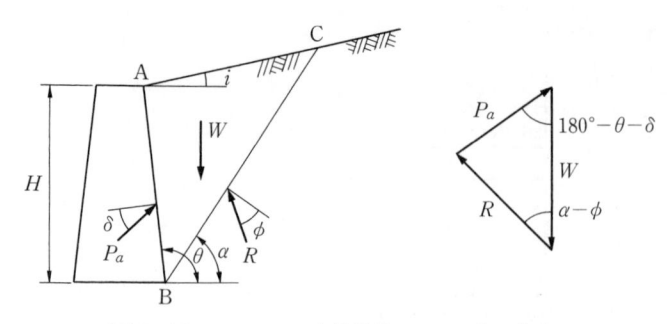

図 8.16 クーロンの主働状態における力の釣合い

BC面を境として下方に押し込まれるとき，土塊ABCの自重 W は，擁壁が土に及ぼす力 P_a と，すべり面BCを通しての下の土からの反力 R とが釣り合っていることになる．この P_a は，裏込め土が擁壁に及ぼす主働土圧と大きさが同じで向きが逆の力であり，この P_a を求めれば主働土圧の合力が得られる．

くさび形の土はすべり面BCに沿って下方向へすべろうとするために，P_a は擁壁背面の法線方向より δ，また，R はすべり面の法線方向より ϕ だけ上向きに作用している．

すべり面の角度 α を任意に選んで反力 P_a，R とくさび形の土の重量 W との力の釣合いを考えることにより P_a が得られる．ただし，P_a はすべり面の角度 α によって変化することになるので，α を変化させたときの P_a の最大値が主働土圧になるので，P_a の α による偏微分 $\partial P/\partial \alpha = 0$ より主働土圧が式 (8.24) のように求められる．

$$P_a = \frac{1}{2}\gamma_t H^2 K_a \tag{8.24}$$

ここに，K_a はクーロンの主働土圧係数であり

$$K_a = \frac{\sin^2(\theta-\phi)}{\sin^2\theta \sin(\theta+\delta)\left\{1+\sqrt{\dfrac{\sin(\phi+\delta)\sin(\phi-i)}{\sin(\theta+\delta)\sin(\theta-i)}}\right\}^2} \tag{8.25}$$

δ：壁面摩擦角 〔$(\phi/3 \sim 2\phi/3)$〕

θ：擁壁背面の傾斜角

これらの式の誘導については他の参考書[2)]を参照されたい。

例題 8.7 図 8.5 に示す擁壁に作用するクーロンの主働土圧を計算せよ。ただし，単位体積重量 $\gamma_t = 20 \text{ kN/m}^3$，内部摩擦角 $\phi = 30°$，壁面摩擦角 $\delta = 0$，擁壁高さ $H = 6 \text{ m}$ とする。

【解答】 壁面摩擦角 $\delta = 0$，擁壁背面の角 $\theta = 90°$，裏込め土の傾斜角 $i = 0$ であるから，主働土圧係数はランキンの主働土圧係数と一致する。

$$K_a = \frac{\sin^2(90°-\phi)}{\sin^2 90° \sin(90°+0)\left\{1+\sqrt{\frac{\sin(\phi+0)\sin(\phi-0)}{\sin(90°+0)\sin(90°-0)}}\right\}^2}$$

$$= \frac{\cos^2\phi}{(1+\sin\phi)^2}$$

$$= \frac{1-\sin\phi}{1+\sin\phi} = \tan^2\left(45°-\frac{\phi}{2}\right) = \frac{1}{3}$$

主働土圧は以下のように計算される。

$$P_a = \frac{1}{2}\gamma_t H^2 K_a = \frac{1}{2} \times 20 \times 6^2 \times \frac{1}{3} = 120 \text{ kN/m} \qquad \diamondsuit$$

8.3.2 受働土圧

受働土圧を考える場合は，擁壁がなんらかの力によって裏込め土の方向に押し込まれ，くさび形の土塊 ABC が AB および BC 面を境としてすべり，上方に持ち上がろうとするものと仮定する。したがって，図 8.17 に示すように，P_p および R の作用方向は，それぞれの作用面の法線方向に対して主働土圧と

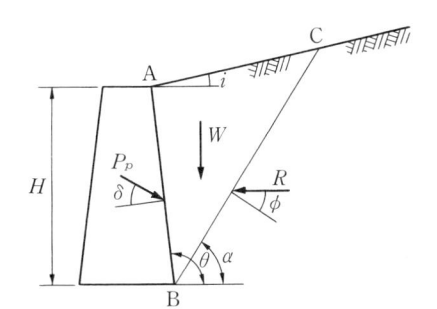

図 8.17 クーロンの受働状態における力の釣合い

は逆の下方を向く。

　受働土圧は，くさび形の土の重量 W，P_p および R との力の釣合いを考えることにより得られ，すべり面の角度 α を変化させたときの P_p の最小値が受働土圧になる。結果のみを示すと

$$P_p = \frac{1}{2}\gamma_t H^2 K_p \tag{8.26}$$

ここに，K_p はクーロンの受働土圧係数で，式（8.27）で与えられる。

$$K_p = \frac{\sin^2(\theta + \phi)}{\sin^2\theta \sin(\theta - \delta)\left\{1 - \sqrt{\dfrac{\sin(\phi + \delta)\sin(\phi + i)}{\sin(\theta - \delta)\sin(\theta - i)}}\right\}^2} \tag{8.27}$$

　クーロンの主働土圧合力および受働土圧合力の作用位置は，ランキン土圧同様に擁壁底面より $H/3$ の位置である。

例題 8.8　図 8.18 のように裏込め土上に等分布荷重 $q = 20\,\mathrm{kN/m^2}$ が載荷したときの，クーロンの主働土圧の合力とその作用位置を求めよ。ただし，土の内部摩擦角 $\phi = 30°$，単位体積重量 $\gamma_t = 18\,\mathrm{kN/m^3}$，壁面摩擦角 $\delta = 20°$ とする。

図 8.18

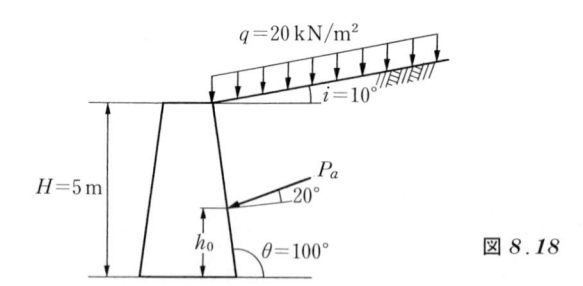

【解答】　擁壁背面の裏込め土に等分布荷重が載荷されている場合は，この荷重を式（8.28）によって，土の高さに換算する。

$$h = \frac{q}{\gamma_t}\frac{\sin\theta}{\sin(\theta - i)} \tag{8.28}$$

換算高さ h だけ擁壁の高さが増加したものと考え，擁壁高さを $H+h$ と考えて土圧を算定する．ただし，換算高さ h の部分には擁壁が存在しないため，そこに作用すると考えられる土圧は差し引かなければならない．したがって，主働土圧の合力 P_a は式（8.29）のようになる．

$$P_a = \frac{1}{2}\gamma_t(H+h)^2 K_a - \frac{1}{2}\gamma_t h^2 K_a = \frac{1}{2}\gamma_t H^2 K_a + \gamma_t hH K_a \qquad (8.29)$$

主働土圧係数 $K_a = 0.438$，$h = 1.09$ より

$$P_a = \frac{1}{2} \times 18 \times (5+1.09)^2 \times 0.438 - \frac{1}{2} \times 18 \times 1.09^2 \times 0.438 = 143\,\text{kN/m}$$

式（8.29）の第1項は裏込め土による土圧で三角形分布しており，第2項は等分布荷重による土圧で矩形分布となる．したがって，主働土圧の合力の作用位置は，式（8.30）で求められる．下端から h_0 として

$$h_0 = \frac{H}{3}\frac{H+3h}{H+2h} = 1.92\,\text{m} \qquad (8.30)$$

◇

8.4 地震時の土圧

地震時の土圧を取り扱う場合に一般に広く用いられているのは，物部・岡部の式である．この式はクーロンの土圧論をもとに震度法の概念を取り入れたものである．震度法によると，重量 W の構造物に働く水平地震力は水平震度を k_h とすると $k_h W$ となる．また，重力は鉛直震度を k_v とすると $(1-k_v)W$ となり，重力と地震力の合成力は図 8.19 のように θ_0 だけ傾くことになる．

しかし，一般的には鉛直震度 k_v は無視し，擁壁および裏込め土ともに全体として地震合成角 $\theta_0 = \tan^{-1} k_h$ だけ前方に傾き，土の単位体積重量が見掛け上

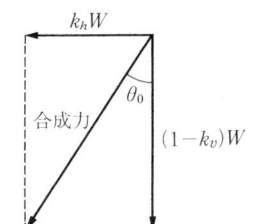

図 8.19 重力と地震力の合成力

$\gamma_t/\cos\theta_0$ になったとして,地震時主働土圧をつぎのように算出している.

$$P_{ae} = \frac{1}{2}\gamma_t H^2 K_{ae} \tag{8.31}$$

$$K_{ae} = \frac{\sin^2(\theta-\phi+\theta_0)}{\cos\theta_0 \sin^2\theta \sin(\theta+\delta+\theta_0)\left\{1+\sqrt{\frac{\sin(\delta+\phi)\sin(\phi-i-\theta_0)}{\sin(\theta+\delta+\theta_0)\sin(\theta-i)}}\right\}^2} \tag{8.32}$$

ここに,P_{ae}:地震時主働土圧合力,K_{ae}:地震時主働土圧係数,θ_0:地震合成角($\theta_0 = \tan^{-1}k_h$),k_h:水平震度.

地震時土圧の合力は,クーロンの常時土圧と同様に,擁壁背面の法線に δ だけ傾き,擁壁底面より鉛直上方 $H/3$ の点に作用する.

8.5 静 止 土 圧

主働土圧と受働土圧は地盤の釣合いに対する二つの極限状態であり,その他に擁壁が静止しているちょうど中間の状態がある.これを弾性平衡の状態といい,このときの土圧は静止土圧と呼ばれる.静止土圧の合力を求めるには式 (8.33) を用いる.

$$P_0 = \frac{1}{2}\gamma_t H^2 K_0 \tag{8.33}$$

ここに,K_0:静止土圧係数($K_0 = 1 - \sin\phi'$),ϕ':有効応力表示の内部摩擦角.静止土圧係数の値は K_a と K_p の中間にあり,理論的に特定できないが,ほぼ 0.5〜1.0 の値をとる.

8.6 土圧論の応用例

8.6.1 擁壁の安定計算

擁壁が裏込め土から受ける主働土圧,受働土圧および自重に対して安定であるためには,〔1〕滑動に対する安定,〔2〕転倒に対する安定,〔3〕地盤の

支持力の3項目について検討が行われなければならない。

〔**1**〕 **滑動に対する安定** 擁壁を滑動させようとするすべての力の水平成分の合力は，擁壁がすべろうとするときに働く土との摩擦抵抗力よりも小さくなければならない。図 **8.20** に，擁壁に働くすべての外力を示す。擁壁に働く土圧合力の水平成分 P_{ah} が，擁壁を底面 BC に沿って滑動させるように作用する。それに対して，擁壁底面 BC に働く土との摩擦力が大きければ擁壁は安定である。すなわち，滑動に対する安全率 F_s は式 (8.34) で表される。

$$F_s = \frac{抵抗力}{滑動させる力} = \frac{(W + P_{av})\mu}{P_{ah}} \tag{8.34}$$

ここに，F_s：安全率，μ：擁壁底面と土との摩擦係数（$\mu = \tan\delta$）。摩擦係数は一般に**表 8.1** に示す値が標準とされている。滑動に対する安全率は，常時で 1.5，地震時で 1.2 以上必要であるとされている。

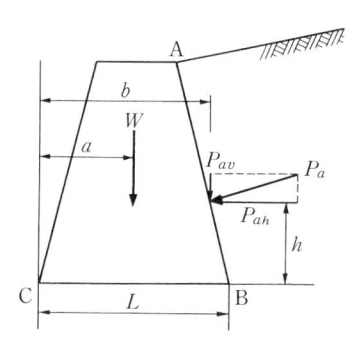

図 **8.20** 擁壁に作用する力

表 **8.1** 摩擦角

条　　件		摩擦角
土・軟岩とコンクリート	現場打ちコンクリート	$\delta = \phi$
	現場打ちでないもの	$\delta = (2/3)\phi$
岩とコンクリート		$\tan\delta = 0.6$

〔**2**〕 **転倒に対する安定** 擁壁には，土圧の水平成分によって，擁壁底面の前端 C 点の周りに転倒させようとする転倒モーメントが作用する。一方，自重 W と土圧の鉛直成分 P_{av} によって，擁壁を安定させようとする抵抗モー

メントが作用し，安全率は式 (8.35) で表される。

$$F_s = \frac{抵抗モーメント}{転倒モーメント} = \frac{Wa + P_{av}\,b}{P_{ah}\,h} \qquad (8.35)$$

ただし，自重や土圧などの合力の作用位置が底版幅の中央3分の1（ミドルサード）に入っている場合は，転倒に対する安全率の検討は行わなくてもよい。転倒に対する安全率は，1.5以上必要であるとされている。

〔3〕 **地盤の支持力**　　擁壁の底面に接している地盤には，擁壁の自重，擁壁に作用している土圧などに対する反力が生じている。これらの荷重の合力が底版のどの位置に作用するかによって，地盤反力の大きさが異なってくる。**図 8.21** に示すように，合力の作用位置の偏心距離を e，擁壁底面前面から合力の作用位置までの距離を d とすると，擁壁底面における地盤反力 q_1，q_2 は**図 8.22** に示すように，e の大きさによってつぎのように与えられる。

① $e \leqq L/6$ のとき

$$q_1,\ q_2 = \frac{\sum V}{L}\left(1 \pm \frac{6e}{L}\right) \qquad (8.36)$$

② $e > L/6$ のとき

$$q_1 = \frac{2 \times \sum V}{3d} \qquad (8.37)$$

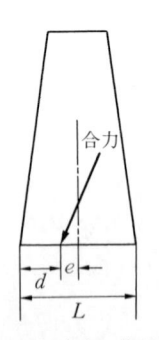

図 8.21　合力の作用位置　　　　図 8.22　地盤反力

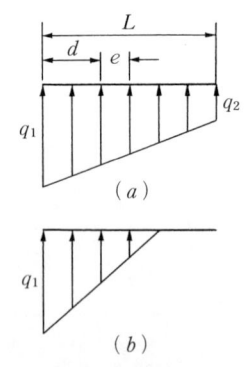

このようにして求めた地盤反力 q_1，q_2 は，地盤の許容支持力 q_a より小さくなければならない。地盤の許容支持力については9章で学ぶ。

8.6.2 矢板の安定計算

矢板は岸壁や土止め工として用いられるものである。矢板の安定性を評価する際には，矢板に加わる土圧や地下水圧などの側圧を求め，矢板がこの側圧に対して安定であるための根入れ深さを決定しなければならない。図 8.23 に示すような矢板の場合，矢板背面の土によって主働土圧が作用し，それに抵抗する受働土圧が矢板の根入れ部分に発生することになる。

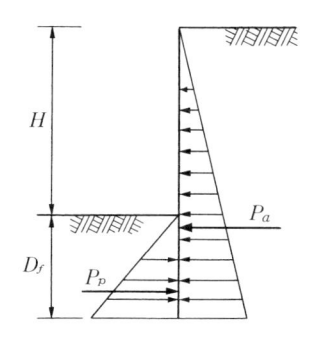

図 8.23 矢板に作用する土圧

矢板の根入れ深さ D_f は，矢板下端における，矢板背面の土による主働土圧 P_a と，矢板前面の土による受働土圧 P_p による回転モーメントの釣合いから定められる。

$$\Sigma M = P_p \frac{D_f}{3} - P_a \frac{H + D_f}{3} = 0 \tag{8.38}$$

ここに

$$P_a = \frac{1}{2} K_a \gamma (H + D_f)^2, \quad P_p = \frac{1}{2} K_p \gamma D_f^2$$

これを D_f について解くと，根入れ深さ D_f は式 (8.39) のようになる。

$$D_f = \frac{H}{(K_p/K_a)^{1/3} - 1} \tag{8.39}$$

演 習 問 題

【1】 単位体積重量 $\gamma_t = 18\,\mathrm{kN/m^3}$ の粘土を垂直に掘削したところ，深さ 5 m になったときに崩壊した。内部摩擦角を $0°$ と仮定するとこの粘土の粘着力はい

くらになるか。

【2】 地表面が水平で，壁体背面が鉛直である高さ7mの擁壁に作用するランキンの主働土圧の合力および受働土圧の合力を求めよ。ただし，裏込め土は粘着力のない砂で，内部摩擦角 $\phi = 20°$，単位体積重量 $\gamma_t = 17\,\text{kN/m}^3$ とする。

【3】 地表面が水平で，壁体背面が鉛直である高さ6mの擁壁がある。地表面には $60\,\text{kN/m}^2$ の等分布荷重が作用しているとき，ランキンの主働土圧の合力とその作用位置（底面からの高さ h_0）を求めよ。ただし，裏込め土の内部摩擦角 $\phi = 18°$，単位体積重量 $\gamma_t = 18\,\text{kN/m}^3$，粘着力 $c = 15\,\text{kN/m}^2$ とする。

【4】 問図 8.1 に示すような L 形擁壁の仮想背面に作用するランキンの主働土圧の合力およびその作用位置を求めよ。ただし，裏込め土の内部摩擦角 $\phi = 25°$，単位体積重量 $\gamma_t = 18\,\text{kN/m}^3$ とする。

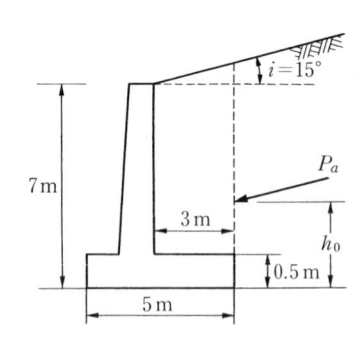

問図 8.1 仮想背面

【5】 問図 8.2 に示すような擁壁に作用するランキンの主働土圧の合力とその作用位置を求めよ。ただし，裏込め土には $10\,\text{kN/m}^2$ の等分布荷重が作用しており，裏込め土の内部摩擦角 $\phi = 30°$，単位体積重量 $\gamma_t = 18\,\text{kN/m}^3$ とする。

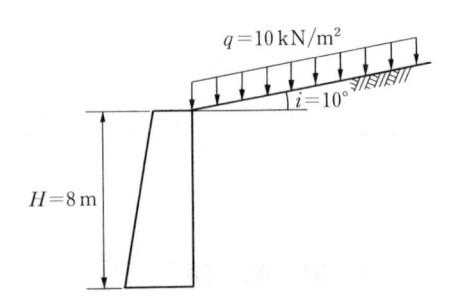

問図 8.2

【6】 図 8.14 に示すような2層地盤の場合，ランキンの主働土圧の合力およびその作用位置を求めよ。ただし，上部層の厚さは $H_1 = 3\,\text{m}$，内部摩擦角 $\phi_1 =$

20°，単位体積重量 $\gamma_{t1} = 18\,\text{kN/m}^3$，下層は厚さが $H_2 = 4\,\text{m}$，内部摩擦角 $\phi_2 = 30°$，単位体積重量 $\gamma_{t2} = 20\,\text{kN/m}^3$ とする。

【7】図 8.6 のような裏込め土中に水が排水されずに残っている場合のランキンの主働土圧の合力（水圧を含む）およびその作用位置を求めよ。ただし，擁壁の高さは $H = 5\,\text{m}$，地下水位は地表面下 $2\,\text{m}$，地下水面より上の湿潤単位体積重量 $\gamma_t = 18\,\text{kN/m}^3$，地下水面下の飽和単位体積重量 $\gamma_{sat} = 20\,\text{kN/m}^3$，内部摩擦角 $\phi = 20°$ とする。

【8】問図 8.3 に示すような擁壁に作用するクーロンの主働土圧および受働土圧の合力を求めよ。ただし，裏込め土の単位体積重量 $\gamma_t = 18\,\text{kN/m}^3$，内部摩擦角 $\phi = 25°$，壁面摩擦角 $\delta = 20°$ とする。

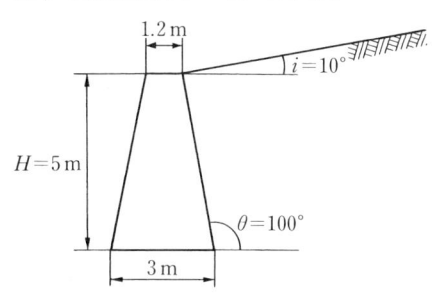

問図 8.3

【9】問題【8】において，裏込め土上に $15\,\text{kN/m}^2$ の等分布荷重が載荷された場合の主働土圧の合力およびその作用位置を求めよ。

【10】問題【8】において，地震時の主働土圧の合力およびその作用位置を求めよ。ただし，水平震度 $k_h = 0.1$ とする。

【11】内部摩擦角 $\phi = 30°$，単位体積重量 $\gamma_t = 18\,\text{kN/m}^3$ である砂地盤に図 8.23 に示すような矢板を打ち込んで，$H = 5\,\text{m}$ の切取り高さを保たせるには，矢板の根入れ深さ D_f をいくらにすればよいか。

【12】問図 8.4 に示すような擁壁に作用するクーロンの主働土圧の合力とその作用位置および作用方向を求めよ。ただし，裏込め土の単位体積重量 $\gamma_t = 17\,\text{kN/m}^3$，内部摩擦角 $\phi = 30°$，壁面摩擦角 $\delta = 15°$ とする。

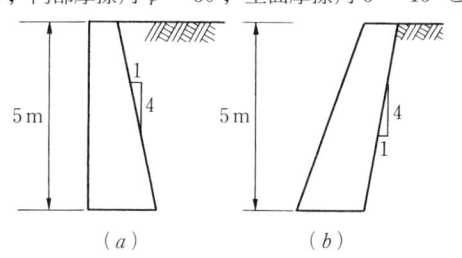

問図 8.4

【13】 高さ 5 m の擁壁が，粘着力 $c = 10 \text{ kN/m}^2$，単位体積重量 $\gamma_t = 17 \text{ kN/m}^3$ の土を支えている。地表面は水平，内部摩擦角はないものとしてランキンの主働土圧の合力およびその作用位置，さらに合力が 0 になる点を求めよ。

【14】 問図 8.5 に示すような等分布荷重 30 kN/m^2 を受けている高さ 5 m の擁壁がある。ランキンの主働土圧の合力とその作用位置，さらにクーロンの主働土圧の合力とその作用位置をそれぞれ求めよ。ただし，裏込め土の単位体積重量 $\gamma = 18 \text{ kN/m}^3$，内部摩擦角 $\phi = 30°$，壁面摩擦角 $\delta = 0°$ とする。

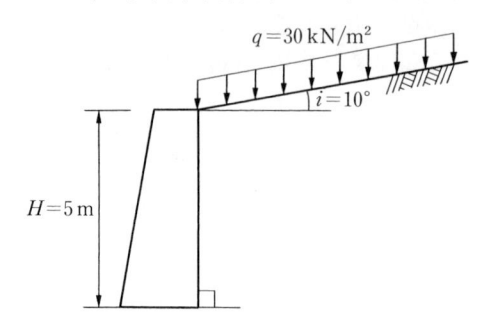

問図 8.5

【15】 問図 8.3 において，擁壁の滑動および転倒に関する安全率を算定せよ。ただし，コンクリートの単位体積重量 $\gamma_c = 23 \text{ kN/m}^3$，擁壁底面と地盤との摩擦係数 $\mu = 0.6$。

【16】 問図 8.6 に示すような水平地盤に高さ 7 m の擁壁がある。擁壁下端を中心として，擁壁上端が図の矢印方向に傾いたとき，擁壁に作用する受働土圧合力と主働土圧合力が等しくなる擁壁の根入れ深さ D_f はいくらか。ただし，土の単位体積重量は一様，主働土圧係数は 0.3，受働土圧係数は 3.0，壁面との摩擦はないものとする。

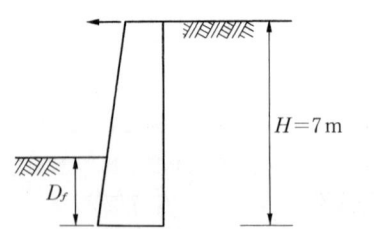

問図 8.6

9

基礎地盤の支持力

軟弱な地盤に過大な重量の構造物を築造すると，支えきれずに地盤はせん断破壊して構造物は倒壊する。本章では地盤の土質特性を知って，その地盤がどれだけの荷重を支えることができるかを計算する手法について学ぶ。

9.1 地盤の支持力

一般的な住宅や高層住宅の基礎，および，都市施設である橋梁の橋脚や防波堤などの下部構造としての基礎は，これらの構造物の安定を図るうえでたいへん重要な部分を占める。本章では基礎の安定を判定するために必要な事項について学ぶ。

上部からの荷重が基礎に伝わったとき，基礎の下の地盤がせん断破壊を起こして構造物に重大な影響を与えてはならない。そこで，地盤のせん断強さに基づいて地盤が支える能力すなわち，極限支持力を算定し，これにいくらかの安全率を考慮した許容支持力という概念が導入される。

また，荷重によって地盤が変形して大きな地表面沈下が発生した場合，あるいは不同沈下が発生すると，構造物中にはさらに大きな応力が生じ，構造物を破損させることもあるので，構造物の安全性に影響を与えないような沈下量，すなわち許容沈下量という考え方も重要となる。

構造物の重量による荷重強さ q と沈下量の関係曲線の例を図 9.1 に示す。この荷重強さ-沈下量曲線は，二つの形に大別される。図中の曲線 A は全般せん断といわれ，一般的によく締まった砂地盤や過圧密粘土地盤でみられる。地

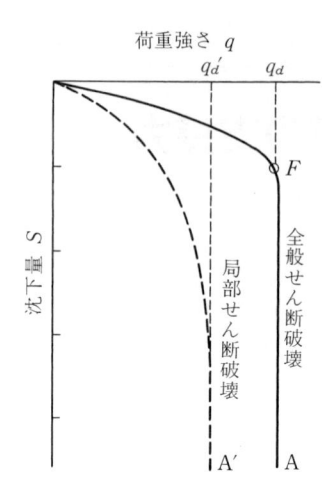

図 9.1 荷重強さと沈下曲線

盤が塑性変形して破壊するまでのひずみが小さく，せん断破壊面が瞬時に発生し明確な破壊点 F が得られる。曲線 A′ は局所せん断といわれ，緩い密度の砂地盤や軟らかな正規圧密粘土地盤でみられ，わずかな荷重の増加に対して沈下は大きく進展し，せん断破壊面が少しずつ広がって破壊が徐々に進行し，破壊点を明確に判定できない場合である。

破壊点における荷重強度をそれぞれ q_d，q_d' とすると，これらは杭の載荷試験を実施した場合に得られる極限荷重あるいは極限支持力に相当し，杭の許容支持力を得るのに用いられる。

9.2 基礎の形式

基礎は，上部構造物である橋梁などの橋脚部，防波堤の大形ケーソン基礎部，その他の構造物と地盤との間にあって，上部構造物の荷重を強固な地盤に伝え，構造物全体が沈下，傾斜，転倒などにより破壊しないように建設構造物の安定を保証するものでなければならない。基礎は浅い基礎と深い基礎に分類される。

9.2 基礎の形式

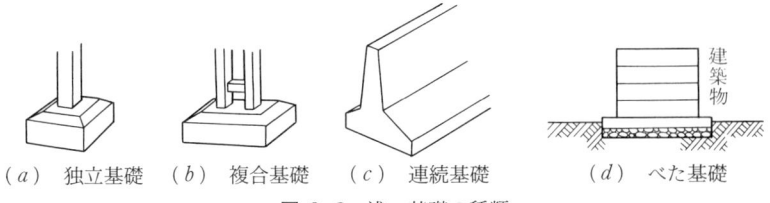

(a) 独立基礎　(b) 複合基礎　(c) 連続基礎　(d) べた基礎

図 9.2　浅い基礎の種類

　浅い基礎の種類としては，図 9.2 (a) に示すような単独で上部構造物を支える独立基礎，図 (b) に示す複合基礎といわれる形式で，長方形と台形などを組み合わせた安定性のある基礎，図 (c) に示す連続的な帯状の構造を成し，壁構造，土留め壁，止水壁などの役割も兼ねた構造をもつ連続基礎，図 (d) に示す上部構造物の底面を直接，地盤に接地させる形式のべた基礎などがある。

　深い基礎としては，図 9.3 (a) に示す杭基礎，および図 (b) に示すケーソン基礎がある。杭基礎には，あらかじめ工場でつくられた既製杭と工事現場で直接製作する場所打ち杭とがある。また既製杭には RC（鉄筋コンクリート）杭と PC（プレストレストコンクリート）杭，鋼杭などがある。ケーソン基礎は，楕円形や直方体の箱状で，大きな空洞のなかに土砂や水を充塡し，水中や地中に埋設して基礎とする。これにも既製のケーソンと場所打ちケーソンとがある。

既製杭
（PC, RC）

場所打ち杭

(a) 杭基礎　　　　　(b) ケーソン基礎

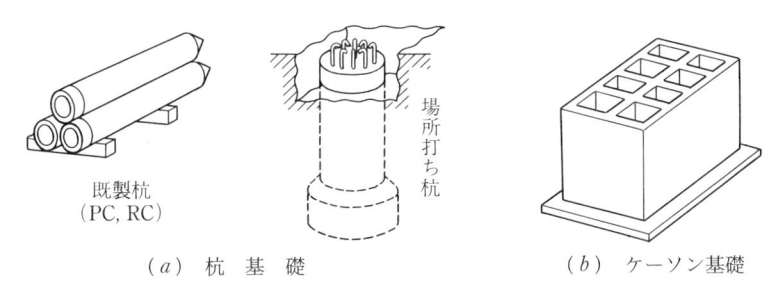

図 9.3　深い基礎の種類

9.3 浅い基礎の支持力

9.3.1 テルツァギの支持力公式

浅い基礎とは，一般的に基礎の幅 B と根入れ深さ D_f との比が $1 \geq D_f/B$ の場合の基礎である。いま，**図 9.4** に示すように長い帯状の基礎による載荷の一断面を考える。地盤は全般せん断破壊を起こすような塑性状態にあり，さらに，基礎の底面と地盤との間の摩擦は十分にあるとする。このような状態の場合，図中の基礎底面下の三角形領域Ⅰは**ランキン**（Rankine）土圧の主働域に相当し，基礎構造物と一体になって地盤内に押し込まれる。領域Ⅱは側方，および斜め下方に流動を起こす放射状せん断帯と呼ばれる過渡域である。領域Ⅲはランキン土圧の受働域に相当し，水平方向の土圧が鉛直方向の土被り圧より大きいため，引張作用が起こり，領域Ⅲは地表面に盛り上がりをみせるようになる。

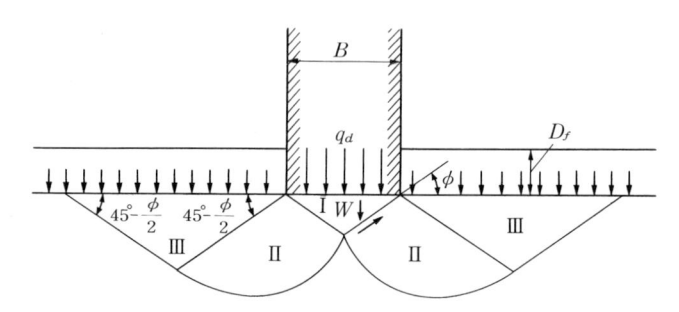

図 9.4 浅い基礎のテルツァギの支持力理論による塑性状態

テルツァギ（Terzaghi）による浅い基礎の支持力公式を，全般せん断の場合と局部せん断の場合について以下に示す。

$$q = cN_c + \frac{\gamma_t B}{2}N_r + \gamma_t D_f N_q \tag{9.1}$$

$$q' = \frac{2}{3}cN_c' + \frac{\gamma_t B}{2}N_r' + \gamma_t D_f N_q' \tag{9.2}$$

ここに，q：全般せん断の極限支持力度〔kN/m²〕，q'：局部せん断の極限支持力〔kN/m²〕，B：基礎荷重底面の最小幅で円形の場合は直径〔m〕，D_f：基礎の根入れ深さ〔m〕，c：土の粘着力〔kN/m²〕，γ_t：土の単位体積重量〔kN/m³〕，N_c, N_r, N_q：全般せん断の支持力係数，N_c', N_r', N_q'：局部せん断の支持力係数である（図 **9.5**）。

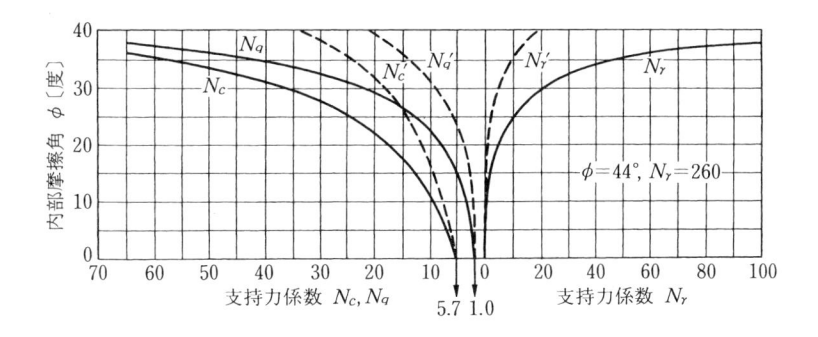

図 **9.5** 内部摩擦角と支持力係数（Meyerhof, 1955）

局部せん断は，荷重-沈下曲線の破壊点が不明確であり，土の応力-ひずみ曲線も複雑な挙動を示すため，局部せん断を扱う明解な計算は困難である。そこで便宜上，内部摩擦角を低下させて，支持力係数を図のように規定し，粘着力も全般せん断の場合の 2/3 としている。

例題 9.1 粘性土地盤から試料を採取し，一軸圧縮試験を実施したところ，$q_u = 4.0\,\text{N/cm}^2$ を得た。この地盤にべた基礎を施工した場合の極限支持力を算定せよ。

【解答】 粘性土であるから局部せん断の式（9.2）を適用する。粘性土であるから $\phi = 0°$ であり，図より $N_r' = 0$，$N_q' = 1.0$，$N_c' = 5.7$ である。基礎は地表面にあるから $D_f = 0$ である。したがって，式（9.2）の第 2 項，第 3 項は消失する。粘着力は $c = q_u/2 = 2.0\,\text{N/cm}^2 = 20\,\text{kN/m}^2$ である。したがって

$$q' = \frac{2}{3} \times 20 \times 5.7 = 76\,\text{kN/m}^2 \qquad \diamondsuit$$

9.3.2 一般化された支持力公式

テルツァギの支持力公式 (9.1), (9.2) を用いる場合, その地盤が全般せん断か局部せん断かの判断を必要とする. しかし, この判定は一般的に困難な場合が多い. そこで, その不都合を避けるため, 日本建築学会では**表 9.1** あるいは**図 9.6** に示すように, 内部摩擦角の大きさに応じて支持力係数を定め, 全般せん断, 局部せん断の別なく支持力公式を定めている. 具体的には,

表 9.1 支持力係数（日本建築学会「建築基礎構造設計規準」）

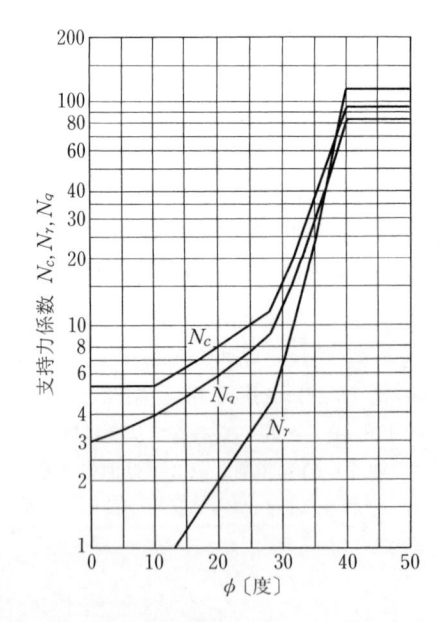

ϕ [°]	N_c	N_γ	N_q
0	5.3	0	3.0
5	5.3	0	3.4
10	5.3	0	3.9
15	6.5	1.2	4.7
20	7.9	2.0	5.9
25	9.9	3.3	7.6
28	11.4	4.4	9.1
32	20.9	10.6	16.1
36	42.2	30.5	33.6
40 以上	95.7	114.0	83.2

図 9.6 支持力係数（日本建築学会「建築基礎構造設計規準」）

9.3 浅い基礎の支持力

安全率を 3.0 とした長期許容支持力公式として式 (9.3) を,安全率を 1.5 とした短期許容支持力公式として式 (9.4) を定めている.

$$q_a = \frac{1}{3}(\alpha c N_c + \beta \gamma_1 B N_r + \gamma_2 D_f N_q) \qquad (9.3)$$

$$q_a' = \frac{2}{3}(\alpha c N_c + \beta \gamma_1 B N_r + \frac{1}{2}\gamma_2 D_f N_q) \qquad (9.4)$$

ここに,q_a:長期許容支持力度〔kN/m²〕,q_a':短期許容支持力度〔kN/m²〕,c:基礎荷重底面下の地盤の粘着力〔kN/m²〕,γ_1:基礎荷重底面下の地盤の平均単位体積重量〔kN/m³〕,γ_2:基礎荷重底面より上方地盤の平均単位体積重量〔kN/m³〕,B:基礎荷重底面の最小幅,円形の場合は直径〔m〕,α,β:表 9.2 に示す基礎底面の形状係数,D_f:基礎の根入れ深さ〔m〕,N_c,N_r,N_q:表 9.1 あるいは図 9.6 に示す支持力係数.

なお,長期許容支持力とは上部構造物の自重や荷重,基礎などの荷重を含む長期にわたる荷重に対する許容支持力をいう.短期許容支持力とは,長期荷重に地震時または風荷重を加えたときの諸応力を加算した短期荷重に対する許容支持力をいう.

表 9.2 形状係数 (日本建築学会「建築基礎構造設計規準」)

基礎荷重面の形状	連続	正方形	長方形	円形
α	1.0	1.3	$1+0.3\dfrac{B}{L}$	1.3
β	0.5	0.4	$0.5-0.1\dfrac{B}{L}$	0.3

B:長方形の短辺長さ,L:同長辺長さ

例題 9.2 図 9.7 は帯状基礎の断面である.「日本建築学会規準」のテルツァギ修正公式により長期荷重に対する許容支持力を求めよ.ただし,地盤は砂地盤からなり,砂の内部摩擦角は $\phi = 36°$ である.

【解答】 式 (9.3) を適用する.連続基礎であるから形状係数は表 9.2 より $\alpha = 1.0$,$\beta = 0.5$ である.砂質土であるから粘着力は $c = 0$ とし,式 (9.3) の第 1 項は消失する.$\gamma_1 = 8.5\,\text{kN/m}^3$,$\gamma_2 = 18.5\,\text{kN/m}^3$ である.支持力係数は表 9.1 より

9. 基礎地盤の支持力

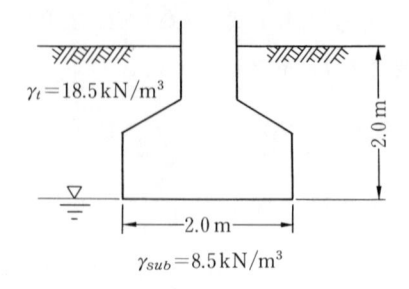

図 9.7 帯状基礎の断面

$N_r = 30.5$, $N_q = 33.6$ であり, $B = 2.0\,\mathrm{m}$, $D_f = 2.0\,\mathrm{m}$ である. 以上の数値を式 (9.3) に代入して

$$q_a = \frac{1}{3}(0.5 \times 8.5 \times 2.0 \times 30.5 + 18.5 \times 2.0 \times 33.6) = 501\,\mathrm{kN/m^2} \quad \diamondsuit$$

例題 9.3 支持力の算定には有効応力が適用されるので, 地盤中の地下水位の位置によって, 支持力公式中の γ_1, γ_2 の決め方に注意を必要とする. 図 9.8 (a), (b) に示すような地下水位に対して, γ_1 および γ_2 の算定式を導け.

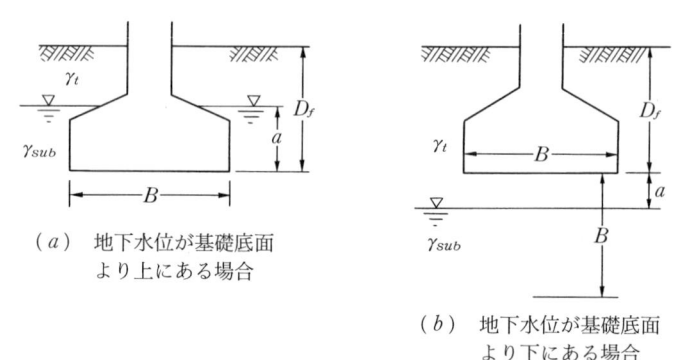

(a) 地下水位が基礎底面より上にある場合

(b) 地下水位が基礎底面より下にある場合

図 9.8 基礎地盤の平均単位体積重量

【解答】 図 (a) の場合:$\gamma_2 D_f = (D_f - a)\gamma_t + a\gamma_{sub}$ が成立するから

$$\gamma_2 = \gamma_t - \frac{a}{D_f}(\gamma_t - \gamma_{sub})$$

$$\gamma_1 = \gamma_{sub}$$

図 (b) の場合:γ_1 は基礎底面より深さ B までの平均単位体積重量と規定されて

いるので，$\gamma_1 B = a\gamma_t + (B-a)\gamma_{sub}$ が成立し

$$\gamma_1 = \gamma_{sub} + \frac{a}{B}(\gamma_t - \gamma_{sub})$$

$$\gamma_2 = \gamma_t \qquad\qquad\qquad\qquad\qquad\qquad\qquad\qquad ◇$$

9.3.3 支持力公式に対する補正

〔1〕 **根入れ深さの影響に対する補正**　　テルツァギの支持力公式において表面荷重 p_0 がある場合は，$h = p_0/\gamma_2$ としてそれを根入れ深さ D_f に加える。マイヤーホフは，基礎底面より上の土のせん断抵抗について考え，$D_f = 0 \sim B$ 程度の根入れ深さをもつフーチング基礎に対してつぎのような補正を行った。

$$q = cN_c\,d_c + \frac{\gamma_1 B}{2}N_r\,d_r + \gamma_2 D_f N_q\,d_q \tag{9.5}$$

ただし，$d_c = 1 + 0.2\dfrac{D_f}{B}\tan\left(\dfrac{\pi}{4} + \dfrac{\phi}{2}\right)$

$\qquad d_r = d_q = 1.0 \qquad\qquad\qquad\qquad$ （$\phi = 0°$ の場合）

$\qquad d_r = d_q = 1.0 + 0.1\dfrac{D_f}{B}\tan\left(\dfrac{\pi}{4} + \dfrac{\phi}{2}\right) \quad$ （$\phi > 10°$ の場合）

ここに，d_c：地盤の粘着力 c に関する補正係数，d_r：基礎荷重底面の幅 B に関する補正係数，d_q：基礎底面の根入れ深さ D_f に関する補正係数．

〔2〕 **傾斜荷重に対する補正**　　斜杭などの傾斜荷重に対する補正として，マイヤーホフは荷重の傾きを δ とするときの支持力度の水平，鉛直成分をつぎのように示した。

$$q_{dv} = cN_c\,i_c + \frac{\gamma_1 B}{2}N_r\,i_r + \gamma_2 D_f N_q\,i_q$$

$$q_{dh} = q_{dv}\tan\delta + (根入れ部側面の受働土圧) \tag{9.6}$$

ただし，$i_c = i_q = \left(1 - \dfrac{\delta}{\pi/2}\right)^2, \quad i_r = \left(1 - \dfrac{\delta}{\phi}\right)^2$

$\qquad \delta = \tan^{-1}\left(\dfrac{P_h}{P_v}\right)$ 〔ラジアン〕

ここに，q_{dh}, q_{dv}：基礎の支持力度の水平成分および鉛直成分，i_c：地盤の粘着力 c に関する補正係数，i_r：基礎荷重底面の幅 B に関する補正係数，i_q：基礎底面の根入れ深さ D_f に関する補正係数．

〔**3**〕 **偏心荷重に対する補正**　基礎に図 **9.9** のような偏心鉛直荷重が作用する場合について，マイヤーホフは，載荷点を中心点とする有効幅 B' を，$(B' = B - 2e)$ として設計すれば支持力が式 (9.7) で得られることを示した．

$$q_{de} = q_d \left(1 - \frac{2e}{B}\right) \quad (9.7)$$

ここに，q_{de}：偏心荷重を受けた基礎の支持力度，q_d：有効基礎幅 B' に対して中心荷重を受ける基礎の支持力度，B：実際の基礎幅，e：偏心量．

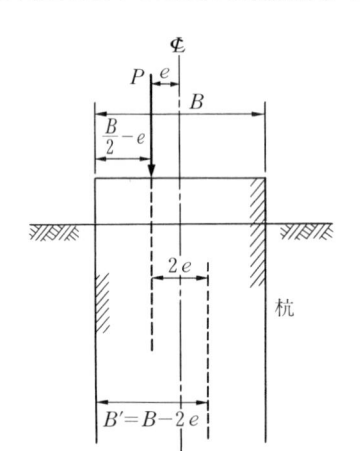

図 9.9 単一偏心荷重における有効基礎幅 B'

〔**4**〕 **地震時における内部摩擦角の補正**　地震時の支持力は，常時の支持力公式に用いる内部摩擦角 ϕ から地震合成角 θ を引いた ϕ_e を用いて算定される．ϕ_e は式 (9.8) で求める．

$$\phi_e = \phi - \theta = \phi - \tan^{-1}\left(\frac{k_h}{1 \pm k_v}\right) \quad (9.8)$$

ここに，k_h, k_v：水平および鉛直震度，θ：地震合成角 (8 章の図 **8.19**)．

9.4 深い基礎の支持力

9.4.1 深い基礎の特性

基礎底面幅 B と基礎の深さ D_f との比較により $D_f/B>1.0$ が成り立つ場合を深い基礎という。深い基礎には杭，ピア，およびケーソンがある。

杭基礎には，その作用効果によりつぎの4種類がある。

① 上部構造からの荷重を深い地中の支持層に伝える支持杭
② 硬質粘土や砂質土地盤で支持層が深い場合，杭周辺の摩擦力や粘着力により荷重を支える摩擦杭
③ 緩い砂地盤で，地盤を締め固める締固め杭
④ 杭の曲げ強さにより横荷重を支える水平支持杭

9.4.2 杭基礎の静力学的支持力公式

基礎杭の深さが浅い場合は，側方の土は単に抑えの働きをするだけであるので，根入れ部の摩擦抵抗を考える必要はないが，深い場合は，杭周面と地盤との摩擦抵抗を考える必要がある。その場合の支持力は式 (9.9) で表される。第1項は杭先端の地盤の極限支持力 Q_p で，浅い基礎の支持力算定式を修正して求めたものである。第2項は杭周面の摩擦抵抗 Q_f である。

$$Q = Q_p + Q_f = qA_p + f_s A_f \qquad (9.9)$$

ここに，Q：杭の極限支持力〔kN〕，Q_p：杭先端地盤の極限支持力〔kN〕，Q_f：杭周面の摩擦抵抗〔kN〕，A_p：杭先端の断面積〔m²〕，A_f：杭周面積〔m²〕，q：杭先端地盤の極限支持力度〔kN/m²〕，f_s：杭の周面摩擦力〔kN/m²〕である。

日本建築学会の「建築鋼杭基礎設計規準」では，マイヤーホフの支持力公式を修正し，図 9.10 に示すように基礎地盤の N 値に基づいて支持力公式を定めている。

182   9. 基礎地盤の支持力

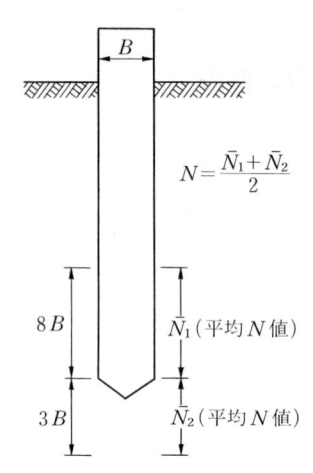

図 9.10 杭先端の N 値（日本建築学会「建築鋼杭基礎設計規準」）

$$Q = (40NA_p + \frac{1}{5}N_s A_s + \frac{1}{2}N_c A_c) \times 9.81, \quad Q_a = \frac{Q}{3} \qquad (9.10)$$

ここに，Q：杭の極限支持力〔kN〕，Q_a：杭の許容支持力〔kN〕，N：杭先端の設計用 N 値〔$N = (\bar{N}_1 + \bar{N}_2)/2$（**図 9.10**）〕，$\bar{N}_1$：杭先端より上方へ $8B$（B：杭径）の範囲における平均 N 値，$\bar{N}_2$：杭先端より下方へ $3B$ の範囲における平均 N 値，N_s：杭先端までの各砂層の平均 N 値，N_c：杭先端までの各粘土層の平均 N 値，A_s, A_c：杭が砂層および粘土層に貫入している部分の杭周面積〔m²〕，A_p：杭の先端面積〔m²〕。

例題 9.4 **図 9.11** に示すような多層地盤中に打設された杭の極限支持力と許容支持力を，「建築鋼杭基礎規準」の公式により求めよ。

【解答】 杭先端より下方の N 値は，$N_2 = 50$，杭先端より上方 $8B = 3.2\,\mathrm{m}$ の平均 N 値は，$N_1 = (2\,\mathrm{m} \times 50 + 1.2\,\mathrm{m} \times 2)/3.2\,\mathrm{m} = 32$ であるから，設計 N 値は $(32 + 50)/2 = 41$ となる。各層の平均 N 値は，$N_s = (9\,\mathrm{m} \times 25 + 2\,\mathrm{m} \times 50)/(9\,\mathrm{m} + 2\,\mathrm{m}) = 29.5$，$N_c = 2$。先端の断面積は $A_p = 0.126\,\mathrm{m}^2$。また，$A_s = \pi \times 0.4\,\mathrm{m} \times 11\,\mathrm{m} = 13.8\,\mathrm{m}^2$，$A_c = \pi \times 0.4\,\mathrm{m} \times 6\,\mathrm{m} = 7.5\,\mathrm{m}^2$ となるから，これらを式 (9.10) に代入すると

$$Q = \left(40 \times 41 \times 0.126 + \frac{29.5 \times 13.8}{5} + \frac{2 \times 7.5}{2}\right) \times 9.81 = 2\,900\,\mathrm{kN}$$

$B = 40$ cm

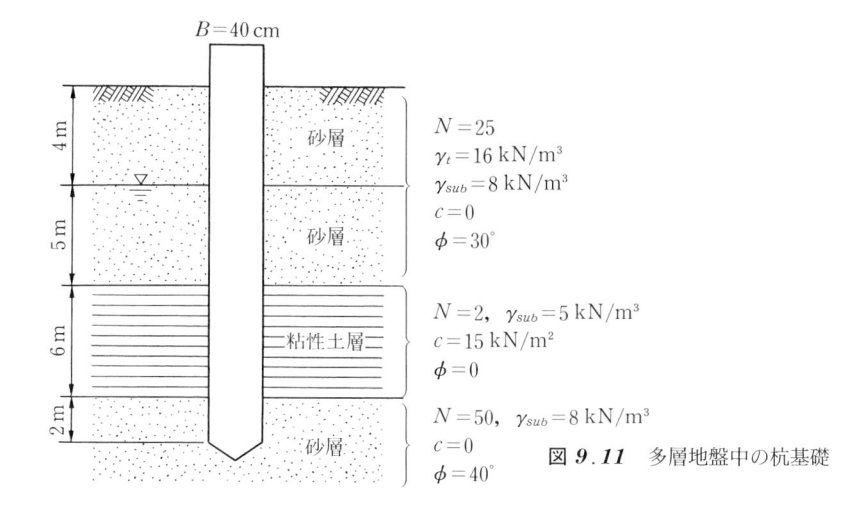

4 m 砂層
$N = 25$
$\gamma_t = 16$ kN/m³
$\gamma_{sub} = 8$ kN/m³
$c = 0$
$\phi = 30°$

5 m 砂層

6 m 粘性土層
$N = 2$, $\gamma_{sub} = 5$ kN/m³
$c = 15$ kN/m²
$\phi = 0$

2 m 砂層
$N = 50$, $\gamma_{sub} = 8$ kN/m³
$c = 0$
$\phi = 40°$

図 **9.11** 多層地盤中の杭基礎

$$Q_a = \frac{2\,900}{3} = 966 \text{ kN}$$

◇

9.4.3 群杭の支持力

1本の杭の支持力が隣接する杭の影響を受けない場合を単杭といい，式 (9.9) あるいは式 (9.10) によって極限支持力が算定される．しかし，杭が相互に影響し合うほどに近接して打設される場合は群杭として扱われ，その全体の支持力は，単杭の支持力に杭の本数を掛けて求めることはできない．ふつうは1本1本の摩擦杭としての効果が薄れ，群杭の支持力は本数の合計より小さくなる．

群杭の支持力の算定にはいろいろな考え方があるが，図 **9.12** のように考えるのが最もわかりやすい．すなわち，杭間の土は一体となって挙動するものとし，群杭全体の断面積を A [m²]，根入れ深さを D_f，群杭の周長を L，杭先端地盤の支持力度を q_e，杭に接する土のせん断強さを τ_f とすれば，群杭の支持力 Q は，式 (9.11) で表される．

$$Q = A q_e + L D_f \tau_f \tag{9.11}$$

184   9. 基礎地盤の支持力

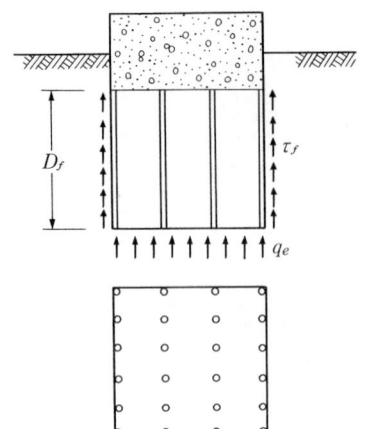

図 9.12 群杭基礎の支持力

9.4.4 杭の打設による動的支持力公式

杭打ちに際して,杭に加えられるエネルギーと損失エネルギーが杭の貫入仕事量に等しいものとして,いろいろな支持力公式が得られる。そのなかで最も一般的な式がハイレー (Hiley) の公式で,式 (9.12) のように与えられている。

$$Q = \frac{e_f E}{s + (c_1 + c_2 + c_3)/2} \frac{W_H + e^2 W_P}{W_H + W_P} \qquad (9.12)$$

ここに,Q:極限支持力〔kN〕,e_f:ハンマーの効率(自由落下ハンマーで $e_f = 1.0$,スチームハンマーで $e_f = 0.65 \sim 0.85$),E:打撃エネルギー〔kN・m〕,$E = W_H h$,h:ハンマーの落下高〔m〕,s:1回の打撃での杭の貫入量〔m〕,W_H:ハンマーの重量〔kN〕,W_P:杭の重量〔kN〕,c_1,c_2,c_3:それぞれ,杭,地盤,杭頭部の弾性圧縮量〔m〕,これらは,実測により求められる。e:反発係数,鋼杭で $e = 0.55$,木杭で $e = 0.4$。

9.4.5 負の摩擦力

杭が受ける上部構造からの荷重 P は,**図 9.13** (a) に示すように杭先端の支持力と杭周面の摩擦力によって支えられる。このような場合の摩擦力は,

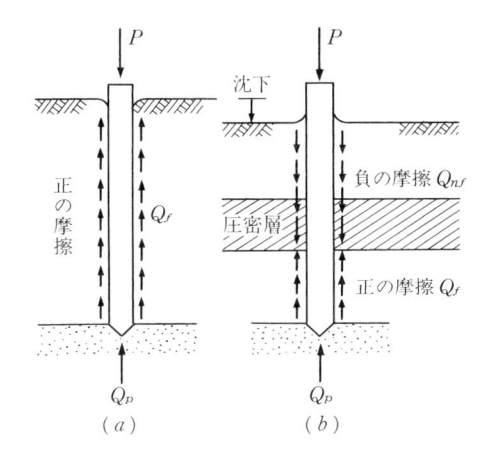

図 9.13 正の摩擦力と負の摩擦力

杭を支持する方向に作用するので正の摩擦力（positive friction）といわれる。

一方，杭周辺の地盤が粘土層の圧密によって沈下を起こすと，地盤は杭を下方に押し下げようとするが，杭は先端を支持層で支えられているため沈下しない。その結果，杭には部分的に図（b）に示すように下向きの摩擦力が働く。これを負の摩擦力すなわちネガティブフリクション（negative friction）という。

負の摩擦力を考慮する場合の支持力は，式（9.13）を満足するように算定される。

$$Q_p + Q_f \geq (P + Q_{nf}) F_s \tag{9.13}$$

ここに，Q_p：杭の先端支持力〔kN〕，Q_f：正の摩擦抵抗力〔kN〕，P：上部構造物からの荷重〔kN〕，Q_{nf}：ネガティブフリクション〔kN〕，F_s：安全率（ふつうは1.2〜1.5）である。

9.4.6 横方向力を受ける杭の水平支持力

杭基礎は，基本的には上部構造の重量による荷重を基礎岩盤に伝えるために施工されるが，周辺地盤の状況によっては，例えば盛土荷重によって地盤が側方流動を起こし，杭に水平荷重を作用させる場合がある。また，地震時には，上部構造の横揺れにより杭頭に水平荷重が作用する。

杭が水平方向の荷重を受けた場合の極限支持力を求めることは，きわめて難しいが，杭の水平方向の許容変位量を定め，その変位量に対応する力を解析的に求めて，それを許容支持力とする方法は可能である。

チャン（Y.L. Chang）は弾性床上の梁の理論を用い，杭が水平変位（y）した場合の杭に及ぼす地盤反力 p が

$$p = E_s y \tag{9.14}$$

で表されると仮定し，杭の弾性方程式を式（9.15）で表した。

$$EI \frac{d^4 y}{dx^4} = -p = -E_s y \tag{9.15}$$

ここに，y：地表から x なる深さでの杭の変位〔cm〕，E_s：土の弾性係数〔kN/cm²〕，EI：杭の曲げ剛性〔kN・cm²〕，p：地盤反力として杭に作用する分布荷重〔kN/cm〕である。

杭の状況に応じた境界条件に基づいて式（9.15）を解き，許容水平支持力を求めることができる。杭頭が上部構造と剛結している場合の許容変位（δ）に対する許容支持力は，式（9.16）で与えられる。

$$H_a = \frac{\delta K_h B}{\beta} \tag{9.16}$$

ここに，$\beta = \sqrt[4]{K_h B / 4EI}$ 〔cm⁻¹〕，H_a：許容水平支持力〔kN〕，δ：許容水平変位〔cm〕，B：杭の直径〔cm〕，K_h（$K_h = E_s/B$）：水平地盤反力係数〔kN/cm³〕。

K_h は原位置での孔内載荷試験により求めることができる。K_h のおよその値は，つぎのとおりである。

  軟らかい粘性土 $K_h = 10 \sim 20$ 〔N/cm³〕

  緩い砂 $K_h = 20 \sim 40$ 〔N/cm³〕

  硬い粘性土 $K_h = 40 \sim 80$ 〔N/cm³〕

  締まった砂礫 $K_h = 80 \sim 150$ 〔N/cm³〕

演 習 問 題

【1】 粘性土地盤から試料を採取し，一軸圧縮強度試験を実施したところ，その平均値として $q_u = 5.0\,\text{N/cm}^2$ を得た。この地盤に布基礎を施工した場合の極限支持力を算出せよ。

【2】 図 9.7 に示す基礎が円形基礎であるとした場合，日本建築学会規準のテルツァギ修正公式により，長期荷重に対する許容支持力を求めよ。ただし，砂の内部摩擦角は $\phi = 34°$，$\gamma_1 = 8.0\,\text{kN/m}^3$，$\gamma_2 = 18.0\,\text{kN/m}^3$ とする。

【3】 図 9.7 の基礎を正方形基礎の断面であるとする。問題【2】と同様の式を用いて長期荷重に対する許容支持力を求めよ。ただし，地盤はシルト質砂地盤からなり，内部摩擦角は $\phi = 30°$，粘着力は $c = 5.0\,\text{kN/m}^2$ とする。

【4】 問図 9.1 に示す正方形基礎について，日本建築学会「建築基礎構造設計規準」により長期荷重に対する許容支持力を求めよ。ただし，基礎底面より上方はシルト質粘性土で，その湿潤と水浸の単位体積重量は $\gamma_t = 16\,\text{kN/m}^3$，$\gamma_{sub} = 6\,\text{kN/m}^3$。基礎底面下はシルト質砂質土で，$\gamma_t = 18\,\text{kN/m}^3$，$\gamma_{sub} = 8\,\text{kN/m}^3$，および内部摩擦角と粘着力は，$\phi = 30°$，$c = 9.0\,\text{kN/m}^2$ とする。

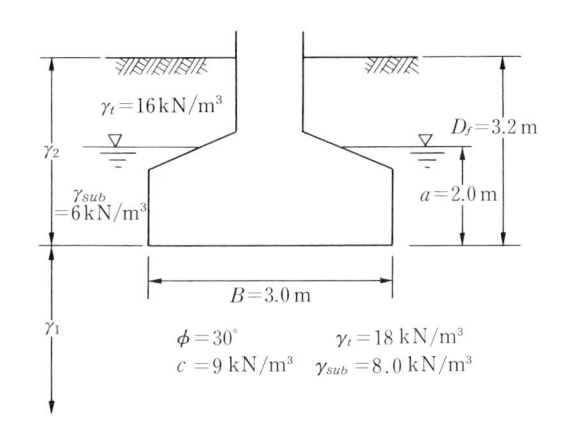

問図 9.1 正方形基礎の断面

【5】 問題【4】と同様の基礎地盤において，地下水面が基礎底面下 1.0 m にある場合の長期荷重に対する許容支持力を求めよ。

【6】 問図 9.2 に示すような正方形基礎の傾斜面に，H 形鋼製部材により $P = 120$ kN の荷重が作用している場合の基礎の安全性を検討せよ。ただし $\gamma_t = 16.5$

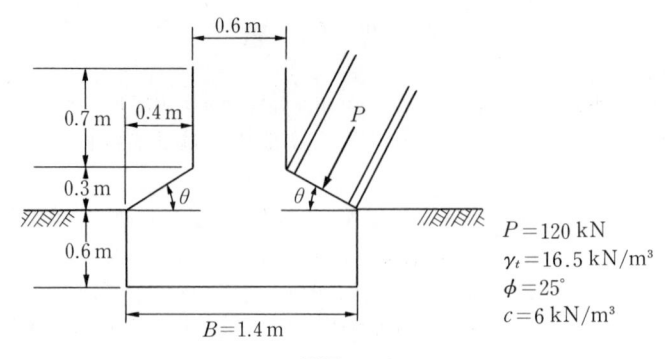

問図 **9.2**

kN/m³, 地盤の内部摩擦角 $\phi = 25°$, 粘着力は $c = 6.0$ kN/m², コンクリートの単位体積重量は $\gamma_c = 24$ kN/m³, 傾斜面勾配 θ とする。

【7】問図 **9.3** に示す多層地盤中に打設された杭の極限支持力と許容支持力を式 (9.10) の「建築鋼杭基礎規準」の公式より求めよ。ただし、砂層の N 値は上から順に $N = 25, 25, 50$。粘土層の N 値は上から $N = 2, 3$ である。

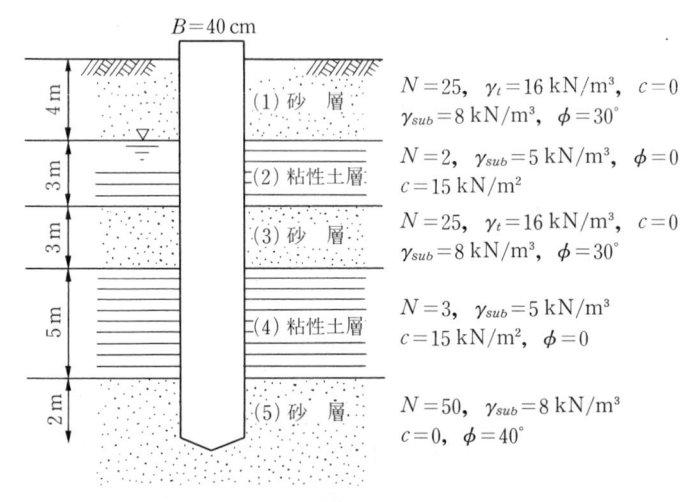

問図 **9.3**

【8】ハイレーの公式 (9.12) を用いて杭の打設における極限支持力を求めよ。ただし、ハンマー効率 $e_f = 1.0$, 打撃エネルギー $E = 35$ kN·m, ハンマー重量 $W_H = 14$ kN, ハンマー落下高 $h = 2.5$ m, 杭の貫入量 $s = 0.035$ m, 杭

の重量 $W_p = 15$ kN, 弾性圧縮量 $c_1 + c_2 + c_3 = 0.012$ m, 反発係数 $e = 0.5$ とする。

【9】問図 9.4 に示す地盤中の，単杭の負の摩擦抵抗に対する安全性を検討せよ。ただし，荷重は $P = 350$ kN, 安全率は $F_s = 1.2$ とする。

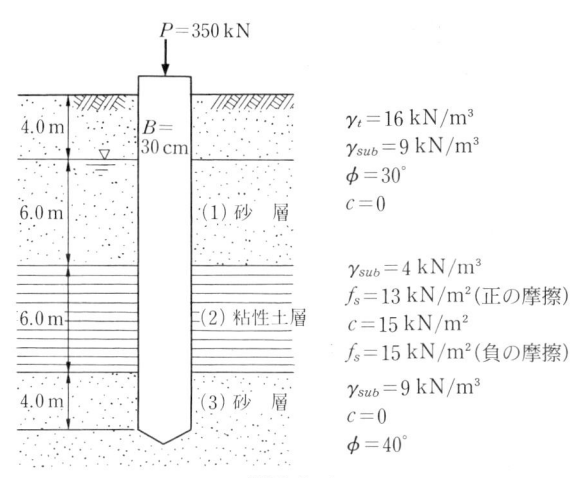

問図 9.4

(1) 砂層: $\gamma_t = 16$ kN/m³, $\gamma_{sub} = 9$ kN/m³, $\phi = 30°$, $c = 0$

(2) 粘性土層: $\gamma_{sub} = 4$ kN/m³, $f_s = 13$ kN/m²(正の摩擦), $c = 15$ kN/m², $f_s = 15$ kN/m²(負の摩擦)

(3) 砂層: $\gamma_{sub} = 9$ kN/m³, $c = 0$, $\phi = 40°$

杭: $B = 30$ cm, 層厚 4.0 m / 6.0 m / 6.0 m / 4.0 m

【10】問図 9.5 に示すようなコンクリート杭の許容水平変位量 δ を 1.2 cm としたときの杭の許容水平支持力を求めよ。ただし，杭頭部は上部構造物と剛結されている。杭の外径は 36 cm, 内径は 20 cm, 杭の弾性係数は $E = 3.2 \times 10^7$ kN/m², 水平地盤反力係数は $K_h = 4 \times 10^4$ kN/m³ とする。

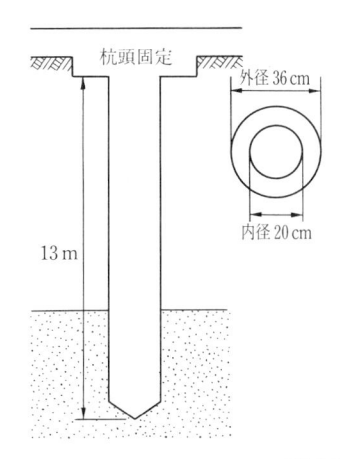

問図 9.5

杭頭固定，長さ 13 m, 外径 36 cm, 内径 20 cm

10

斜面の安定

　斜面崩壊による被災事故は，毎年日本各地で発生し住民に不安を与えている。本章では地盤を構成する土の特性を知って，その斜面がどの程度の安全性を有しているかという安全率を算定する手法について学ぶ。

10.1 斜面の破壊形態と安定性の評価方法

　自然斜面や切土斜面および盛土斜面など地表面が傾斜している場合は，より安定性の高い状態になろうとして，重力の作用により斜面の高い部分は低い部分へ移動しようとする。このとき，土の内部にはせん断応力が発生するが，その大きさが土のせん断強さを超えないうちは斜面は安定を保っている。土中のある連続した面に沿ったせん断応力が，せん断強さを超えるとその斜面は崩壊する。

　斜面崩壊の要因としては，重力によるせん断応力の発生のほかに，降雨などの浸透水によって土の単位体積重量が増加したり，間隙水圧が高まってせん断強さが減少したり，地震によるせん断力の増大などが考えられる。

　斜面の安定性を検討する際には，斜面のどの位置にどのような形のすべり面が発生するかを予測することが重要になる。斜面の破壊形態としては，大別して図 **10.1** に示す直線状のすべり面と円弧状のすべり面が代表的である。さらに，円弧状のすべり面は図 **10.2** に示す3タイプに分けられる。

① **底部破壊**（base failure）〔図（*a*）〕　　すべり面の先端が斜面先のかなり前方を通る破壊で，固い基礎地盤が深い場合に生じる。すべり面は基

10.1 斜面の破壊形態と安定性の評価方法

(a) 直線状すべり面　　(b) 円弧状すべり面

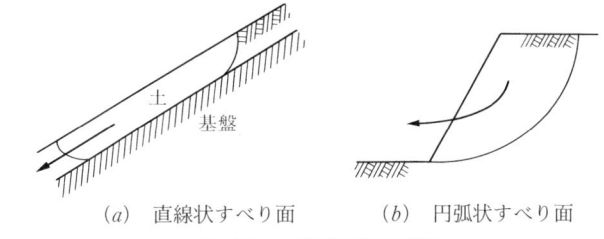

図 **10.1**　斜面崩壊の形態

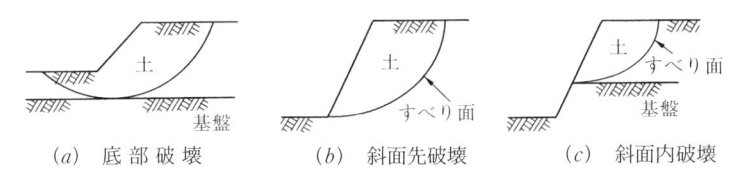

(a) 底部破壊　　(b) 斜面先破壊　　(c) 斜面内破壊

図 **10.2**　円弧状すべりの形態

盤に接する。

② **斜面先破壊**（toe failure）〔図(b)〕　　すべり面の下端が斜面先を通る破壊で，斜面が比較的急な場合に生じる。

③ **斜面内破壊**（slope failure）〔図(c)〕　　すべり面の先端が斜面を切るもので，固い基礎地盤が浅く斜面内にあってすべり面がそれより下方に広がりえない場合に生じる。

すべり面の形状は，斜面の高さ，勾配，基盤の深さおよび土の内部摩擦角から推定できる。斜面の安定性を評価する際には，斜面内の崩壊を起こす可能性のある多くのすべり面を考えて，これらのすべり面に沿ってすべりを起こそうとする力とすべりに抵抗しようとする力を求め，安全率を算出する。そのなかから最もすべりを起こしやすい面，すなわち安全率が最も小さい面を決定する。安定解析で用いられる安全率には，つぎに示す2通りの考え方がある。

$$F_s = \frac{\text{すべりに抵抗する力のモーメント}}{\text{すべりを起こそうとする力のモーメント}} \tag{10.1}$$

$$F_s = \frac{\text{すべりに抵抗する力}}{\text{すべりを起こそうとする力}} \tag{10.2}$$

10.2 半無限斜面の安定解析

10.2.1 粘着力のない土の場合

　粘着力のない土からなる無限に長い斜面において，地下に浸透流がない場合，斜面の長さに比べて浅く，かつ斜面の傾斜に平行な平面のすべり面が生じることがある．いま，図 10.3 に示すような傾斜角度 i の半無限斜面内において，深さ z に地表面に平行なすべり面を考える．この面の単位斜面長 ($l = 1$) に作用する鉛直応力は，土の単位体積重量を γ_t とすると

$$W = \gamma_t z \cos i \tag{10.3}$$

となることから，この面に作用する垂直応力 N，および，斜面をすべらそうとする力 T は式 (10.4)，(10.5) で表される．

$$N = \gamma_t z \cos^2 i \tag{10.4}$$

$$T = \gamma_t z \cos i \sin i \tag{10.5}$$

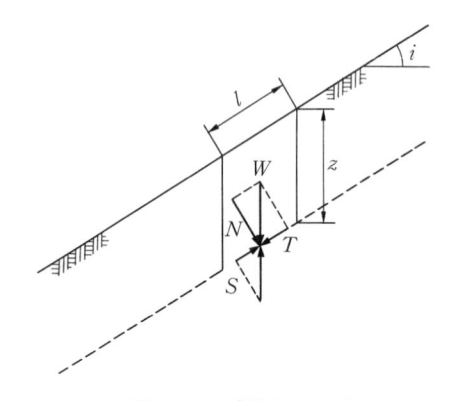

図 10.3　直線すべり面

　一方，土の内部摩擦角を ϕ とすると，すべり面に沿うせん断抵抗 S は

$$S = N \tan \phi = \gamma_t z \cos^2 i \tan \phi \tag{10.6}$$

となる．したがって，この面が安定であるためには T と S の間にはつぎの条件式 (10.7) を満足する必要がある．

$$T \leqq S \tag{10.7}$$

式 (10.7) に式 (10.5), (10.6)を代入すると式 (10.8)が得られる.
$$\tan i \leqq \tan \phi \tag{10.8}$$
すなわち,粘着力のない半無限斜面が安定を保つためには,傾斜角が土の内部摩擦角を超えないことが条件になる.したがって,この場合の安全率は
$$F_s = \frac{\tan \phi}{\tan i} \tag{10.9}$$
で表される.

つぎに,地下水面が地表面と一致する場合を考える(**図10.4**).この場合には,地下水流の流線は地表面と平行になり,等ポテンシャル線は地表面と直交する.深さ z の地表面と平行な面に作用する単位幅の有効垂直応力 σ' は
$$\sigma' = \gamma_{sat}\, z \cos^2 i - \gamma_w\, z \cos^2 i = \gamma_{sub}\, z \cos^2 i \tag{10.10}$$
ここに,γ_{sat} は飽和単位体積重量,γ_w は水の単位体積重量,および γ_{sub} は水中単位体積重量である.

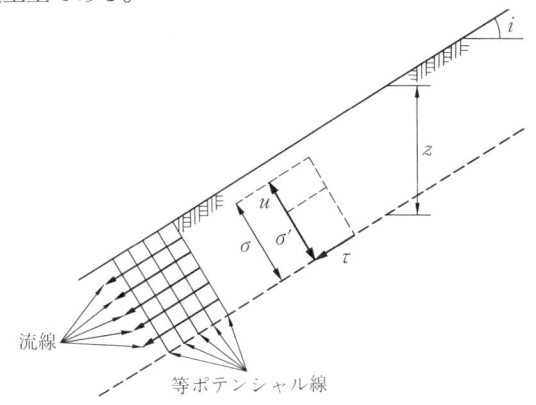

図10.4 浸透流がある場合の半無限斜面内の応力

一方,この面に沿うせん断応力 τ は,式 (10.5) と同じく
$$\tau = \gamma_{sat}\, z \cos i \sin i \tag{10.11}$$
であるから,斜面が破壊しないためには $\tau \leqq \sigma' \tan \phi$ でなければならないことより,式 (10.10),(10.11) を用いて式 (10.12) が得られる.
$$\tan i \leqq \frac{\gamma_{sub}}{\gamma_{sat}} \tan \phi \tag{10.12}$$

したがって，この場合の安全率は式（10.13）で与えられる。

$$F_s = \frac{\gamma_{sub}}{\gamma_{sat}} \frac{\tan \phi}{\tan i} \qquad (10.13)$$

例題 10.1 粘着力のない土の半無限斜面がある。① 地下水がない場合，② 地下水位が地表面にある場合，の最大斜面勾配を求めよ。ただし，安全率は 1.5，内部摩擦角 $\phi = 35°$，飽和単位体積重量 $\gamma_{sat} = 20 \,\mathrm{kN/m^3}$ とする。

【解答】
① 地下水がない場合は，斜面の安全率は式（10.9）で与えられる。

$$F_s = \frac{\tan \phi}{\tan i}$$

$$\therefore \quad \tan i = \frac{\tan 35°}{1.5} = 0.467, \quad 最大勾配\ i_{\max} = 25°$$

② 地下水位が地表面にある場合は，安全率は式（10.13）で与えられる。

$$F_s = \frac{\gamma_{sub}}{\gamma_{sat}} \frac{\tan \phi}{\tan i}$$

$$\therefore \quad \tan i = \frac{(20-9.8)}{20} \frac{\tan 35°}{1.5} = 0.238, \quad 最大勾配\ i_{\max} = 13.4° \qquad \diamondsuit$$

10.2.2 粘着力のある土の場合

粘着力のある土からなる半無限斜面において，地下に浸透流がない場合を考える。このとき土のせん断強さはクーロンの式に従うものとする。図 **10.3** に示す深さ z の面に働く垂直応力 σ とせん断応力 τ は式（10.14），（10.15）のようになる。

$$\sigma = \gamma_t\, z \cos^2 i \qquad (10.14)$$

$$\tau = \gamma_t\, z \cos i \sin i \qquad (10.15)$$

せん断抵抗はクーロンの式（$\tau_f = c + \sigma \tan \phi$）に従うので，式（10.14）と式（10.15）をクーロンの式に代入して

$$\gamma_t\, z \cos i \sin i = c + \gamma_t\, z \cos^2 i \tan \phi \qquad (10.16)$$

が得られ，これを z について解くと式（10.17）が得られる。

$$z = \frac{c}{\gamma_t} \frac{\sec^2 i}{\tan i - \tan \phi} \tag{10.17}$$

これはせん断応力とせん断抵抗力が等しくなる深さである．すなわち，土の厚さが式（10.17）で示される値より小さいときは，$i > \phi$ でも斜面は安定であり，この値より深くなると不安定になることを意味している．この場合の安全率は式（10.18）で与えられる．

$$F_s = \frac{\tau_f}{\tau} = \frac{c + \gamma_t z \cos^2 i \tan \phi}{\gamma_t z \cos i \sin i} \tag{10.18}$$

例題 10.2 地表面と硬い地層がほぼ平行で，傾斜角が25°の斜面がある．表層の厚さは5 m，表層土の特性は，粘着力 $c = 30\,\mathrm{kN/m^2}$，内部摩擦角 $\phi = 10°$，単位体積重量 $\gamma = 16\,\mathrm{kN/m^3}$ である．この斜面の安全率はいくらか．

【解答】 粘着性の土からなる斜面の安全率は，式（10.18）で与えられる．

$$F_s = \frac{c + \gamma_t z \cos^2 i \tan \phi}{\gamma_t z \cos i \sin i} = \frac{30 + 16 \times 5 \times \cos^2 25° \times \tan 10°}{16 \times 5 \times \cos 25° \times \sin 25°} = 1.36 \quad \diamondsuit$$

粘着力のある土からなる半無限斜面において，浸透流がある場合を考える．この場合も，地下水流の流線は地表面と平行になり，等ポテンシャル線は地表面と直交する．深さ z の地表面と平行な面に作用する単位幅の有効垂直応力 σ' は式（10.10）で与えられ，この面に沿うせん断応力 τ は式（10.11）で与えられる．したがって，せん断応力とせん断抵抗力が等しくなる深さは式（10.19）のようになる．

$$z = \frac{c}{\gamma_{sat}} \frac{\sec^2 i}{\tan i - (\gamma_{sub}/\gamma_{sat}) \tan \phi} \tag{10.19}$$

また，安全率は式（10.20）のようになる．

$$F_s = \frac{c + \gamma_{sub} z \cos^2 i \tan \phi}{\gamma_{sat} z \cos i \sin i} \tag{10.20}$$

10.3 円弧すべり面による安定解析

　斜面のすべり面として円弧状の面を仮定し，このすべり面と斜面とに挟まれる部分がすべりを起こそうとするときの安全率を求め，斜面の安定性を検討するものである。この方法では，仮定したすべり面の位置や半径によって安全率が変化する。そこで，すべり面の位置を少しずつ変化させて安全率が最小となるすべり面を探し出す。このすべり面を**臨界円**（critical circle）という。

　仮定した円弧すべり面の安全率を求める方法には，**分割法**（method of slices）と**摩擦円法**（friction circle analysis）に基づく安定係数法がある。

10.3.1 分　割　法

　分割法は，斜面が均質な土である場合に限らず，いくつかの層を形成していたり強度が不均質な場合，あるいは間隙水圧が作用する場合などにも適用でき，斜面の安定性評価に広く用いられている手法である。

　図 **10.5** に示すように，点 O を中心とする半径 R のすべり面を仮定し，すべり土塊を n 個に分割する。同図（b）は i 番目の分割片に作用する力を示しており，W_i は自重，T_i および N_i は，底面に作用するせん断抵抗力と有効垂直力である。

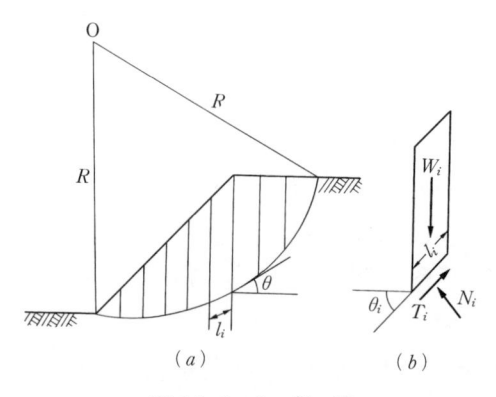

図 **10.5** 分　割　法

10.3 円弧すべり面による安定解析

i 番目の分割片の底面傾斜角を θ_i とすると,円弧の中心 O に関するすべり土塊のすべろうとするモーメントは,式 (10.21) で与えられる。

$$M_0 = R\sum W_i \sin \theta_i \tag{10.21}$$

一方,すべりに対する抵抗モーメントは,式 (10.22) で与えられる。

$$M_r = (\sum c l_i + \sum W_i \cos \theta_i \tan \phi) R \tag{10.22}$$

したがって,安全率は式 (10.23) のように表される。

$$F_s = \frac{\sum c l_i + \sum W_i \cos \theta_i \tan \phi}{\sum W_i \sin \theta_i} \tag{10.23}$$

土中に間隙水がある場合は,圧密非排水せん断試験で求められた強度定数 c', ϕ' を用いて,式 (10.24) のように表される。

$$F_s = \frac{\sum c' l_i + \sum (W_i \cos \theta_i - u_i l_i) \tan \phi'}{\sum W_i \sin \theta_i} \tag{10.24}$$

ここに,u_i はすべり面における間隙水圧である(図 **10.6**)。

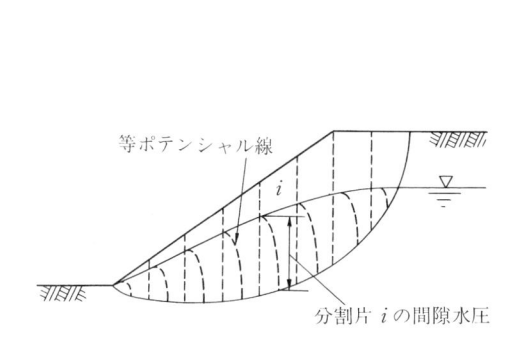

図 **10.6** 分割法における間隙水圧

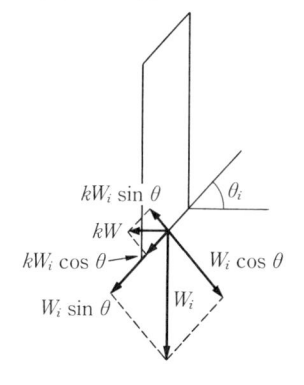

図 **10.7** 分割片に作用する地震力

地震力を考慮する場合は,図 **10.7** に示すように,水平震度 k を用いてすべり面に作用する地震力による水平方向成分を kW_i と表す。この力をすべり面に平行な力と垂直な力に分解すると,それぞれ $kW_i \cos \theta_i$,$kW_i \sin \theta_i$ となる。したがって,地震時のすべりに対する安全率は (10.25) となる。

$$F_s = \frac{\sum c l_i + \sum (W_i \cos \theta_i - kW_i \sin \theta_i) \tan \phi}{\sum (W_i \sin \theta_i + kW_i \cos \theta_i)} \tag{10.25}$$

例題 10.3 図 10.8 に示す斜面の円弧すべり面に対する安全率を求めよ。ただし、各分割片の面積と底面の傾斜角は、表 10.1 に示すように求まっているものとする。また、土の粘着力は $c = 20\,\mathrm{kN/m^2}$、内部摩擦角は $\phi = 15°$、単位体積重量は $\gamma_t = 18\,\mathrm{kN/m^3}$ とする。つぎに、水平震度 0.2 を考慮した場合の安全率はいくらになるか。

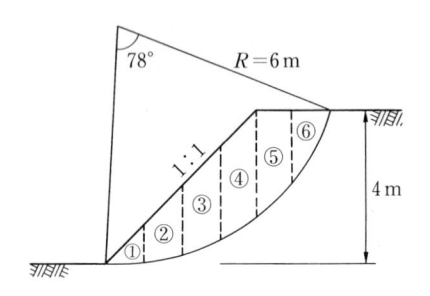

図 10.8

表 10.1 例題 10.3 の計算結果

スライス No.	面積 $A\,[\mathrm{m^2}]$	W $[\mathrm{kN/m}]$	θ $[°]$	$\sin\theta$	$\cos\theta$	$W\sin\theta$ $[\mathrm{kN/m}]$	$W\cos\theta$ $[\mathrm{kN/m}]$
①	0.53	9.54	4	0.070	0.998	0.67	9.52
②	1.64	29.52	11	0.191	0.982	5.63	28.98
③	2.23	40.14	20	0.342	0.940	13.73	37.72
④	3.08	55.44	28	0.469	0.883	26.03	48.95
⑤	2.67	48.06	40	0.643	0.766	30.89	36.82
⑥	1.79	32.22	52	0.788	0.616	25.39	19.84
						$\Sigma = 102.34$	$\Sigma = 181.82$

【解答】 各分割片についての計算結果を表 10.1 に示す。すべり円弧の長さは

$$L = \Sigma l = 3.14 \times \frac{78}{180} \times 6 = 8.16\,\mathrm{m}$$

となるので、式 (10.23) から

$$F_s = \frac{\Sigma c l_i + \Sigma W_i \cos\theta_i \tan\phi}{\Sigma W_i \sin\theta_i} = \frac{20 \times 8.16 + 181.82 \times \tan 15°}{102.34} = 2.07$$

つぎに、地震時の安全率は式 (10.25) から

$$F_s = \frac{\Sigma c l_i + \Sigma (W_i \cos\theta_i - k W_i \sin\theta_i)\tan\phi}{\Sigma (W_i \sin\theta_i + k W_i \cos\theta_i)}$$

$$= \frac{20 \times 8.16 + (181.82 - 0.2 \times 102.34)\tan 15°}{102.34 + 0.2 \times 181.82} = 1.49 \qquad \diamondsuit$$

例題 10.4 図 10.9 に示すすべり面の安全率を求めよ。ただし，各分割片の面積，底面の傾斜角と長さおよび間隙水圧は，**表 10.2** に示すように求まっているものとする。また，土の粘着力は $c' = 10\,\mathrm{kN/m^2}$，内部摩擦角は $\phi' = 29°$，飽和単位体積重量は $\gamma_{sat} = 20\,\mathrm{kN/m^3}$ とする。水面より上の土も飽和していて，その単位体積重量は同じく $20\,\mathrm{kN/m^3}$ とする。

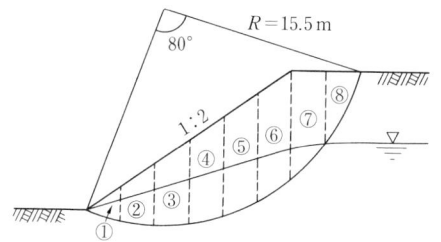

図 10.9

表 10.2 例題 10.4 の計算結果

スライス No.	面積 $A\,[\mathrm{m^2}]$	W $[\mathrm{kN/m^2}]$	θ [°]	$\sin\theta$	$\cos\theta$	$W\sin\theta$ $[\mathrm{kN/m^2}]$	$W\cos\theta$ $[\mathrm{kN/m^2}]$	u $[\mathrm{kN/m^2}]$	l [m]	ul $[\mathrm{kN/m^2}]$
①	1.93	38.6	−5	−0.087	0.996	−3.36	38.45	12.1	2.49	30.13
②	5.87	117.4	−1	−0.017	1.000	−2.05	117.38	18.4	2.51	46.18
③	8.06	161.2	2	0.035	0.999	5.63	161.10	22.3	2.53	56.42
④	11.02	220.4	8	0.139	0.990	30.67	218.26	27.5	2.56	70.40
⑤	12.03	240.6	19	0.326	0.946	78.33	227.49	29	2.63	76.27
⑥	14.23	284.6	31	0.515	0.857	146.58	243.95	17.7	2.66	47.08
⑦	11.83	236.6	42	0.669	0.743	158.32	175.83	11.2	2.76	30.91
⑧	7.69	153.8	67	0.921	0.391	141.57	60.09	0	3.5	0.00
						$\Sigma=$ 555.69	$\Sigma=$ 1 242.56		$\Sigma=$ 21.64	$\Sigma=$ 357.40

【解答】 計算結果を**表 10.2** に示す。円弧の長さは

$$L = \Sigma l = 3.14 \times \frac{80}{180} \times 15.5 = 21.64\,\mathrm{m}$$

であるから，式 (10.24) から

$$F_s = \frac{\sum c'l_i + \sum (W_i \cos\theta_i - u_i l_i)\tan\phi'}{\sum W_i \sin\theta_i}$$

$$= \frac{10 \times 21.64 + (1\,242.56 - 357.40)\tan 29°}{555.69} = 1.27 \qquad \diamondsuit$$

10.3.2 簡易ビショップ法

ビショップ (Bishop) は，分割片の両側面に作用しているせん断力の大きさは等しく打ち消し合うと仮定して，安全率を反復法で求める方法を提案した．i 番目の分割片に作用している力をすべて示すと**図 10.10** のようになる．底面での釣合いを考えると式 (10.26) となり，安全率は式 (10.27) で与えられる．

$$W_i \sin\theta_i - \frac{\tau_f}{F_s} l_i = W_i \sin\theta_i - \frac{c_i l_i + N_i' \tan\phi_i}{F_s} = 0 \qquad (10.26)$$

$$F_s = \frac{\sum (c_i l_i + N_i' \tan\phi_i)}{\sum W_i \sin\theta_i} \qquad (10.27)$$

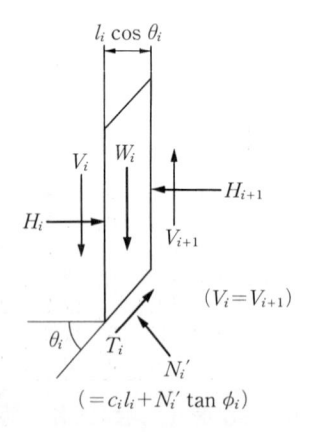

図 10.10 ビショップ法

つぎに，鉛直方向の釣合いを考えると，式 (10.28) のようになる．

$$W_i - N_i' \cos\theta_i - u_i l_i \cos\theta_i - \frac{\tau_f}{F_s} l_i \sin\theta_i = 0 \qquad (10.28)$$

$$W_i - N_i' \cos\theta_i - u_i l_i \cos\theta_i - \frac{c_i}{F_s} l_i \sin\theta_i - \frac{N_i' \tan\phi_i}{F_s} \sin\theta_i = 0$$

$$(10.29)$$

式（10.29）を N_i' について解くと，式（10.30）のようになる。

$$N_i' = \frac{W_i - (c_i/F_s)\, l_i \sin\theta_i - u_i l_i \cos\theta_i}{\cos\theta_i + (\tan\phi_i/F_s)\sin\theta_i} \quad (10.30)$$

この N_i' を式（10.27）に代入し，分割片の幅を $b_i = l_i \cos\theta$ としてまとめると，つぎのような安全率の式が得られる。

$$F_s = \frac{1}{\sum W_i \sin\theta_i} \sum \frac{\{c_i b_i + (W - u_i b_i)\tan\phi_i\}\sec\theta_i}{1 + (\tan\theta_i \tan\phi_i)/F_s} \quad (10.31)$$

この式（10.31）は両辺に安全率が入っており，計算にあたっては，右辺の安全率を仮定して安全率を求め直すことになる。得られた安全率が仮定した安全率と等しくなるまで計算を繰り返す。

10.3.3 安定係数法

軟弱地盤上に比較的急速に盛土を施工する場合には，軟弱地盤は十分な圧密作用を受けていないことから非圧密非排水せん断試験によって得られる強度定数を用いて安定計算を行うことになる。この方法では全応力表示で内部摩擦角は $\phi = 0$ となるので，ベーンせん断試験や一軸圧縮試験などから粘着力のみを求めることになる。この粘着力がわかると，与えられた勾配をもつ斜面の限界高さ H_c は式（10.32）で表される。

$$H_c = \frac{N_s\, c}{\gamma_t} \quad (10.32)$$

ここに，N_s：安定係数，c：土の粘着力，γ_t：土の単位体積重量。

安定係数（stability factor）は斜面の傾斜角と**深さ係数**（depth factornd）n_d だけに関係する。ここで，深さ係数とは，斜面肩から固い地盤までの深さ H' と斜面の高さ H との比である。テイラー（Taylor）は破壊時の斜面の強度を求め，安定係数と斜面傾斜角の関係を破壊パターンについて整理した図表を作成した。

斜面の傾斜角が 53° より大きいときは斜面先破壊を生じ，53° より小さいときは底部破壊をすることが多い。このような破壊形態は斜面の傾斜角 i と深さ係数 n_d および安定係数 N_s の関係を表す**図 10.11**，**図 10.12** から求めるこ

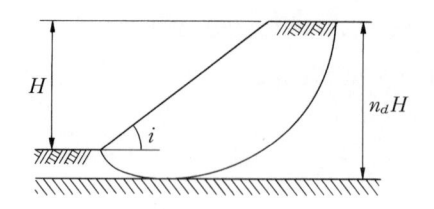

図 10.11　深度係数

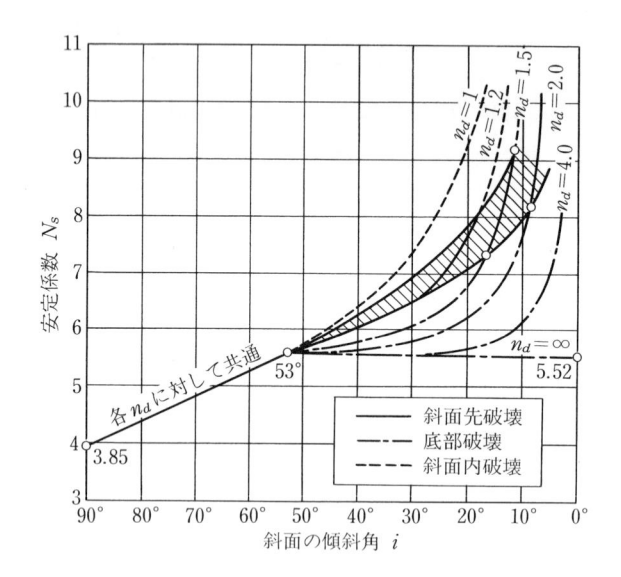

図 10.12　斜面の安定係数と傾斜角・深さ係数の関係（$\phi=0$）

とができる．斜面の傾斜角 i と深さ係数 n_d が与えられれば，図 10.12 から安定係数が求まり，式 (10.32) を用いて斜面の限界高さ H_c を求めることができる．

　土に内部摩擦角が存在する場合，斜面の安定解析は摩擦円法が用いられる．図 10.13 に示すように，斜面がまさにすべり出そうとするときには，すべり面上の微小反力 dP はすべて円弧の垂線に対して ϕ だけ傾いて作用することになるので，dP の作用線は半径 $R\sin\phi$ なる摩擦円に接することになる．したがって，反力の合力 P も近似的にこの摩擦円に接すると考えることができる．

　すべり面で仕切られる土の部分に働く重力 W，すべり面上に作用している

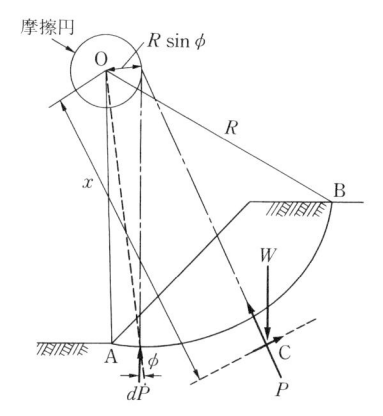

10.3 円弧すべり面による安定解析

図 10.13 摩擦円法

粘着力の合力 C，および反力の合力 P は，いま，まさにすべろうとするときには釣り合っていなければならない。このことから，これらの力が平衡を保つような ϕ と C を求めることができる。

内部摩擦角を有する土からなる斜面の場合でも，斜面の限界高さに関する式 (10.32) を用いることができる。ただし，この場合，安定係数 N_s は斜面の傾斜角だけではなく，内部摩擦角 ϕ にも関係する。安定係数 N_s と斜面の傾斜角 i および内部摩擦角 ϕ の関係を**図 10.14** に示す。

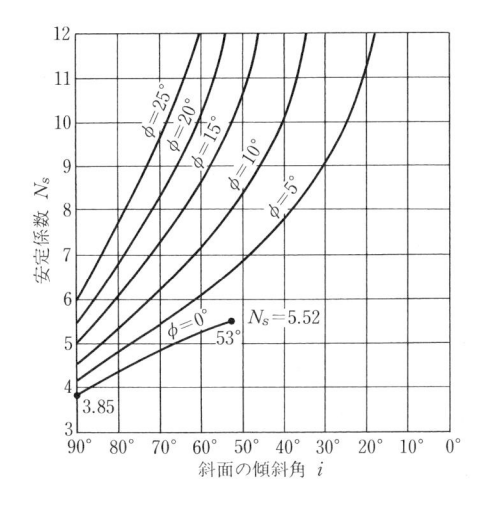

図 10.14 安定係数・傾斜角および内部摩擦角の関係

例題 10.5 図 10.15 に示す高さ $H = 6\,\text{m}$，傾斜角 $30°$，深さ係数 $n_d = 1.2$ の斜面の破壊形式と限界高さ H_c を求めよ。ただし，この斜面の粘着力 $c = 15\,\text{kN/m}^2$，内部摩擦角 $\phi = 0°$，単位体積重量 $\gamma_t = 16\,\text{kN/m}^3$ とする。

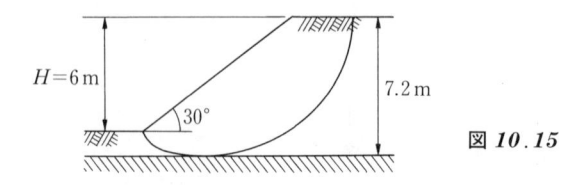

図 10.15

【解答】　内部摩擦角 $\phi = 0°$ であるから，図 10.12 を用いて，斜面の傾斜角 $30°$ および深さ係数 $n_d = 1.2$ より破壊形式は斜面先破壊とわかり，安定係数 $N_s = 6.6$ を得る。限界高さは式 (10.32) から，$6.2\,\text{m}$ となる。

$$H_c = \frac{N_s c}{\gamma_t} = \frac{6.6 \times 15}{16} = 6.2$$

◇

10.4　自然斜面の崩壊

　山地や丘陵地の斜面の一部において，力の均衡が破られて土が側方あるいは下方へ移動していく現象は，地すべりと山崩れの二つの形に分類することができる。

　地すべりは，自然の斜面が重力の作用によってゆっくりとかつ継続的に低いところに向かって移動する現象のことをいい，比較的広い範囲にわたってすべりを生じる。山崩れは，移動が急激に発生し，その速度は速くいったん移動した後はほぼ安定化することが多い。

　このような斜面破壊を引き起こす原因は，地質的および地形的な素因と，降雨，地下水，地震などの気象的誘因，河川浸食および切土，盛土などの人為的誘因と，これらに影響される斜面の風化，土質強度の弱化などが考えられる。

　ほとんどの地すべりの発生は，地下水に起因していると考えられる。すなわち，地下水の増加により間隙水圧が増加してすべり面の強度が低下し，すべり

面上の土塊の平衡が破れて地すべりが生じる。

地すべりを完全に抑止することは，きわめて難しい問題であるが，一般に採用される主な対策として，つぎのようなものがある。

① 地表水排除工　斜面の表面を被覆したり排水路を設けることにより，地表水の浸透を防ぐ方法。

② 地下水排除工　排水暗渠，横ボーリング，集水井，排水トンネルなどを設け地下水位の上昇を抑え，地盤内の間隙水圧を減少させる方法。

③ 地形変更工　地すべり土塊上部の土，または，地すべり土塊すべてを除去する方法。地すべり斜面の先端部に押え盛土を行う方法。

④ 杭　工　すべり面をまたいで杭を打ち込み抵抗力を増す方法。

演 習 問 題

【1】連続降雨によって飽和した砂質土の斜面が，飽和単位体積重量 $\gamma_{sat}=19$ kN/m³，内部摩擦角 $\phi=30°$ であった。この斜面の最大勾配はいくらか。

【2】傾斜角15°の砂質土からなる斜面が存在する。降雨によって砂質土が飽和した場合，地下水の存在しない常時と比較して斜面の安全率はどれくらい低下するか。ただし，砂質土の内部摩擦角 $\phi=30°$，間隙比 $e=0.65$，土粒子の比重 $G_s=2.65$ とする。

【3】粘着力 $c=20\,\mathrm{kN/m^2}$，内部摩擦角 $\phi=0°$，単位体積重量 $\gamma_t=18\,\mathrm{kN/m^3}$ の粘土層を鉛直に切り取った場合の限界高さ H_c を求めよ。

【4】地表面が水平な粘土層を傾斜角30°で深さ6mまで切り取ったとき，斜面が崩壊した。この粘土層の粘着力 c を求めよ。ただし，この粘土の内部摩擦角 $\phi=0°$，単位体積重量 $\gamma_t=16\,\mathrm{kN/m^3}$ で，基盤は地表面から12mのところにあるとする。

【5】例題 10.5 において，深さ係数 $n_d=1.5$ の場合の斜面の破壊形式と限界高さ H_c を求めよ。

【6】斜面の傾斜角が30°の場合に，土の粘着力 $c=20\,\mathrm{kN/m^2}$，内部摩擦角 $\phi=5°$，単位体積重量 $\gamma_t=18\,\mathrm{kN/m^3}$ として，この斜面の限界高さ H_c を求めよ。また，安全率を1.5とした場合の許容高さを求めよ。

【7】粘土地盤中に溝を掘削した。粘土の粘着力 $c=15\,\mathrm{kN/m^2}$，内部摩擦角 $\phi=5°$，単位体積重量 $\gamma_t=17\,\mathrm{kN/m^3}$ とする。このような溝に切梁を施工せずに

掘削しうる深さはいくらか。ただし，安全率を1.5とする。

【8】 粘土地盤中に深さ 0.8 m の鉛直な溝を掘削した。この地盤より乱さない土試料を採取し，一軸圧縮試験を行ったところ，一軸圧縮強度 $q_u = 10\,\mathrm{kN/m^2}$ であった。この溝の壁面の安全率を求めよ。ただし，この土の内部摩擦角 $\phi = 0°$，単位体積重量 $\gamma_t = 18\,\mathrm{kN/m^3}$ とする。

【9】 問図 **10.1** に示すような斜面の，分布荷重 q がない場合の安定性を評価せよ。ただし，土の単位体積重量 $\gamma_t = 18\,\mathrm{kN/m^3}$，粘土の粘着力 $c = 30\,\mathrm{kN/m^2}$，内部摩擦角 $\phi = 20°$ であり，分割片の面積と底面の傾斜角は**問表 10.1** に与えられているとおりとする。

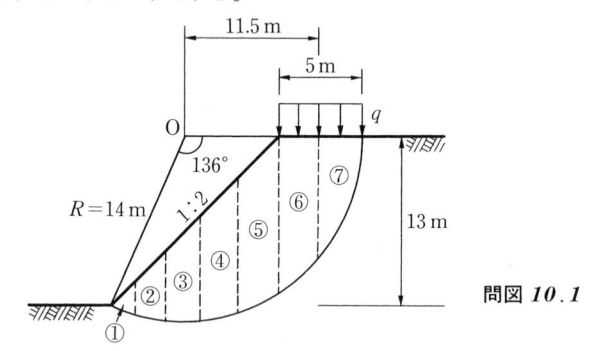

問図 **10.1**

問表 **10.1**

スライス No.	面 積 $A\,[\mathrm{m^2}]$	W [kN/m]	θ [°]	$\sin\theta$	$\cos\theta$	$W\sin\theta$ [kN/m]	$W\cos\theta$ [kN/m]
①	3.20		-30				
②	11.80		-24				
③	29.00		-9				
④	35.10		11				
⑤	39.80		30				
⑥	30.30		44				
⑦	24.80		69				

【10】 問題【9】の斜面に水平震度 0.2 の地震力が作用した場合の安全率を求めよ。

【11】 問題【9】の斜面で，**問図 10.1** に示すように $q = 40\,\mathrm{kN/m^2}$ の等分布荷重が作用した場合の安全率を求めよ。

11

土 の 締 固 め

　転圧，突固め，振動などの機械的な方法で，土に人工的な力を加えて間隙中の空気を追い出し，土を密な状態にすることを土の**締固め**（compaction）という。

　土を締め固めると間隙が減少して，密度が増加することにより，土粒子間のかみ合わせがよくなるので，土の強度（せん断抵抗）が増加し，圧縮変形が小さく，透水性の低い安定した土になる。また，雨水などの浸入による軟化や膨張を防ぐことができる。したがって，土を十分締め固めることは，要求される強度を満足し，土構造物完成後の圧縮沈下を小さくするために不可欠の作業であり，道路・鉄道・滑走路などの盛土，路床，路盤，河川堤防，アースダムの築堤などは，土を十分に締め固めることでその目的を達成している。

　しかし，締固めの効果は，土の種類，含水比，締固め方法，締固めエネルギーなどに大きく影響される。したがって，締固めの性質を十分に理解して，現場では目的に応じた効率のよい締固めを行うことが必要である。

　本章では，土の密度を人為的に高める締固め方法と締め固められた土の特性について解説する。

11.1　締固め試験と締固め特性

11.1.1　締 固 め 曲 線

　1933年にプロクター（Proctor）は，同じ土に対して，一定の仕事量で含水比を変えて締固めを行うと，図 **11.1** に示すように上に凸な山形の曲線となり，ある含水比のときに乾燥密度が最大となることを発見した。この曲線を**締固め曲線**（compaction curve）といい，乾燥密度の最大値を**最大乾燥密度**

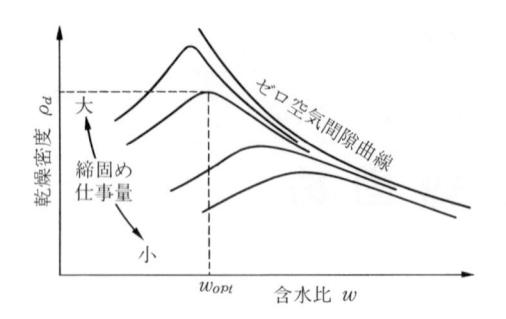

図 11.1 締固め曲線（仕事量変化）

（図中ラベル：乾燥密度 ρ_d、大、小、締固め仕事量、ゼロ空気間隙曲線、含水比 w、w_{opt}）

$\rho_{d\,max}$ (maximum dry density)，そのときの含水比を**最適含水比** w_{opt} (optimum water content) と呼ぶ．なお，図には種々の締固め仕事量による曲線が示されている．

　含水比の変化に伴い密度が山形の曲線になる理由は，つぎのように解釈されている．最適含水比までは，土に水を加えていくと土粒子表面の水膜が厚くなるので，サクション力の低下と水の潤滑作用で土粒子間の摩擦力が低減するために，締固めの際に土粒子が移動しやすくなって乾燥密度は増大するが，さらに多くの水分を加えると，土の間隙に含まれる水が多くなって土粒子相互の距離が遠ざけられ，乾燥密度が小さくなるからである．

11.1.2 締固め試験

　プロクターは，**図 11.2** に示すようにモールドのなかに何層かに分けて含水比を調整した試料を入れ，各層ごとにランマーで所定の回数突き固めることで，最適の含水比が存在することを見つけた．締固め仕事量は，ランマーの重量，落下高さ，打撃回数などを選ぶことで任意に設定できるが，わが国では，このプロクターの方法に基づき，突き固めによる締固め試験方法が基準化[1]されており，式 (11.1) で表される締固め仕事量 E_c が，標準プロクターと呼ばれる $E_c \fallingdotseq 550\,\mathrm{kJ/m^3}$（例えば，**図 11.2** に示すモールドとランマーでは 3 層 25 回の突固め）および修正プロクターと呼ばれる $E_c \fallingdotseq 2500\,\mathrm{kJ/m^3}$（例えば，内径 15 cm，高さ 17.5 cm のモールド，質量 4.5 kg のランマーを使用し 5 層 55 回の突固め）の二つが基本となっている．

11.1 締固め試験と締固め特性 　　209

図 **11.2**　締固め試験

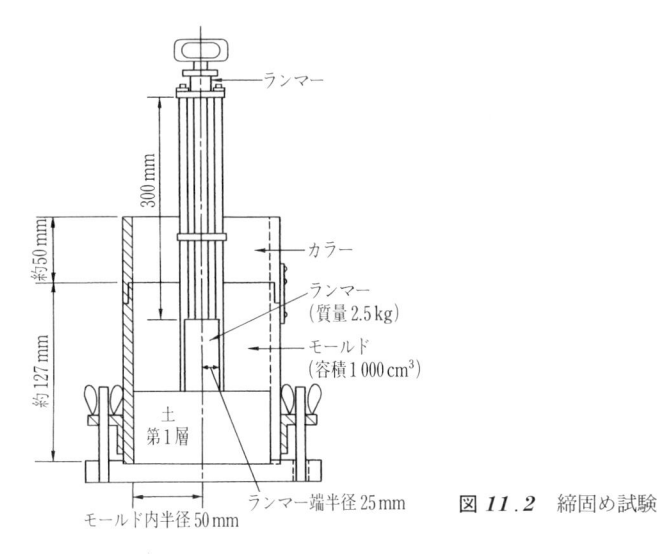

（図中ラベル：ランマー、カラー、ランマー（質量2.5 kg）、モールド（容積1 000 cm³）、土 第1層、300 mm、約50 mm、約127 mm、モールド内半径50 mm、ランマー端半径25 mm）

$$E_c = \frac{W_R\, H N_B\, N_L}{V} \tag{11.1}$$

ここに，W_R：ランマーの重量〔kN〕，H：ランマーの落下高〔m〕，N_B：1層当りの突固め回数，N_L：層数，V：モールドの容積（締固め供試体の容積）〔m³〕．

突固め試験結果を道路施工における管理基準として利用する場合は，一般的には路体・路床では標準プロクターが，路盤では修正プロクターが用いられる．

11.1.3　締固め仕事量と締固め特性

図 **11.1** に示すように，一般には仕事量が大きくなるほど締固め曲線の頂点は左上へ移動（最大乾燥密度は大きくなり，最適含水比は小さくなる）する．したがって，この締固め仕事量は結果の利用目的から選択され，土のより高い安定性を期待して十分な締固めが要求されるほど，大きい仕事量で行うことが基本的な考え方である．しかし，含水比が高い粘性土や火山灰質粘性土を重いローラーで転圧したときには，大きな仕事量で締め固めて土の性質を悪くし，土の強さがかえって低下してしまうことがある．この現象を**過転圧**あるい

は**締固めすぎ**（over compaction）と呼んでいる。

11.*1*.*4* 土の種類と締固め特性

締固め仕事量が同じであっても，土の種類が異なると締固め曲線は異なる。粒径や粒度分布，鉱物などにも関係するので単純な言い方はできないが，一般には図 *11*.*3* に示すように，粒度のよい粗粒な土ほど締固め曲線は鋭い山形になり，最大乾燥密度は大きく最適含水比は低くなる。また，細粒な土ほど締固め曲線は平らで滑らかになり，最大乾燥密度は小さく最適含水比は高い。

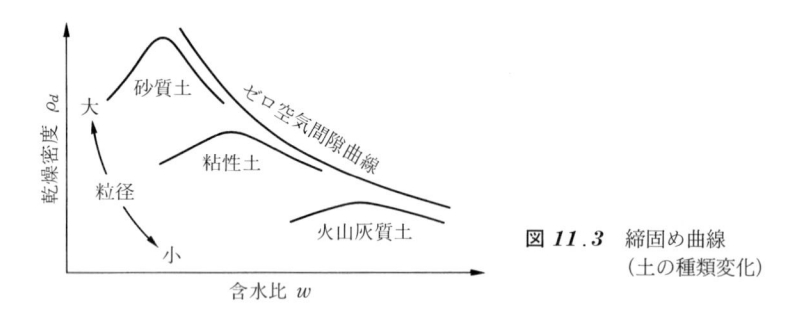

図 *11*.*3* 締固め曲線（土の種類変化）

11.*1*.*5* ゼロ空気間隙曲線

ある含水比状態にある土を締め固めたとき，間隙にある空気を完全に追い出すことができれば，それが理想の締固め状態であるが，現実には空気を完全に追い出すことは不可能である。したがって，締め固めた土のなかには土粒子，水，空気が存在し，この場合の ρ_d と w，S_r の関係は3章の式（*3*.*16*）および式（*3*.*18*）から，式（*11*.*2*）のように表すことができる。

$$\rho_d = \frac{\rho_w}{1/G_s + w/S_r} \tag{11.2}$$

実際には，締固め土中の空気を完全に0にすることはできないが，式（*11*.*2*）で $S_r = 100\%$ とおけば，式（*11*.*3*）のように理論的に土が飽和して空気を含まない状態での ρ_d を求めることができる。この ρ_d と含水比 w との関係を示す曲線を**ゼロ空気間隙曲線**（zero air void curve）といい，各含水比において理論上とりうる最大の乾燥密度を示しており，**図 *11*.*1*，図 *11*.*3***

のように締固め曲線に併記することになっている。

$$\rho_d = \frac{\rho_w}{1/G_s + w/100} \tag{11.3}$$

また，土のなかの土粒子部分の体積率 n_s，水の部分の体積率 n_w，空気部分の体積率（空気間隙率）n_a は

$$n_s = \frac{V_s}{V} \times 100 = \frac{\rho_d}{G_s \rho_w} \times 100 \; \text{〔\%〕} \tag{11.4}$$

$$n_w = \frac{V_w}{V} \times 100 = \frac{\rho_d w/100}{\rho_w} \times 100 = \frac{\rho_d w}{\rho_w} \; \text{〔\%〕} \tag{11.5}$$

$$n_a = \frac{V_a}{V} \times 100 \; \text{〔\%〕} \tag{11.6}$$

$$n_s + n = n_s + n_w + n_a = 100 \; \text{〔\%〕}$$

となり，これらの関係から式（11.7）が導かれる。

$$\rho_d = \frac{\rho_w(100 - n_a)}{100/G_s + w} \tag{11.7}$$

式（11.7）は ρ_d と w，n_a の関係を表したものであり，土が飽和して空気

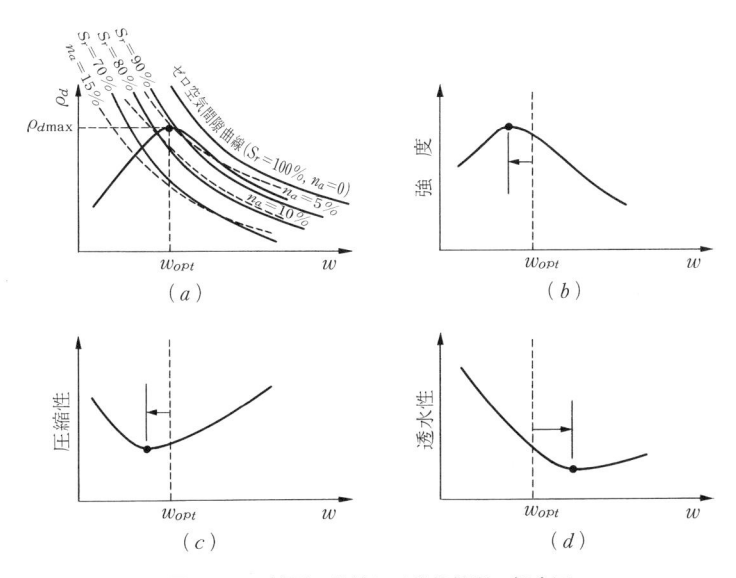

図 **11.4** 締固め曲線と工学的性質の概念図

を含まない状態では $n_a = 0$ であり，当然のことながら式（11.3）のゼロ空気間隙曲線と一致する。

締固め曲線に，例えば式（11.2），式（11.7）によって計算できる $S_r = 90, 80, 70\%$ といった等飽和度線，$n_a = 5, 10, 15\%$ といった等空気間隙率線を**図 11.4**（a）のように記入しておくと，締め固めた土がどの程度の飽和度あるいは空気間隙率になっているか，ひと目で判断できるので便利である。

11.2　締固め土の工学的性質

土は締固めによって密度が大きくなるだけでなく，強度，圧縮性，透水性などの工学的性質が改善される。これらの関係の概念図を**図 11.4**（b）〜（d）に示したとおりであり，強度，圧縮性，透水性ともおおむね最適含水比付近での締固めが最も安定している。厳密にいえば，その性質によって最も安定した含水比は異なり，強度と圧縮性は最適含水比より若干乾燥側，透水性は最適含水比より若干湿潤側で極値を示すことがわかっている。

11.3　相対密度

一般には，締固めの効果は乾燥密度 ρ_d で判定されるが，細粒分のない砂のような土では，締固めの程度を表すのに**相対密度**（relative density）という指標を用いることがある。相対密度 D_r は式（11.8）で定義される。

$$D_r = \frac{e_{\max} - e}{e_{\max} - e_{\min}} \tag{11.8}$$

ここに，$e_{\max}$：砂の最も緩い状態における間隙比，$e_{\min}$：砂の最も密な状態における間隙比，e：砂の自然状態における間隙比。

すなわち，土が最も緩い状態のときには $D_r = 0$ であり，締め固められると D_r は 1 に近づく。これは，粘性土でいう 3 章の式（3.28）のコンシステンシー指数 I_c（$= 1 -$ 液性指数 I_L）に対応するものである。

11.4 締固めの管理

現場において，土を締め固めた場合の土の締固め程度の判定は，室内の締固め試験により求めた最大乾燥密度 $\rho_{d\,\max}$ を基準にして考えるのが一般的である。すなわち，現場の乾燥密度 ρ_d を測定することにより，**締固め度** D_c 値は式 (11.9) により求められる。

$$D_c = \frac{\rho_d}{\rho_{d\,\max}} \times 100 \,[\%] \qquad (11.9)$$

例えば，道路の盛土は一般に締固め度が 90 % 以上と定められており，実際は図 **11.5** に示すようにこの管理限界 $0.9\,\rho_{d\,\max}$ の範囲で含水比をコントロールしながら施工が進められる。

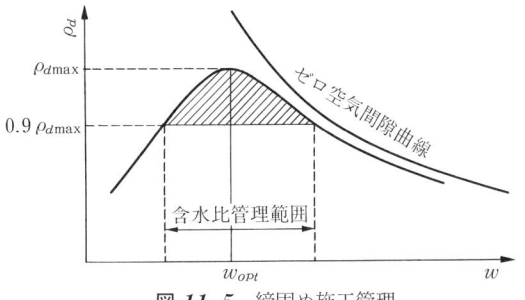

図 **11.5** 締固め施工管理

この密度の算定には体積と質量が必要であるので，締め固めた現場で一定の大きさの孔を掘り，孔内の試料の質量を測定し，その孔の体積を**砂置換法**と呼ばれるあらかじめ密度のわかっている砂で置き換える方法で測定するのが一般的である。しかし，迅速に締め固め土の品質を把握するために，密度により土中の放射能の透過度が異なることを利用した **RI**（radioisotope：放射性同位元素）計器を用いた測定も行われている。

また，多くの場合，締め固めた土の最大乾燥密度の状態は，飽和度 85～95 %，空気間隙率 10～20 % の範囲に入っていることが知られており，現場での土の締固めの管理に飽和度や空気間隙率を参考にすることもある。

演習問題

【1】 現場で砂の乾燥密度を測定したところ $1.60\,\text{g/cm}^3$ であった。実験室でこの砂の最大および最小密度を測定して，$1.72\,\text{g/cm}^3$，$1.47\,\text{g/cm}^3$ を得た。現場の砂の相対密度はいくらか。

【2】 標準プロクター（$E_c \fallingdotseq 0.551\,\text{J/cm}^3$）は，体積 $1\,000\,\text{cm}^3$ のモールドに試料を3層に分けて入れ，質量 $2.5\,\text{kg}$ のランマーを $30\,\text{cm}$ の高さから各層25回落下させて得られる。一方，修正プロクター（$E_c \fallingdotseq 2.47\,\text{J/cm}^3$）は，体積 $2\,209\,\text{cm}^3$ のモールドに試料を5層に分けて入れ，質量 $4.5\,\text{kg}$ のランマーを $45\,\text{cm}$ の高さから各層55回落下させて得られる。

いま，体積 $2\,209\,\text{cm}^3$ のモールドに試料を3層に分けて入れ，質量 $4.5\,\text{kg}$ のランマーを $45\,\text{cm}$ の高さから落下させて，標準プロクターと同じエネルギーを与えるには，各層何回突き固めればよいか。

【3】 式 (*11.2*) を誘導せよ。

【4】 式 (*11.7*) を誘導せよ。

【5】 ある試料について，体積 $1\,000\,\text{cm}^3$，質量 $3\,900\,\text{g}$ のモールドを用いて標準プロクターにより突固めによる締固め試験を実施して，**問表 *11.1*** のような結果を得た。また，この土の比重は 2.55 であることがわかっている。つぎの問に答えよ。

① 締固め曲線とゼロ空気間隙曲線を描け。
② 最大乾燥密度，最適含水比はいくらか。
③ $S_r = 90,\,80\,\%$ の等飽和度線，$n_a = 5,\,10\,\%$ の等空気間隙率線を図中に描け。
④ 現場でこの土の締固め度を $95\,\%$ と規定したとき，施工含水比の管理範囲を求めよ。

問表 *11.1* 試験結果

含水比〔%〕	12.0	13.9	16.0	17.1	18.6	20.9	23.2
試料＋モールドの質量〔g〕	5 602	5 678	5 753	5 794	5 809	5 790	5 770

【6】 現場で土を締め固める機械にはどのような種類があるか調べよ。

引用・参考文献

(**1章**)
1) 地盤工学会北関東・南東北豪雨災害緊急調査団：速報1998年8月北関東・南東北豪雨災害調査報告，土と基礎，**47-1**，492，pp. 39～42（1999）
2) 地盤工学会出水市針原川土石流災害緊急調査団：鹿児島県出水市土石流災害速報，土と基礎，**45-10**，477，pp. 38～39（1997）
3) 小特集 地下大空洞，土と基礎，**46-6**，485（1998）
4) 森下毅一：宅地造成における法面植栽と基礎土壌改良の手法，土と基礎，**44-6**，461，pp. 9～12（1996）
5) 三田地利之：ニュース 豊浜トンネル岩盤崩落に学ぶ，土と基礎，**44-5**，460，pp. 47～48（1996）
6) 豊浜トンネル崩落事故調査委員会：豊浜トンネル崩落事故調査報告書（1996.9）
7) 西川純一，佐藤昌志：豊浜トンネル崩落事故後の応急復旧，土と基礎，**46-7**，486，pp. 30～32（1998）
8) 高山線脱線事故，中日新聞（夕刊）1996年6月26日（水曜日）
9) (財)道路保全技術センターの案内書「ROMANTEC」より引用
10) 斉藤浩之，他：光ひずみセンサによる岩盤斜面の動態観測手法に関する研究，第29回岩盤力学に関するシンポジウム講演論文集，土木学会，pp. 281～285（1999）
11) 吉田幸美（2000年3月，豊田工業高等専門学校環境都市工学科卒業）の作品

(**2章**)
1) Hjulström, F.: Studies of the morphological activity of rivers as illustrated by the River Fyris. Bull. Geol. Inst. Univ. of Uppsala, 25, pp. 221～527 (1935)
2) 地学団体研究会編：新版地学事典 付図付表・索引，平凡社，pp. 14～15（1996.10）
3) 桑原 徹，松井和夫，吉野道彦・牧野内猛：熱田層の層序と海水準変動，「下末吉段丘」；文部省科学研究費「"下末吉段丘"に関する総合研究」研究報告，No. 1（1982）
4) 地盤工学会：地盤調査法（1995.9）
5) 地盤工学会：土質試験の方法と解説，第1回改訂版（2000.3）

(**3章**)
1) 地盤工学会：土質試験の方法と解説，第1回改訂版，pp. 54～60（2000.3）
2) 前掲1）pp. 146～155
3) 前掲1）pp. 61～68
4) 前掲1）pp. 69～92
5) 地盤工学会：土質用語辞典，p. 59（1985.3）
6) 前掲1）pp. 93～108
7) 前掲1）pp. 109～117
8) 地盤工学会：土質試験の方法と解説，pp. 81～88（1990.3）
9) 前掲1）pp. 213～238

(**4章**)
1) 土木学会，地盤工学会編：土質試験のてびき，pp. 72～83，土木学会（1999）
2) 安川郁夫，今西清志，立石義孝：絵とき土質力学，pp. 46～60，オーム社（1998）
3) 諸戸靖史：土質工学基礎演習，pp. 38～55，森北出版（1986）
4) 河上房義：土質力学（第6版），pp. 41～65，森北出版（1980）
5) 松岡　元：土質力学，森北出版（1999）
6) 中野　担，小山　明，杉山武司：新版土質工学，pp. 26～29，コロナ社（1987）

(**6章**)
1) 土木学会，地盤工学会編：土質試験のてびき，pp. 90～107，土木学会（1999）
2) 石原研而：土質力学，pp. 121～156，丸善（1988）
3) 河上房義：土質力学（第6版），pp. 85～105，森北出版（1980）
4) 中野　担，小山　明，杉山武司：新版土質工学，pp. 82～114，コロナ社（1987）
5) 今井五郎：わかりやすい土の力学，pp. 154～176，鹿島出版会（1983）
6) 土質工学会編：土の圧密入門，土質工学会（1993）
7) 山口柏樹：土質力学，pp. 107～139，技報堂（1978）

(**8章**)
1) 岡二三生：基礎土木工学シリーズ16，土質力学演習，pp. 211～212，森北出版（1995）
2) 松岡　元：基礎土木工学シリーズ15　土質力学，pp. 189～191，森北出版（1999）

(**11章**)
1) 地盤工学会：土質試験の方法と解説，第1回改訂版，pp. 252～265（2000.3）

演習問題解答

3 章

- 【3】 (1) $\gamma_w = 1.0 \, \text{tf/m}^3 = 9.8 \, \text{kN/m}^3$, (2) $1\text{MPa} = 1\,\text{N/mm}^2 = 10.2\,\text{kgf/cm}^2$
- 【4】 $\rho_t = 2.00\,\text{g/cm}^3$, $w = 11.1\,\%$, $\rho_d = 1.80\,\text{g/cm}^3$, $e = 0.489$
- 【5】 $\rho_t = 1.8\,\text{g/cm}^3$, $e = 0.80$, $S_r = 67.5\,\%$
- 【6】 $\rho_d = 1.25\,\text{g/cm}^3$
- 【7】 $w = 26.5\,\%$
- 【8】 $\rho_t = 1.899\,\text{g/cm}^3$, $S_r = 100\,\%$（飽和土である）
- 【9】 $\rho_t = 2.0\,\text{g/cm}^3$, $S_r = 98.1\,\%$
- 【10】 130 kg（130 l）
- 【11】 $e = 0.538$, $\rho_d = 1.72\,\text{g/cm}^3$, $\rho_{Sr30} = 1.83\,\text{g/cm}^3$, $\rho_{sat} = 2.07\,\text{g/cm}^3$
- 【12】 $e = 0.617$, $n = 38.1\,\%$, $S_r = 94.6\,\%$, $\rho_d = 1.639\,\text{g/cm}^3$, $\rho_{sat} = 2.021\,\text{g/cm}^3$, $\rho_{sub} = 1.021\,\text{g/cm}^3$
- 【13】

試　料	A	B	C
有効径 D_{10} (mm)	0.050	1.0	0.010
平均粒径 D_{50} (mm)	0.070	1.6	0.11
均等係数 U_c	1.5	1.8	23
曲率係数 U_c'	0.96	1.09	1.09
粒度分布の良し悪し	悪い	悪い	良い
日本統一土質分類	(MH)	(SG)	(SF−G)

三角座標（中分類）：試料A「細粒土 {Fm}」，試料B「礫質砂 {SG} あるいは砂 {S}，試料C「細粒分混じり砂 {SF}」

4 章

- 【1】 $h_c = 23.3 \sim 116.3\,\text{cm}$, $S = 2.28 \sim 11.40\,\text{kN/m}^2$, $\text{pF} = 1.37 \sim 2.07$
- 【2】 $k_{20} = 1.2 \times 10^{-2}\,\text{cm/s}$, $k_{15} = 1.1 \times 10^{-2}\,\text{cm/s}$
- 【3】 $1.0\,\text{m}^3/\text{day}$
- 【4】 $k_{24} = 1.3 \times 10^{-2}\,\text{cm/s}$, $k_{15} = 1.0 \times 10^{-2}\,\text{cm/s}$
- 【5】 $70.7\,\text{cm}^3$
- 【6】 $k_{20} = 1.04 \times 10^{-3}\,\text{cm/s}$, $k_{15} = 0.92 \times 10^{-3}\,\text{cm/s}$
- 【7】 575 s
- 【8】 $k = 1.46 \times 10^{-2}\,\text{cm/s}$

218　演 習 問 題 解 答

- 【9】 $k = 5.63 \times 10^{-3}$ cm/s
- 【10】 $k = 7.02 \times 10^{-3}$ cm/s
- 【11】 ① A 点 $= 0$ kN/m², B 点 $= 1.47 - 4.9h$ [kN/m²],
  C 点 $= 2.94 - 9.8h$ [kN/m²]
  ② A 点 $= 0$ kN/m², B 点 $= 1.47 + 4.9h$ [kN/m²],
  C 点 $= 2.94 + 9.8h$ [kN/m²]
  ③ $h = 30$ cm 以上
- 【12】 ① $i_c = 0.97$　② $F_s = 0.73$　③ 1.07 kN/m²
- 【13】 ① A 点 $= 137$ kN/m², B 点 $= 88$ kN/m², C 点 $= 39$ kN/m²
  D 点 $= 255$ kN/m², E 点 $= 206$ kN/m², E 点 $= 157$ kN/m²
  ② 6.9 m³/day

5 章

- 【1】 全応力 $\sigma_z = 163.5$ kN/m², 有効応力 $\sigma_z' = 85.1$ kN/m²
- 【2】 全応力 $\sigma_z = 94.3$ kN/m², 有効応力 $\sigma_z' = 15.9$ kN/m²
- 【3】 $\sigma_z = 0.89$ kN/m², $\sigma_r = 0.19$ kN/m², $\sigma_\theta = -0.075$ kN/m²,
  $\tau_{rz} = 0.53$ kN/m²
- 【4】 $\sigma_z = 40.7$ kN/m², $\sigma_x = 10.2$ kN/m², $\tau_{xz} = 20.4$ kN/m²
- 【5】 地点 A_1 : $\sigma_z = 57$ kN/m², $\sigma_x = 17.8$ kN/m², $\tau_{xz} = 29.4$ kN/m²
  地点 A_2 : $\sigma_z = 92.4$ kN/m², $\sigma_x = 4.5$ kN/m², $\tau_{xz} = 0$
  地点 A_3 : $\sigma_z = 74$ kN/m², $\sigma_x = 11.9$ kN/m², $\tau_{xz} = -24.8$ kN/m²
- 【6】 地点 A : $\sigma_z = 64.8$ kN/m², 地点 B : $\sigma_z = 50.5$ kN/m²
  地点 C : $\sigma_z = 20.16$ kN/m², 地点 D : $\sigma_z = 6.34$ kN/m²
- 【7】 地点 A : $\sigma_z = 80$ kN/m², 地点 B : $\sigma_z = 20.5$ kN/m²
- 【8】 載荷前 : $\sigma_z = 180$ kN/m², 載荷後 : $\sigma_z = 309.3$ kN/m²
- 【9】 $\sigma_1 = 214.0$ kN/m², $\sigma_3 = 86.0$ kN/m², $\theta = -19.3°$
- 【11】 $\sigma_A = 110$ kN/m², $\tau_A = 50$ kN/m²
- 【12】 地点 A_1 : $\sigma_1 = 72.7$ kN/m², $\sigma_3 = 2.1$ kN/m², $\theta = 118.2°, 28.2°$
  地点 A_2 : $\sigma_1 = 92.4$ kN/m², $\sigma_3 = 4.5$ kN/m², $\theta = 90°, 0°$
  地点 A_3 : $\sigma_1 = 82.7$ kN/m², $\sigma_3 = 3.2$ kN/m², $\theta = -109.3°, -19.3°$
- 【14】 $\sigma_D = 15$ kN/m², $\tau_D = 8.66$ kN/m²

6 章

- 【1】 荷重段階 $0 \sim 9.8$ kN/m² の圧縮係数 $a_v = 4.08 \times 10^{-3}$ m²/kN, 体積圧縮係数 $m_v = 1.03 \times 10^{-3}$ m²/kN, 圧密降伏応力 $P_c = 31$ kN/m², 圧縮指数 $C_c = 1.10$
- 【2】 ① $a_v = 5.33 \times 10^{-3}$ m²/kN, $m_v = 2.22 \times 10^{-3}$ m²/kN
  ② $C_c = 0.52$, $C_s = 0.05$

演 習 問 題 解 答   *219*

  ③ $P_c = 19\,\text{kN/m}^2$
  ④ $0.326\,\text{m}$
【3】 $S = 0.324\,\text{m}$
【4】 $S = 0.041\,\text{m}$
【5】 $c_v = 0.055\,\text{cm}^2/\text{min}$
【6】 ① $S = 0.48\,\text{m}$
  ② 525 日
  ③ $T_v = 0.137$, $U = 43\,\%$, $S = 0.21\,\text{m}$
  ④ $t = 2\,100$ 日, $T_v = 0.034$, $U = 21\,\%$, $S = 0.10\,\text{m}$
【7】 $c_v = 0.013\,\text{cm}^2/\text{min}$, $t = 1\,812$ 日
【8】 ① $147\,\text{kN/m}^2$
  ② $10.75\,\text{kN/m}^2$
  ③ $0.08\,\text{m}$

7 章

【1】 No. 1：$c = 2.5\,\text{N/cm}^2$, $\phi = 3.7°$, No. 2：$c = 1.6\,\text{N/cm}^2$, $\phi = 11°$, No. 3：$c = 0$, $\phi = 19.5°$
【3】 $c = 0.5\,\text{N/cm}^2$, $\phi = 26.5°$
【4】 $c = 0.62\,\text{N/cm}^2$, $\phi = 26.4°$
【6】 $\sigma_1 = 28.8\,\text{N/cm}^2$
【7】 $\sigma_d = \sigma_1 - \sigma_3 = 65.7\,\text{N/cm}^2$
【8】 $\tau_{\max} = 100\,\text{N/cm}^2$, $\theta = 45°$
【9】 $q_u = 18.72\,\text{N/cm}^2$, $\varepsilon_f = 3.25\,\%$, $E_{50} = 1\,040\,\text{N/cm}^2$
【10】 $\phi = 20°$, $c = 6.55\,\text{N/cm}^2$
【11】 ① $\sigma_1 = 48.0\,\text{kN/m}^2$, $\sigma_3 = 24.0\,\text{kN/m}^2$
  ② $\sigma_1 = 94.8\,\text{kN/m}^2$, $\sigma_3 = 42.7\,\text{kN/m}^2$
  ③ $c_u = 26.05\,\text{kN/m}^2$
【13】 $c = 43.7\,\text{N/cm}^2$
【15】 $\phi = 32°$
【16】 $c' = 2.0\,\text{N/cm}^2$, $\phi' = 30°$

8 章

【1】 $c = 22.5\,\text{kN/m}^2$
【2】 $P_a = 204\,\text{kN/m}$, $P_p = 850\,\text{kN/m}$
【3】 $P_a = 231\,\text{kN/m}$, $h_0 = 2.26\,\text{m}$
【4】 $P_a = 257\,\text{kN/m}$, $h_0 = 2.60\,\text{m}$
【5】 $P_a = 230\,\text{kN/m}$, $h_0 = 2.82\,\text{m}$

【6】 $P_a = 165$ kN/m, $h_0 = 2.51$ m
【7】 $P_a = 137$ kN/m, $h_0 = 1.54$ m
【8】 $P_a = 117$ kN/m, $P_p = 1\,232$ kN/m
【9】 $P_a = 156$ kN/m, $h_0 = 1.87$ m
【10】 $P_{ae} = 148$ kN/m, $h_0 = 1.67$ m
【11】 $D_f = 4.63$ m
【12】 (a) $P_a = 88$ kN/m, $h_0 = 1.67$ m (29° 下向き)
　　　(b) $P_a = 45$ kN/m, $h_0 = 1.67$ m (1° 下向き)
【13】 $P_a = 112$ kN/m, $h_0 = 0.9$ m, $H_c = 2.4$ m
【14】 (ランキン土圧) $P_a = 131$ kN/m, $h_0 = 2.0$ m
　　　(クーロン土圧) $P_a = 141$ kN/m, $h_0 = 2.0$ m
【15】 滑動 $F_s = 1.8$, 転倒 $F_s = 3.1$
【16】 $D_f = 2.2$ m

9 章

【1】 95 kN/m^2　【2】 332 kN/m^2　【3】 208 kN/m^2　【4】 218 kN/m^2
【5】 312 kN/m^2
【6】 安全率 $F = 1.5$ とすると, 鉛直極限支持力は $Q_{av} = 204$ kN, 水平極限支持力は $Q_{ha} = 120$ kN
【7】 極限支持力 $Q = 2\,833$ kN, 許容支持力 $Q_a = 944$ kN
【8】 523 kN
【9】 杭先端支持力 $(Q_p + Q_f)$ は $1\,303$ kN, 負の摩擦力 $(Q_{nf} + P)F_s$ は 691 kN, したがって安全。
【10】 $H_a = 277$ kN

10 章

【1】 $15.6°$
【2】 50% 低下する
【3】 4.3 m
【4】 16.8 kN/m^2
【5】 $H_c = 7.6$ m
【6】 $H_c = 10$ m, 許容高さ 6.66 m
【7】 2.5 m　【8】 $F_s = 1.4$　【9】 $F_s = 1.8$　【10】 $F_s = 1.2$
【11】 $F_s = 1.55$

11 章

【1】 $D_r = 0.559$　【2】 21 回
【5】 ② $\rho_{d\,max} = 1.620$ g/cm^3, $w_{opt} = 17.6\%$, ④ $w = 12.9 \sim 22.0\%$

索　　引

【あ】
圧縮　103
圧縮係数　108
圧縮指数　109
アッターベルグ限界　35
圧　密　104
圧密降伏応力　118
圧密度　112
安定係数　201

【い】
一次圧密　106
一軸圧縮試験　134
異方性　32

【う】
運積土　8

【え】
液状化　143
液性限界　35
N 値　14
円弧すべり面　196

【お】
オスターバーグの図　85
帯状三角分布荷重による応力　84
帯状等分布荷重による応力　83

【か】
過圧密粘土　79

海進　11
海退　11
化学的風化作用　7
過剰間隙水圧　106
火成岩　6
活性度　35
過転圧　209
簡易ビショップ法　200
間　隙　18
間隙比　22
間隙率　22
換算高さ　163
含水比　20
乾燥密度　22

【き】
吸着水　34
吸着水　45
極　97
極限支持力　171
曲率係数　31
許容支持力　171
均等係数　31

【く】
クーロン土圧　159
クーロンの破壊基準　131

【こ】
洪積層　10
黒泥　8
コンシステンシー限界　35
コンシステンシー指数　36

【さ】
最小主応力　95
最大乾燥密度　207
最大主応力　95
最適含水比　208
細粒土　29
サウンディング　13
サクション　34
サクション　47
砂質土　29
三角座標　40
三軸圧縮試験　131
残積土　8

【し】
CD試験　138
CU試験　138
時間係数　112
地震合成角　163
地震時の土圧　163
地すべり　204
湿潤密度　20
締固め　207
締固め曲線　207
締固めすぎ　209
締固め度　213
斜面先破壊　191
斜面内破壊　191
収縮限界　35
自由水　34
重力水　45
主働土圧　148
受働土圧　148

主働土圧係数	149	堆積土	8	日本統一分類法	38
受働土圧係数	149	体積比	23	ニューマークの図	90
植積土	8	ダイレイタンシー	141	【ね】	
シルト	28	多層地盤	157		
浸透水圧	50	単位構造	33	根入れ深さ	167
浸透流	50	単位体積重量	27	粘性土	29
震度法	163	【ち】		粘着力	131
【す】				粘 土	28
		地下水帯	44	【は】	
水中単位体積重量	27	地 層	9		
垂直応力	76	地層累重の法則	9	配向構造	33
水平応力	79	沖積層	10	【ひ】	
砂	29	長方形等分布荷重	88		
砂置換法	213	直接せん断試験	129	比表面積	34
【せ】		【つ】		【ふ】	
静止土圧係数	79, 164	土の構造	32	深さ係数	201
静止土圧	147	土のポアソン比	81	ブーシネスク	80
生物の要因による風化作用	8	【て】		物理的風化作用	7
接地圧分布	93			不飽和水帯	45
ゼロ空気間隙曲線	210	テルツァギの支持力公式	174	不飽和土	23
全応力	77	定水位透水試験	55	分割法	196
せん断応力	76	泥 炭	8	分級作用	8
せん断強さ	128	底部破壊	190	分散構造	33
せん断抵抗	128	テルツァギ	104	【へ】	
【そ】		【と】			
				平均粒径	31
層 序	9	凍 上	48	ヘーゼン	54
相対密度	212	透水係数	51	壁面摩擦角	160
層 流	50	動水勾配	50	ベーン試験	136
続成作用	6	透水性	45	偏心距離	166
塑性限界	35	等方性	32	変水位透水試験	55
塑性指数	35	土被り圧	76	変成岩	7
塑性図	38	土粒子の比重	19	【ほ】	
塑性平衡状態	148	土粒子の密度	19		
粗粒土	29	【な】		飽和水帯	44
【た】				飽和単位体積重量	27
		内部摩擦角	131	飽和度	23
体積圧縮係数	108	【に】		飽和土	23
堆積岩	7			飽和密度	25
体積含水率	23	二次圧密	106		

【ま】		盛土荷重による応力	85	乱　流	50
摩擦円法	196	**【や】**		**【り】**	
【め】		矢　板	167	粒　径	28
綿毛化構造	33	山崩れ	204	粒径加積曲線	29
【も】		**【ゆ】**		粒　度	29
毛管圧	47	有機質土	8	流動曲線	37
毛管水	45	有効応力	78	流動指数	37
毛管水帯	44	UU試験	137	臨界円	196
毛管不飽和水帯	45	**【よ】**		**【れ】**	
毛管飽和水帯	44	揚水試験	55	礫	29
モール(Mohr)の応力円	96	**【ら】**		礫質土	29
モール・クーロンの破壊基準	132	ランダム構造	33		

―― 著者略歴 ――

赤木　知之（あかぎ　ともゆき）
1964年　秋田大学鉱山学部鉱山地質学科卒業
1964年
〜69年　青木建設株式会社勤務
1972年　秋田大学大学院鉱山研究科土木工学専攻修了
1972年　秋田大学助手
1976年　工学博士（名古屋大学）
1977年　豊田工業高等専門学校助教授
1981年　アルバータ大学（カナダ）客員研究員
1984年　豊田工業高等専門学校教授
2004年　琉球大学教授
2005年　豊田工業高等専門学校名誉教授
2007年　強化土エンジニヤリング株式会社顧問
2014年　退職

上　俊二（うえ　しゅんじ）
1978年　西日本工業大学土木工学科卒業
1978年　徳山工業高等専門学校助手
1983年　徳山工業高等専門学校講師
1987年　徳山工業高等専門学校助教授
1995年　山口大学大学院後期博士課程修了（設計工学専攻）
1997年　博士（工学）（山口大学）
2004年　徳山工業高等専門学校教授
2019年　徳山工業高等専門学校名誉教授
　　　　徳山工業高等専門学校嘱託教授
2021年　徳山工業高等専門学校特命教授
　　　　現在に至る

伊東　孝（いとう　たかし）
1984年　名古屋大学工学部土木工学科卒業
1986年　名古屋大学大学院工学研究科博士課程（前期課程）修了（地盤工学専攻）
1987年　豊田工業高等専門学校助手
1991年　豊田工業高等専門学校講師
1994年　博士（工学）（名古屋大学）
1994年　豊田工業高等専門学校助教授
1995年　ミシガン大学（米国）客員研究員
2004年　豊田工業高等専門学校教授
2018年　琉球大学教授
　　　　現在に至る
2019年　豊田工業高等専門学校名誉教授

吉村　優治（よしむら　ゆうじ）
1983年　長岡技術科学大学工学部建設工学課程卒業
1985年　長岡技術科学大学大学院工学研究科修士課程修了（建設工学専攻）
1985年　岐阜工業高等専門学校助手
1991年　岐阜工業高等専門学校講師
1994年　博士（工学）（長岡技術科学大学）
1994年　岐阜工業高等専門学校助教授
2003年　技術士（建設部門）
2004年　岐阜工業高等専門学校教授
　　　　現在に至る

小堀　滋久（こぼり　しげひさ）
1970年　広島工業大学工学部土木工学科卒業
1996年　博士（工学）（愛媛大学）
1997年　マサチューセッツ工科大学（米国）客員研究員
1983年　呉工業高等専門学校助教授
1998年　呉工業高等専門学校教授
2011年　呉工業高等専門学校名誉教授

土 質 工 学
Soil Engineering

　　　　　　　　　　　　　　　　　　　　　Ⓒ　Akagi, Yoshimura, Ue, Kobori, Ito　2001

2001年4月27日　初版第1刷発行
2022年3月10日　初版第14刷発行

検印省略	著　者	赤　木　知　之
		吉　村　優　治
		上　　　俊　二
		小　堀　慈　久
		伊　東　　　孝
	発行者	株式会社　コロナ社
	代表者	牛来真也
	印刷所	富士美術印刷株式会社
	製本所	有限会社　愛千製本所

112-0011　東京都文京区千石4-46-10
発行所　株式会社　コロナ社
CORONA PUBLISHING CO., LTD.
Tokyo Japan
振替 00140-8-14844・電話(03)3941-3131(代)
ホームページ　https://www.coronasha.co.jp

ISBN 978-4-339-05503-0　C3351　Printed in Japan　　　　　　（添田）

JCOPY ＜出版者著作権管理機構　委託出版物＞
本書の無断複製は著作権法上での例外を除き禁じられています。複製される場合は，そのつど事前に，出版者著作権管理機構（電話 03-5244-5088，FAX 03-5244-5089，e-mail: info@jcopy.or.jp）の許諾を得てください。

本書のコピー，スキャン，デジタル化等の無断複製・転載は著作権法上での例外を除き禁じられています。購入者以外の第三者による本書の電子データ化及び電子書籍化は，いかなる場合も認めていません。
落丁・乱丁はお取替えいたします。

環境・都市システム系教科書シリーズ

(各巻A5判，欠番は品切です)

■編集委員長　澤　孝平
■幹　　　事　角田　忍
■編集委員　荻野　弘・奥村充司・川合　茂
　　　　　　嵯峨　晃・西澤辰男

配本順				頁	本体
1.	(16回)	シビルエンジニアリングの第一歩	澤　孝平・嵯峨　晃 川合　茂・角田　忍 荻野　弘・奥村充司 共著 西澤辰男	176	2300円
2.	(1回)	コンクリート構造	角田　忍 竹村和夫 共著	186	2200円
3.	(2回)	土　質　工　学	赤木知之・吉村優治 上　俊二・小堀慈久 共著 伊東　孝	238	2800円
4.	(3回)	構　造　力　学　I	嵯峨　晃・武田八郎 原　隆・勇　秀憲 共著	244	3000円
5.	(7回)	構　造　力　学　II	嵯峨　晃・武田八郎 原　隆・勇　秀憲 共著	192	2300円
6.	(4回)	河　川　工　学	川合　茂・和田　清 神田佳一・鈴木正人 共著	208	2500円
7.	(5回)	水　　理　　学	日下部重幸・檀　和秀 湯城豊勝 共著	200	2600円
8.	(6回)	建　設　材　料	中嶋清実・角田　忍 菅原　隆 共著	190	2300円
9.	(8回)	海　岸　工　学	平山秀夫・辻本剛三 島田富美男・本田尚正 共著	204	2500円
10.	(24回)	施工管理学(改訂版)	友久誠司・竹下治之 江口忠臣 共著	240	2900円
11.	(21回)	改訂　測　量　学　I	堤　　　隆 著	224	2800円
12.	(22回)	改訂　測　量　学　II	岡林　巧・堤　　隆 山田貴浩・田中龍児 共著	208	2600円
13.	(11回)	景観デザイン —総合的な空間のデザインをめざして—	市坪　誠・小川総一郎 谷平　考・砂本文彦 共著 溝上裕二	222	2900円
15.	(14回)	鋼　構　造　学	原　隆・山口隆司 北原武嗣・和多田康男 共著	224	2800円
16.	(15回)	都　市　計　画	平田登基男・亀野辰三 宮腰和弘・武井幸久 共著 内田一平	204	2500円
17.	(17回)	環境衛生工学	奥村充司 大久保孝樹 共著	238	3000円
18.	(18回)	交通システム工学	大橋健一・栁澤吉保 高岸節夫・佐々木恵一 日野　智・折田仁典 共著 宮腰和弘・西澤辰男	224	2800円
19.	(19回)	建設システム計画	大橋健一・荻野　弘 西澤辰男・栁澤吉保 鈴木正人・伊藤　雅 共著 野田宏治・石内鉄平	240	3000円
20.	(20回)	防　災　工　学	渕田邦彦・疋田　誠 檀　和彦・吉村優治 共著 塩野計司	240	3000円
21.	(23回)	環境生態工学	宇野宏司 渡部　守 共著	230	2900円

定価は本体価格+税です。
定価は変更されることがありますのでご了承下さい。

図書目録進呈◆

土木・環境系コアテキストシリーズ

■編集委員長　日下部　治
■編集委員　小林　潔司・道奥　康治・山本　和夫・依田　照彦

（各巻A5判）

	配本順	書名	著者	頁	本体
A-1	(第9回)	土木・環境系の力学	斉木　功著	208	2600円
A-2	(第10回)	土木・環境系の数学 ―数学の基礎から計算・情報への応用―	堀・市村共著	188	2400円
A-3	(第13回)	土木・環境系の国際人英語	井合・Steedman共著	206	2600円
A-4		土木・環境系の技術者倫理	藤原・木村共著		

土木材料・構造工学分野

B-1	(第3回)	構造力学	野村卓史著	240	3000円
B-2	(第19回)	土木材料学	中村・奥松共著	192	2400円
B-3	(第7回)	コンクリート構造学	宇治公隆著	240	3000円
B-4	(第21回)	鋼構造学（改訂版）	舘石和雄著	240	3000円
B-5		構造設計論	佐藤・香月共著		

地盤工学分野

C-1		応用地質学	谷和夫著		
C-2	(第6回)	地盤力学	中野正樹著	192	2400円
C-3	(第2回)	地盤工学	髙橋章浩著	222	2800円
C-4		環境地盤工学	勝見・乾共著		

水工・水理学分野

D-1	(第11回)	水理学	竹原幸生著	204	2600円
D-2	(第5回)	水文学	風間聡著	176	2200円
D-3	(第18回)	河川工学	竹林洋史著	200	2500円
D-4	(第14回)	沿岸域工学	川崎浩司著	218	2800円

土木計画学・交通工学分野

E-1	(第17回)	土木計画学	奥村誠著	204	2600円
E-2	(第20回)	都市・地域計画学	谷下雅義著	236	2700円
E-3	(第22回)	改訂交通計画学	金子・有村・石坂共著	236	3000円
E-4		景観工学	川﨑・久保田共著		
E-5	(第16回)	空間情報学	須﨑・畑山共著	236	3000円
E-6	(第1回)	プロジェクトマネジメント	大津宏康著	186	2400円
E-7	(第15回)	公共事業評価のための経済学	石倉・横松共著	238	2900円

環境システム分野

F-1	(第23回)	水環境工学	長岡裕著	232	3000円
F-2	(第8回)	大気環境工学	川上智規著	188	2400円
F-3		環境生態学	西村・山田・中野共著		

定価は本体価格+税です。
定価は変更されることがありますのでご了承下さい。

図書目録進呈◆

土木系 大学講義シリーズ

(各巻A5判，欠番は品切または未発行です)

■編集委員長　伊藤　學
■編集委員　青木徹彦・今井五郎・内山久雄・西谷隆亘
　　　　　　榛沢芳雄・茂庭竹生・山﨑　淳

配本順			頁	本体
2.（4回）	土木応用数学	北田俊行著	236	2700円
3.（27回）	測量学	内山久雄著	206	2700円
4.（21回）	地盤地質学	今井・福江 共著 足立	186	2500円
5.（3回）	構造力学	青木徹彦著	340	3300円
6.（6回）	水理学	鮏川　登著	256	2900円
7.（23回）	土質力学	日下部　治著	280	3300円
8.（19回）	土木材料学（改訂版）	三浦　尚著	224	2800円
13.（7回）	海岸工学	服部昌太郎著	244	2500円
14.（25回）	改訂 上下水道工学	茂庭竹生著	240	2900円
15.（11回）	地盤工学	海野・垂水編著	250	2800円
17.（31回）	都市計画（五訂版）	新谷・髙橋 共著 岸井・大沢	200	2600円
18.（24回）	新版 橋梁工学（増補）	泉・近藤共著	324	3800円
20.（9回）	エネルギー施設工学	狩野・石井共著	164	1800円
21.（15回）	建設マネジメント	馬場敬三著	230	2800円
22.（29回）	応用振動学（改訂版）	山田・米田共著	202	2700円

定価は本体価格+税です。
定価は変更されることがありますのでご了承下さい。

図書目録進呈◆